Maßstab 5

Mathematik

Herausgegeben von

Max Schröder

Bernd Wurl

Alexander Wynands

Schroedel

Maßstab 5
Mathematik

Herausgegeben und bearbeitet von

Kerstin Cohrs-Streloke, Klaus Frankenberg, Anette Lessmann, Hartmut Lunze, Ludwig Mayer, Jürgen Ruschitz, Dr. Max Schröder, Prof. Bernd Wurl, Prof. Dr. Alexander Wynands
sowie
Dr. Martina Bartels-Walther, Erich Fischer, Peter Ploszynski, Dirk Schemberg, Ulrike Wiedmann

in Zusammenarbeit mit der Verlagsredaktion

Zum Schülerband erscheinen:

Lösungen:	Best.-Nr. 84265
Materialien:	Best.-Nr. 84275
CD Rund um ... :	Best.-Nr. 84285
Arbeitsheft:	Best.-Nr. 84250

Druck A [8] / Jahr 2018
Alle Drucke der Serie A sind im Unterricht parallel verwendbar.

Illustration: Hans-Jürgen Feldhaus
Zeichnungen: Michael Wojczak
Satz-Repro: More*Media* GmbH, Dortmund
Druck und Bindung: westermann druck GmbH, Braunschweig

ISBN 978-3-507-**84255**-7

Hinweise zum Umgang mit dem Buch

Merksätze
Merksätze stehen auf einem grauen Hintergrund und sind durch rote Balken gekennzeichnet.

Beispiele
Musterbeispiele als Lösungshilfen stehen auf einem grauen Hintergrund und sind durch einen gelben Balken gekennzeichnet.

Tipp
Nützliche Tipps und Hilfen sind besonders gekennzeichnet.

TIPP

Testen, Üben, Vergleichen (TÜV)
Jedes Kapitel endet mit einer TÜV-Seite, bestehend aus den wichtigsten Ergebnissen und typischen Aufgaben dazu. Die Lösungen dieser Aufgaben sind zur Selbstkontrolle für die Schülerinnen und Schüler am Ende des Buches angegeben.

TESTEN · ÜBEN · VERGLEICHEN

Diagnosetest, Diagnosearbeit
Zur Vorbereitung auf Klassenarbeiten gibt es nach der TÜV-Seite eine Seite mit Grund- und Erweiterungsaufgaben zu Inhalten des jeweiligen Kapitels. Am Ende des Schülerbandes findet sich eine umfangreiche Diagnosearbeit zu den Inhalten des gesamten Schuljahres.
Die Lösungen dieser Aufgaben sind zur Selbstkontrolle am Ende des Buches angegeben. Die Aufgaben sind so konzipiert, dass jede Aufgabe mit 2 Punkten bewertet werden kann. Bei mehreren Teilaufgaben werden diese Punkte gleichmäßig aufgeteilt.

DIAGNOSETEST

Prozessorientierte Kompetenzen
Die mit diesem Logo versehenen Seiten oder Aufgaben schulen besonders die prozessorientierten Kompetenzen Argumentieren, Problemlösen, Modellieren und Verwenden von Werkzeugen.
Im Inhaltsverzeichnis sind die Seiten gekennzeichnet, die vorwiegend prozessorientierten Zielen dienen. Aufgaben dieser Art sind aber auch auf fast allen anderen Seiten zu finden.

!!!!

Bleib fit
Zum Wiederholen gibt es regelmäßig Aufgabenseiten zu Inhalten aus früheren Kapiteln.

Bleib FIT!

Differenzierung
Bei besonders schwierigen Aufgaben ist die Aufgabennummer mit einem gelben Quadrat unterlegt.

4.

INHALTSVERZEICHNIS

1. Zahlen und Daten 6

Strichliste, Tabelle und Diagramm 8
Natürliche Zahlen 9
Zahlen vergleichen und ordnen 10
Zehnersystem 11
Vermischte Aufgaben 12
Zahlen runden 14
Runden und Darstellen am Zahlenstrahl 15
Diagramme lesen und zeichnen 16
Große Zahlen im Zehnersystem 17
Schätzen durch Rastern 19
Vermischte Aufgaben 20
Zweiersystem 21
Römische Zahlzeichen 22
TÜV 23
Diagnosetest 24

2. Addition und Subtraktion 25

Kopfrechnen 26
Addition und Subtraktion am Zahlenstrahl 28
Bleib fit 29
Operatoren 30
Umkehroperator 31
Rechenregeln 32
Rechengesetze – Rechenvorteile 33
Schriftliches Addieren 34
Überschlagsrechnen 35
Schriftliches Subtrahieren 36
Autorallye 38
Sachrechnen mit Geldbeträgen 40
TÜV 41
Diagnosetest 42

3. Körper, Flächen und Linien 43

Bastelanleitung für Würfel und Quader 44
Vermischte Aufgaben 45
Bleib fit 47
Flächen, Kanten und Ecken 48
Senkrecht und parallel 49
Basteln von Kantenmodellen 50
Lotrecht – waagerecht 51
Rechteck und Quadrat 52
Vermischte Aufgaben 53
TÜV 55
Diagnosetest 56

4. Multiplikation und Division 57

Multiplikation und Division 58
Großes Einmaleins 60
Quadratzahlen 61
Kopfrechnen mit Zehnern, Hundertern und Tausendern 62
Kombinieren 63
Operatoren 64
Bleib fit 65
Halbschriftliches Multiplizieren 66
Rechenregeln 67
Vorteilhaftes Rechnen 68
Rechengesetze 69
Rechengeschichten 70
Texte lesen, verstehen und bearbeiten 71
Schriftliches Multiplizieren 72
Überschlagsrechnen 73
Schriftliches Multiplizieren mit mehrstelligen Zahlen 74
Schriftliches Dividieren 76
Schriftliches Dividieren durch mehrstellige Zahlen 77
Division mit Rest 79
Silberranch 80
Schwarzwaldhotel 82
Autofahrt nach 83
Geburtstagsfeier 84
TÜV 85
Diagnosetest 86

5. Zeichnen und Konstruieren 87

Gerade 88
Strecke und Strahl 89
Vermischte Aufgaben 90
Senkrecht 91
Parallel 92
Abstand 93
Vermischte Aufgaben 94
Rechteck und Quadrat 96
Parallelogramm und Raute 98
Vermischte Aufgaben 99
Stadtrallye 100
Quadratgitter 102
Bleib fit 103
Spiegeln 104
Achsensymmetrische Figuren 105
Spiegelungen und Symmetrien überall? 107
Symmetrische Figuren basteln 108
TÜV 109
Diagnosetest 110

6. Größen 111

Geld 112
Einkaufen im Supermarkt 113
Längen schätzen und messen 114

Messen und Umwandeln 115
Kommaschreibweise 116
Rechnen mit Längenmaßen 117
Vermischte Aufgaben 118
Maßstab 120
Masse 122
Kommaschreibweise 124
Rechnen mit Massen 125
Zeit: Tag, Stunde, Minute, Sekunde 126
Anfang, Dauer, Ende 127
Tag, Monat, Jahr 128
Vermischte Aufgaben 129
Bleib fit 130
Sport 131
Merkwürdige Rekorde 132
Rechnen mit Tabellen 133
Neue Trikots für die Schulmannschaft . . . 134
TÜV 135
Diagnosetest 136

7. Umfang und Flächeninhalt 137

Zerlegen und Vergleichen von Flächen 138
Parkettieren 139
Parkettieren mit Quadratzentimetern 140
Flächeninhalt des Rechtecks 141
Umfang des Rechtecks 142
Vermischte Aufgaben 143
Bleib fit 144
Flächenmaße dm^2, cm^2, mm^2 145
Flächenmaß m^2 146
Vermischte Aufgaben 147
Maßquadrate für große Flächen 148
Umwandeln 149
Vermischte Aufgaben 150
Die Klasse 5d gestaltet
ihren Klassenraum neu 151
Tierhaltung 152
TÜV 153
Diagnosetest 154

8. Brüche 155

Stammbrüche 156
Berechnungen mit Stammbrüchen 157
Erkennen und Herstellen von Bruchteilen . . . 158
Berechnen von Bruchteilen 160
Umwandeln in kleinere Maßeinheiten 162
Vom Bruchteil zum Ganzen 163
Brüche größer als 1 164
Addition und Subtraktion
von Brüchen mit gleichem Nenner 165
Bleib fit 166
Brüche mit dem Nenner 10, 100
oder 1000 167
Dezimalbrüche 168
TÜV 170
Diagnosetest 171

Diagnosearbeit 172

Lösungen der TÜV-Seiten und
der Diagnosetests 175
Maßeinheiten 183
Stichwortverzeichnis 184

Bildquellenverzeichnis

Umschlagfoto: IFA Bilderteam GmbH, Düsseldorf: Espenbäume im Herbst
Dieter Rixe, Braunschweig: S. 8, 9, 17 (Briefmarken), 19 (2, Gummibärchen, Mikroskop), 20 (2, Rad, Streichhölzer), 22 (Streichhölzer), 30, 34, 35 (4), 37, 49, 57, 71, 83 (7), 84 (3), 89 (2), 91, 94 (3), 98 (3), 104, 105 (Wasserhahn), 106 (3), 107 (5, Autos, Schild, Blatt, Hampelmann), 111 (2, Mädchen, Geld), 113 (2), 114 (4, Mensch, Postkarte, Finger, Blätter), 123 (Modellflugzeug), 122 (8), 123 (4), 124 (3), 126 (4), 133, 134, (4, Trikots), 137, 139, 152, 157 (Computerspiel), 160, 161 (2), 163, 168 (Schwimmer), 169;
Getty Images, München: S. 14 (Borussia Dortmund); Astrofoto/van Ravenswaay, Sörth: S. 17, 128; © Disney: S. 18; Alexander Wynands, Bonn: S. 19 (2, Baumstämme), 111 (Baum); Zefa – H. Mante, Düsseldorf: S. 19 (Menschenmenge); Mauritius – H. Schmied, Mittenwald: S. 20 (Luftbild Stau); © Goscinny/Uderzo, Großer Asterix-Band VI: Tour de France. © DELTA Verlag GmbH, Stuttgart 1991. Übers. aus dem Französischen: Gudrun Penndorf M. A. © DARGAUD EDITEUR S.A., Paris 1965: S. 22 (Asterix); Mauritius-Scott, Mittenwald: S. 43 (Gizeh); Michael Fabian, Hannover: S. 43 (6), 50 (Kantenmodelle), 114, 118 (Schraube), 157 (Uhr), 165, 168 (Tafel); Ulrike Wiedmann, Aichhalden: S. 61, 134 (Mannschaft); Tourist Information und Stadtmarketing Detmold, S. 66; Sylvio Dittrich, Dresden: S. 83 (Dresdenmotiv); Zefa – Barone, Düsseldorf: S. 87 (Turm von Pisa); © 1980 United Feature Syndicate Inc.: S. 87 (Peanuts); Minden Pictures, Watson Ville, USA: S. 87 (Spiegelung); Michael Wojczak, Barsinghausen: S. 97; Riecke PHOTOGRAPHIE, Berlin: S. 108 (15); Greiner & Meyer, Braunschweig: S. 105 (Schmetterling), 107 (Seestern); Mauritius – Mollenhauer, Mittenwald: S. 107 (Fachwerkhaus); Imagine – Steinkamp, Hamburg: S. 107 (Haubentaucher); Mauritius – Nill, Mittenwald: S. 107 (Fledermaus); Sven Simon, Essen: S. 111 (Gewichtheber), 119 (Berlin-Marathon), 131 (Triathlon); Bilderberg Archiv der Fotografen GmbH, Hamburg: S. 114 (Berlin); Peter Ploszynski: S. 118 (Normelle); DB, Berlin: S. 119; Greiner + Meyer, Braunschweig: S. 120 (Marienkäfer, Schnecke, Elefant, Buchdrucker, Scharlach-Feuerkäfer, Biber); Harms Schulatlas: S. 121 (2 Karten); © 1997 Mairs Geographischer Verlag: S. 121 (2 Ausschnitte aus „Die Generalkarte 1997 Nr. 8, 1:200 000); © by BVA Bielefelder Verlagsanstalt, ADFC-Regionalkarte 1:75 000 (Münsterland): S. 121; Harms Schulatlas: S. 121 (2 Karten); © 1997 Mairs Geographischer Verlag: S. 121 (2 Ausschnitte aus „Die Generalkarte 1997 Nr. 8, 1:200000); © by BVA Bielefelder Verlagsanstalt, ADFC-Regionalkarte 1:75000 (Münsterland): S. 121; Imagine – Hoa Qui, Hamburg: S. 125; Deutsches Museum, München: S. 127; Imagine – Waldkirch, Hamburg: S. 131 (Stadion); Bilderdienst Süddeutscher Verlag, München: S. 131 (Max Schmeling); Guinness Buch der Rekorde 1993: S. 132 (2, Bratwurst, Burg aus Bierdeckeln); Guinness Book of Records 1991: S. 132 (Auto); POWERS OF TEN by Philip and Phylis Morrison © 1982 by Scientific American Library. Used with permission of W. H. Freeman and Company, Deutsche Ausgabe: Zehn hoch. Dimensionen zwischen Quarks und Galaxien. Heidelberg (Spektrum Akademischer Verlag) 1991: S. 148 (4 Luftbilder); PIPPI LANGSTRUMPF von Astrid Lindgren, Illustrationen von Rolf Rettich, © Verlag Friedrich Oetinger, Hamburg 1987: S. 150; Adidas Deutschland, Herzogenaurach: 172

Trotz entsprechender Bemühungen ist es nicht in allen Fällen gelungen, den Rechtsinhaber ausfindig zu machen.
Gegen Nachweis der Rechte zahlt der Verlag für die Abdruckerlaubnis die gesetzlich geschuldete Vergütung.

1 Zahlen und Daten

Die neue Klasse 5a

Fragebogen: Wie heißt du? Wie alt bist du? Welcher Nationalität gehörst du an? Wie kommst du zur Schule? Welches ist dein Lieblingsfach?

Strichliste, Tabelle und Diagramm

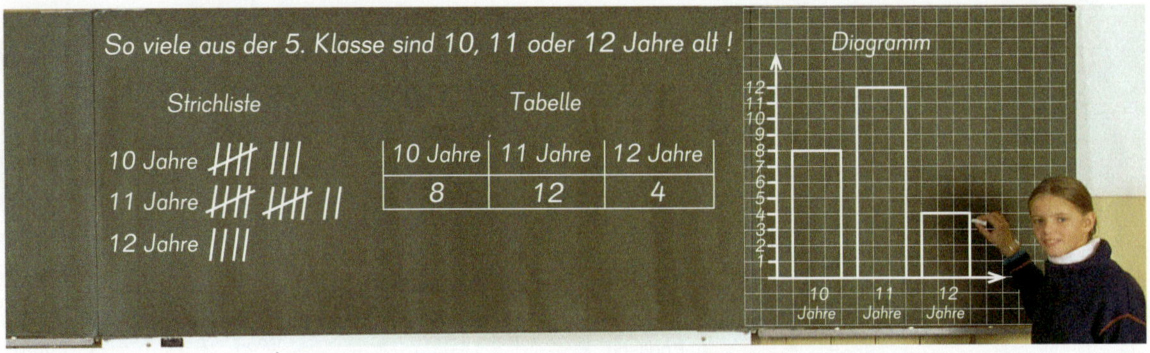

Aufgaben

1. Die Klasse 5a hat die Steckbriefe ihrer Schülerinnen und Schüler (Seite 7) ausgewertet.

a) Die meisten Kinder sind 11 Jahre alt. Wie viele sind das?

b) Wie viele sind 10 Jahre alt? Wie viele Kinder sind insgesamt in der Klasse 5a?

c) Übertrage die Tabelle und das Diagramm in dein Heft.

2. Die Steckbriefe auf Seite 7 zeigen, wie die Kinder der 5a zur Schule kommen.

a) Übertrage die Tabelle in dein Heft. Ergänze die fehlenden Werte.

b) Zeichne ein Diagramm.

mit Bus	mit Fahrrad	zu Fuß
𝍸 𝍸 |		
11		

3. Das Diagramm zeigt, welche Nationalitäten die Schülerinnen und Schüler der Klasse 5a haben. Trage die Werte in eine Tabelle ein.

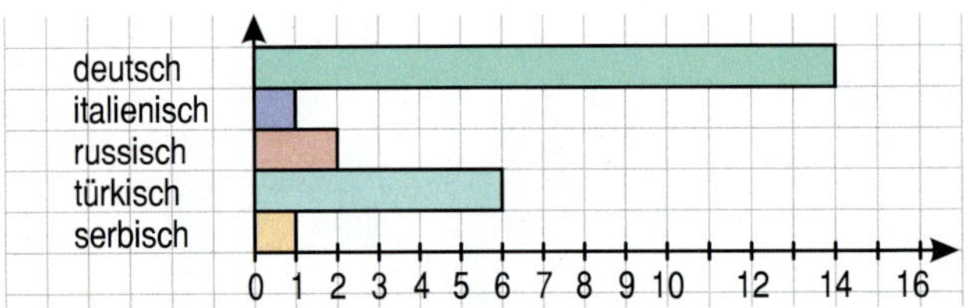

4. Zum Lieblingsfach in der Klasse 5a:
Erstelle (mit den Steckbriefen auf Seite 7) eine Tabelle und ein Diagramm

a) nur für die Mädchen; b) nur für die Jungen; c) für alle Kinder.

5. In der Parallelklasse 5b wurde nach dem Lieblingssport gefragt.

a) Wie viele Kinder haben geantwortet?

b) Ordne nach der Beliebtheit, dann zeichne ein Diagramm.

Fußball	𝍸 ||||	9
Badminton	𝍸	5
Schwimmen	𝍸 ||	7
Tischtennis	𝍸	5
Basketball	||	2

!!!! **6.** In allen 5. Klassen wurde nach dem Lieblingssport gefragt. Für jedes Kind wurde 1 mm gezeichnet. Was kannst du aus diesem Diagramm ablesen? Stelle drei Fragen und beantworte sie.

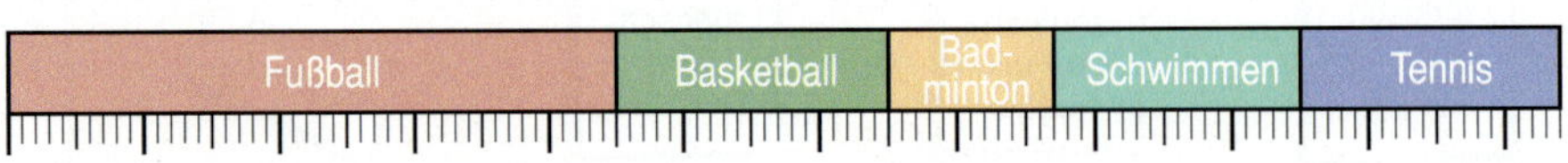

Natürliche Zahlen

Adam Ries(e) schrieb 1550 sein drittes Rechenbuch. Er war damals 58 Jahre alt. Ries machte die arabischen Ziffern und das Rechnen damit bekannt. Unsere zehn Ziffern stammen aus Indien. Die Araber brachten sie im 12. Jahrhundert nach Europa.

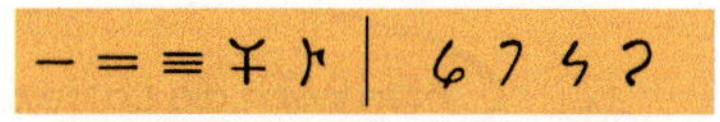
Indisch (Brahmi) 3. Jh. v. Chr.

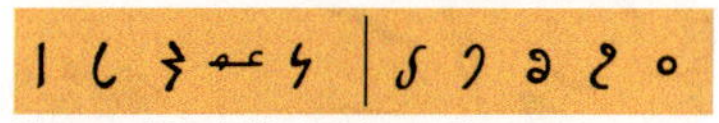
Westarabisch (Gobär) 11. Jh.

Europäisch (Dürer) 16. Jh.

0, 1, 2, 3, ... heißen **natürliche Zahlen.** Jede natürliche Zahl lässt sich mit den Ziffern 0, 1, 2, 3, 4, 5, 6, 7, 8 und 9 schreiben; z. B. 43 ist eine 2-stellige natürliche Zahl mit den Ziffern 4 und 3. Die natürlichen Zahlen lassen sich am Zahlenstrahl darstellen.

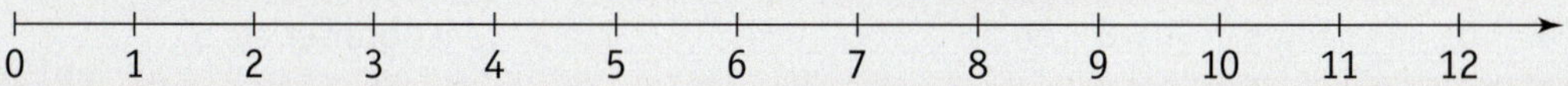

Aufgaben

1. a) Schreibe jeweils die nächste Kilometerzahl auf.
109 km   316 km   499 km   6 090 km   9 999 km

b) Wie heißt die jeweils vorhergehende Kilometerzahl?
208 km   460 km   500 km   3 070 km   9 900 km

2. Schreibe die vorangehende und die nachfolgende Zahl auf.
a) 70   b) 89   c) 100   d) 289   e) 1 099   f) 30   g) 450   h) 7 010   i) 1 000

3. Wie heißt die um 10, wie die um 100 größere Zahl?
a) 560   b) 400   c) 390   d) 980   e) 1 270   f) 3 990

2 570 + 10 = 2 580
2 570 + 100 = 2 670

4. Wie groß ist die um 10 (um 100) kleinere Zahl?
a) 600   b) 790   c) 990   d) 1 000   e) 2 710   f) 8 100

3 600 − 10 = 3 590
3 600 − 100 = 3 500

5. Zeichne den Zahlenstrahl in dein Heft. Trage die fehlenden Zahlen ein.

a) 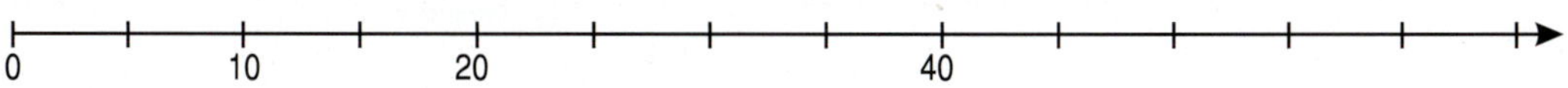

b) 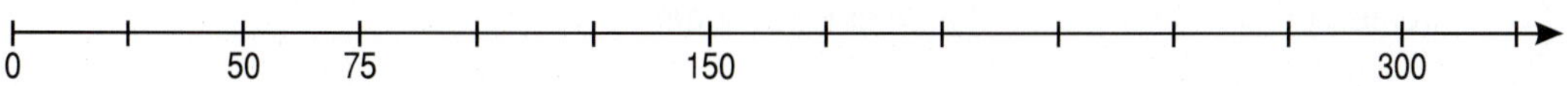

c) 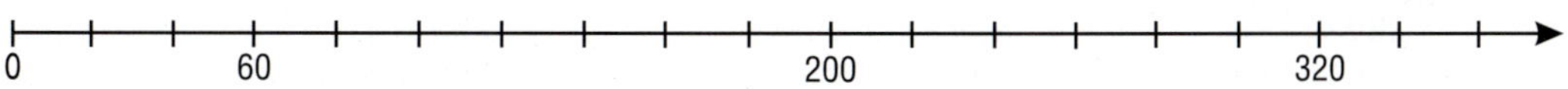

6. Schreibe die nächsten drei Zahlen auf. Gib die Regel an.
a) 15, 30, 45, 60, 75, 90, 105, ...
b) 153, 141, 129, 117, 105, 93, 81, ...
c) 20, 19, 16, 15, 12, 11, 8, ...
d) 3, 5, 6, 5, 12, 5, 24, ...
e) 17, 12, 34, 18, 68, 24, 136, ...
f) 6, 14, 18, 12, 54, 10, 162, ...

7. Erfinde selbst eine Zahlenfolge und gib sie anderen zur Fortsetzung und zum Erkennen der Regel.

Zahlen vergleichen und ordnen

Am Zahlenstrahl liegt von zwei Zahlen die kleinere Zahl links von der größeren.

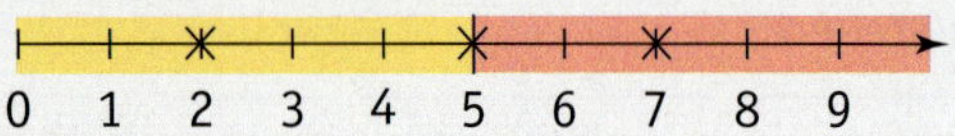

Beispiele: **2 < 5** „2 ist kleiner als 5"
7 > 5 „7 ist größer als 5"

Aufgaben

1. Zeichne einen Zahlenstrahl bis 15 und kennzeichne farbig alle Zahlen
a) größer als 12; b) kleiner als 5; c) größer als 5 und kleiner als 12.

2. a) Ordne die Lottozahlen: 43, 7, 17, 19, 5, 47 (1. Ziehung)
18, 46, 21, 4, 19, 31 (2. Ziehung)
b) Sortiere die Hausnummern: 120, 304, 32, 164, 409, 22, 12, 54, 210, 355

3. Ordne die Lebensalter (in Jahren): 12, 18, 42, 28, 35, 44, 37, 82, 48, 13

4. Sortiere die Zahlen. Beginne mit der kleinsten.

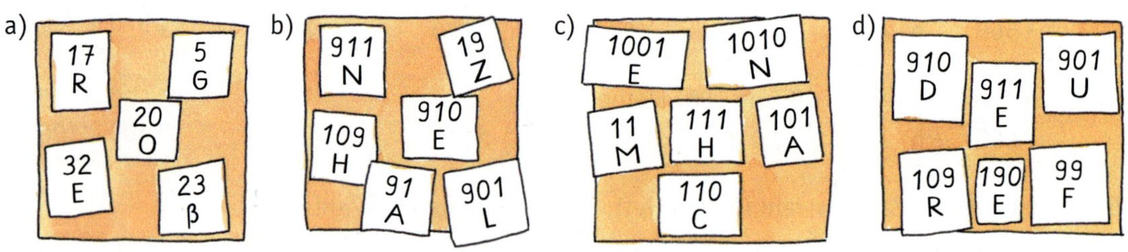

5. Kleiner, größer oder gleich? Setze ein: <, > oder =.

a) 99 ■ 100
289 ■ 298
550 ■ 505

b) 2 + 7 ■ 12
459 – 60 ■ 389
990 – 91 ■ 899

c) 1043 ■ 1034
1010 ■ 1001
1011 ■ 1101

d) 24 · 2 ■ 48
144 : 12 ■ 10
256 : 4 ■ 65

6. Bestimme die beiden benachbarten Zehnerzahlen.
Unterstreiche die nächstgelegene.
a) 273 b) 456 c) 708 d) 981 e) 97 f) 111

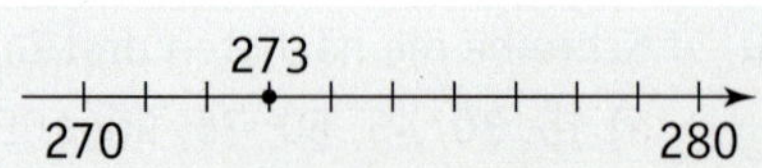

270 < 273 < 280

!!!! **7.** Schreibe alle vierstelligen Zahlen auf, die du mit den vier Ziffernkärtchen legen kannst. Es sind 18 Zahlen möglich. Ordne die Zahlen der Größe nach.

Zehnersystem

Zahlen schreiben wir im Zehnersystem (Dezimalsystem).
Jede Ziffer hat einen Stellenwert: 1, 10, 100, 1 000, 10 000 ...

10 000 ←(·10)— 1 000 ←(·10)— 100 ←(·10)— 10 ←(·10)— 1

ZT	T	H	Z	E
7	1	4	2	3

$7 \cdot 10\,000 = 70\,000$
$1 \cdot 1\,000 = 1\,000$
$4 \cdot 100 = 400$
$2 \cdot 10 = 20$
$3 \cdot 1 = 3$
Summe $= 71\,423$

H	Z	E	Zerlegt in Stellenwerte		Kurzschreibweise
5	8	2	5 H + 8 Z + 2 E = $5 \cdot 100 + 8 \cdot 10 + 2 \cdot 1$	=	582
5	0	2	5 H + 0 Z + 2 E = $5 \cdot 100 + 0 \cdot 10 + 2 \cdot 1$	=	502

Aufgaben

1. Schreibe die Zahlen aus der Stellenwerttafel zerlegt in Stellenwerte und in Kurzschreibweise.

ZT	T	H	Z	E
	4	7	0	3
	5	4	9	1
3	2	0	7	2
5	4	2	1	1
	3	9	0	4
7	0	3	4	3

2. Schreibe die Zahlen zerlegt in Stellenwerte.

a) 8 029; 9 572 b) 10 371; 23 059 c) 90 305; 73 001 d) 53 872; 40 002

3. Lege eine Stellenwerttafel an, trage ein und schreibe als natürliche Zahl in Kurzschreibweise.

a) 3 T + 3 H + 7 E b) 2 ZT + 4 T + 8 E c) 5 ZT + 6 T + 8 H + 9 E d) 9 ZT + 6 T + 8 H + 9 E
e) 4 T + 7 Z + 9 E f) 7 T + 5 H g) 8 ZT + 3 H + 7 E h) 8 T + 7 E

4. Lies die Zahlen und zerlege sie in Einer, Zehner, Hunderter, Tausender und Zehntausender.

a) 86; 75; 99 b) 101; 902; 484 c) 7 031; 2 643; 1 875 d) 4 908; 8 020; 26 980 e) 12 754; 31 000; 99 900

2505 = 2 T + 5 H + 0 Z + 5 E

5. Schreibe die Zahlen mit Ziffern.

a) fünftausendzweiunddreißig	b) fünfzehntausendfünfzig	c) dreißigtausendsiebenhundert
d) zweihundertneunundsechzig	e) elftausendeinhunderteins	f) neuntausendundneunzehn

6. Kai wünscht sich ein Fahrrad, das 298 € kostet. Wie viele Geldscheine reichen, wenn er nur mit
a) 100-€-Scheinen; b) 10-€-Scheinen; c) 50-€-Scheinen; d) 20-€-Scheinen zahlt?

!!!! **7.** Den Geldbetrag sollst du mit möglichst wenigen Banknoten und Münzen bezahlen.
a) 18,50 € b) 32,15 € c) 49,90 € d) 270,70 € e) 1 150,72 €

Vermischte Aufgaben

1. Ordne die Kärtchen des Kartenjongleurs rechts, dann siehst du, welche Zahl es ist.

2. Ordne ebenso und schreibe die Zahl im Zehnersystem.

a)

b)

c)

3. Schreibe die Zahlen mit Ziffern im Zehnersystem.

a) vierhundertfünfzig
eintausensiebenhundert

b) fünfundzwanzigtausendsiebzig
dreißigtausendeinhundert

c) achttausendsiebenhundertdreißig
sechzigtausendundfünf

d) fünfhundertvierzigtausend
elftausendeinhundertelf

4.

5. Ordne die Zahlen. Beginne mit der kleinsten Zahl.

a) 3 443 4 433 3 344 3 434 4 343 3 333 4 444

b) 19 562 56 219 21 956 15 629 12 956 52 196 59 126

3 333 < 3 344 < …

6. Bei der Schafzählung erhalten die Schafe Nummern auf dem Rücken.

a) Welche Nummer hat das vorherige Schaf?

b) Welche Zahl erhält das nachfolgende Schaf?

c) Der Schäfer zählt 12 Schafe weiter. Wie lautet die Nummer?

d) Sein Lieblingsschaf hat eine um 100 kleinere Nummer.

7. Welche Zahl ist um 10 größer, welche um 10 kleiner?

a) 99, 199 b) 1 909, 1 999 c) 23 897, 76 998 d) 12 073, 15 805 e) 3 100, 5 900

299 + 10 = 309
299 − 10 = 289

8. Welche Zahl ist um 100 größer, welche um 100 kleiner?

a) 799, 899 b) 1 099, 2 999 c) 12 990, 34 558 d) 15 683, 10 108 e) 8 990, 9 090

1 990 + 100 = 2 090
1 990 − 100 = 1 890

9. Vertausche die Ziffern für Hunderter und Zehner und vergleiche.

a) 1 254 b) 3 074 c) 3 005 d) 12 345 e) 603 408 f) 1 345 063

1457 < 1547

10. Wie hoch ist das Jahresgehalt (in Euro) mindestens, wie hoch höchstens?

a) Facharbeiter: 5-stelliges Gehalt b) Fußballstar: 6-stelliges Gehalt c) Rockstar: 7-stelliges Gehalt

11. Welche Zahlen gehören zu den Buchstaben auf dem Zahlenstrahl?

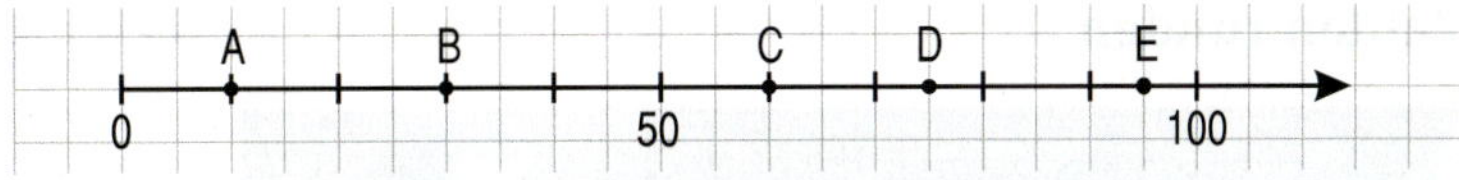

12. Zeichne einen Zahlenstrahl wie in Aufgabe 11. Trage ein: 15, 30, 45, ..., 90.

13. Zeichne einen Zahlenstrahl von 10 cm Länge, wähle eine Einheit und trage die Zahlen ein.
a) 150, 300, 450, 600, 750, 900 b) 500, 2 000, 4 500, 7 000, 9 500

14. Zeichne einen Zahlenstrahl. Trage die Zahlen so genau wie möglich ein.
a) 68, 104, 151, 199 b) 125, 330, 417, 905 c) 1 208, 3 570, 6 099, 9 059

15. Zähle in gleichen Schritten weiter. Ergänze die fehlenden Zahlen.
a) 50, 100, 150, ..., 500 b) 80, 120, ..., 480 c) 90, 180, ..., 900
d) 1 000, 950, ..., 500 e) 800, 650, ..., 50 f) 1 000, 910, ..., 10

16. Zahlenmix: Ordne, beginne mit der kleinsten Zahl.

123 < 132 < 213 < ...

a)
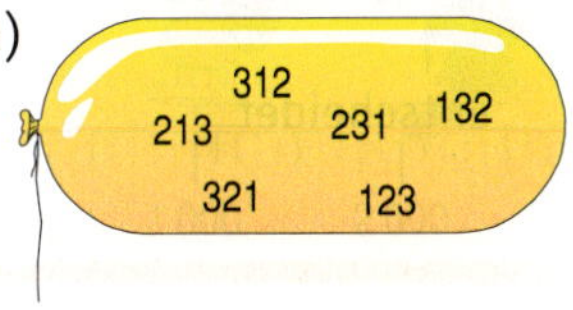

b)
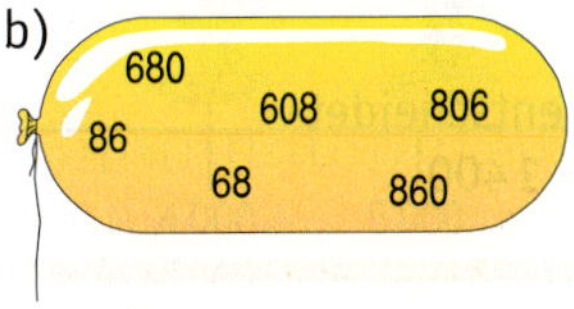

c)
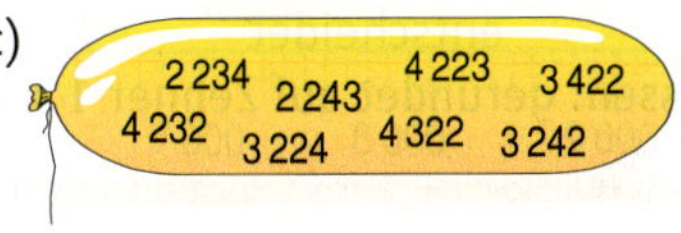

17. Gib die Nachbarzehner an. Unterstreiche den nächstgelegenen.
a) 186 b) 238 c) 681 d) 199 e) 103 f) 792 g) 998

480 < 486 < <u>490</u>

18. Gib die Nachbarhunderter an. Unterstreiche den nächstgelegenen Hunderter.
a) 2 345 b) 6 309 c) 1 099 d) 7 061 e) 9 901 f) 13 706 g) 19 095 h) 11 099

19. Maike und Dora würfeln mit vier Würfeln. Wer aus seinen Würfeln die größte Zahl legen kann, hat gewonnen.

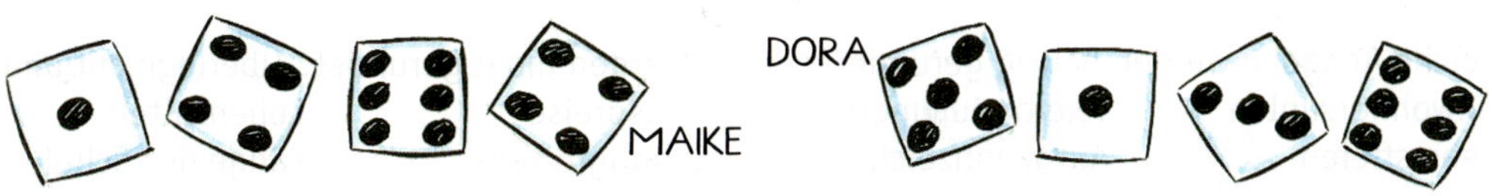

20. Hier werden Zahlen gesucht.
a) die größte zwei-, vier- und sechsstellige Zahl b) die kleinste vierstellige Zahl ohne 0
c) die kleinste vierstellige Zahl ohne 1 d) die größte sechsstellige Zahl ohne 9
e) die kleinste sechsstellige Zahl ohne 0 f) die größte fünfstellige Zahl ohne 8 und 9

!!!! **21.** Wie viele vierstellige Zahlen gibt es,
a) die eine 5 als Tausender haben? b) die eine 5 als Hunderter haben?
c) die eine 5 als Zehner haben? d) die eine 5 als Einer haben?

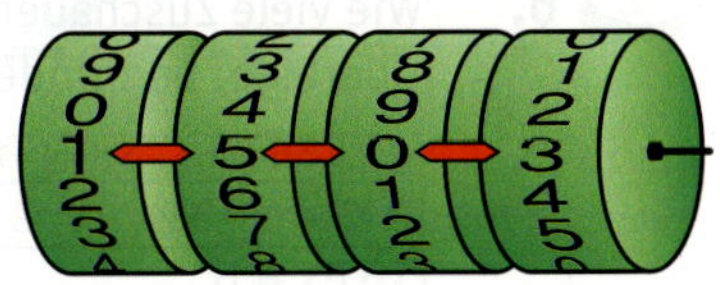

!!!! **22.** a) Nina schreibt die Zahlen von 1 bis 100 auf. Wie viele Nullen benötigt sie?
b) Uwe schreibt die Zahlen von 100 bis 2 000 auf. Wie viele Nullen braucht Uwe?

!!!! **23.** Was kann man mit tausend Nullen machen? Überlege mit anderen.

Diagramme lesen und zeichnen

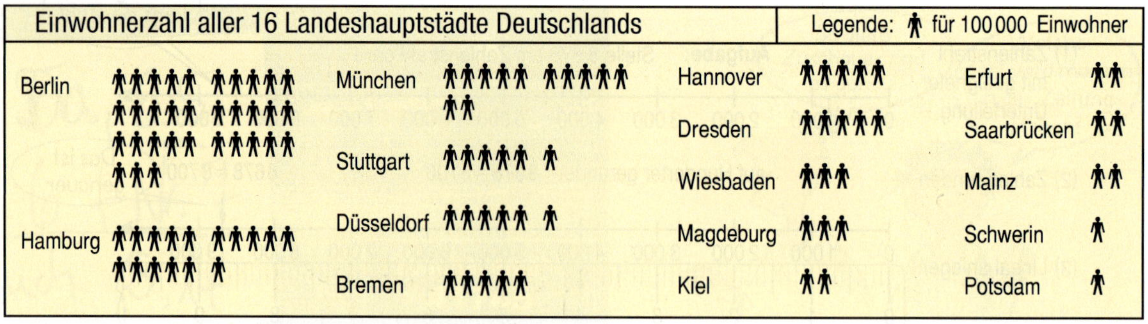

Aufgaben

Berlin: rund 3 300 000
3 250 000 bis 3 349 999

1. Wie viele Menschen leben ungefähr in den einzelnen Hauptstädten der Bundesländer, wie viele mindestens, wie viele höchstens?

2. Runde die Einwohnerzahlen auf Zehntausender. Zeichne ein Diagramm (für 10 000).

Aachen	253 000	Dormagen	63 000	Mülheim	177 000	Marl	92 000
Köln	1 011 000	Moers	106 000	Wuppertal	379 000	Herne	173 000

3.

In 100 Tüten Gummibärchen wurden die gelben, roten, weißen, grünen, rosa und orangen Bärchen gezählt.

a) Runde die Zahlen auf Hunderter.

b) Zeichne ein Schaubild (für 100).

4. Das Streifenbild zeigt die Länge einiger Flüsse.

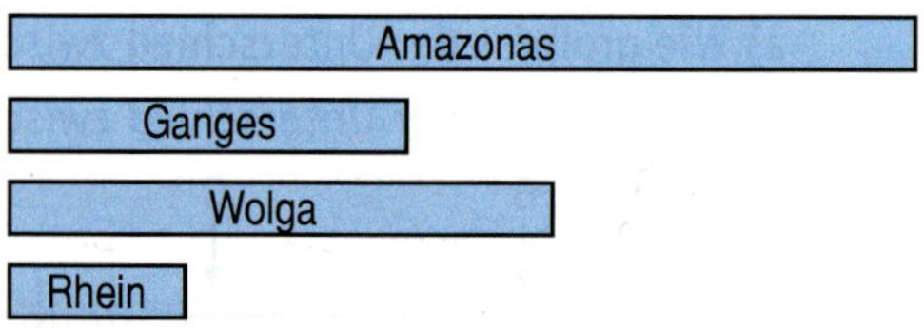

a) Dies sind die gerundeten Längen. Ordne zu.
1 200 km   2 700 km   3 700 km   6 200 km

!!!! b) Welche Flusslängen stehen im Lexikon? Wurde hier richtig gerundet?

5. Zeichne für die Flusslängen ein Streifenbild (1 cm für 100 km). Runde auf 10 km.

a) Rems 81 km   b) Elbe 1 165 km   c) Weser 432 km   d) Saale 427 km

6. Hier kannst du an der Säulenhöhe ablesen, wie alt einige Tiere werden können (1 mm für 2 Jahre).

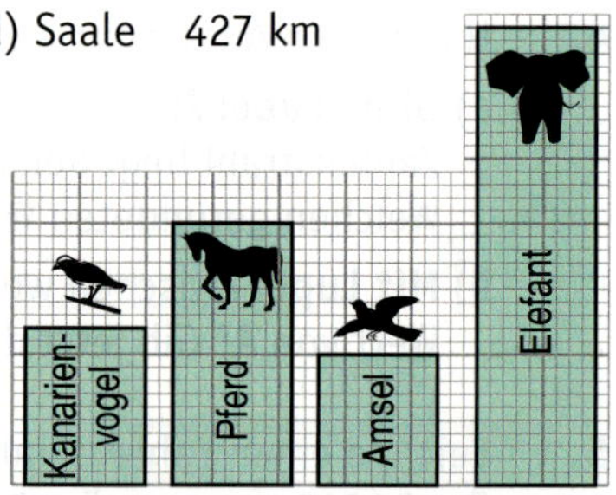

7. So alt können diese Tiere werden. Zeichne Säulen (1 mm für 1 Jahr)

Hund	ca. 20 Jahre	Goldhamster	ca. 3 Jahre
Schaf	ca. 15 Jahre	Schimpanse	ca. 30 Jahre

8. Zeichne Säulen für die Höhe der Bauwerke. Runde zuerst auf Zehner, dann wähle 1 Kästchenhöhe für 10 m.

a) Freiburger Münster 116 m
Straßburger Münster 142 m
Kölner Dom 157 m

b) Fernsehturm in Berlin 365 m
Eiffelturm in Paris 300 m
Sears Tower Chicago 442 m

Große Zahlen im Zehnersystem

Und wie liest man das heute?

So schrieb Adam Ries(e) 1522 in seinem 2. Rechenbuch die Zahl 86 789 325 178: 86789325178 und in Worten:

sechs und achtzig tausent tausent mal tausent / siebenhundert tausent mal tausent / neun und achtzig tausent mal tausent / Drey hundert tausent / funft und zwenzig tausent / ein hundert und acht und siebentzig.

1 000 000 000 000 ← (: 1000) 1 000 000 000 ← (: 1000) 1 000 000 ← (: 1000) 1 000 ← (: 1000) 1

Billion (B.)			Milliarde (Mrd.)			Million (Mio.)			Tausend (T)					
HB.	ZB.	B.	HMrd.	ZMrd.	Mrd.	HMio.	ZMio.	Mio.	HT	ZT	T	H	Z	E
		3	0	8	6	7	8	9	0	0	0	0	0	0

3 Billionen sechsundachtzig Milliarden siebenhundertneunundachtzig Millionen

Aufgaben

1. Lies die 13-ziffrige Zahl in der obigen Stellenwerttafel. Welchen Vorteil hat die Schreibweise mit Ziffern?

2. Schreibe die Zahlen aus der Stellenwerttafel mit Ziffern in 3er-Blöcken.

B.	HMrd.	ZMrd.	Mrd.	HMio.	ZMio.	Mio.	HT	ZT	T	H	Z	E
						5	6	8	0	4	0	0
			3	4	9	4	3	4	5	5	0	0
1	0	4	9	5	4	7	5	5	5	0	0	0

5 Mio. 680 T 400
= 5 680 400

3. Lies die Zahlen. Schreibe sie in 3er-Blöcken.

a) 6122000
34590000
79998021

b) 1234567
89012345
987654321

c) 10203040506
4206200300040
7910987654321

1034507
= 1 034 507
= 1 Mio. 34 T 507

4. Nach dem 1. Weltkrieg wurde in Deutschland alles sehr teuer. Im Jahr 1923 stieg das Briefporto auf 500 000 Reichsmark. Schreibe die Portopreise auf a) mit Ziffern b) in Worten.

5. Die Entfernungen der Planeten von unserer Sonne wurden gemessen (in km).

Erde	150 Mio.	Saturn	1 Mrd. 428 Mio.
Jupiter	778 Mio.	Neptun	4 Mrd. 502 Mio.
Mars	228 Mio.	Pluto	5 Mrd. 917 Mio.
Merkur	58 Mio.	Uranus	2 Mrd. 873 Mio.
Venus	108 Mio.		

a) Ordne die Planeten nach ihrer Entfernung von der Sonne.

b) Schreibe die Kilometerzahlen für die Entfernungen mit Ziffern.

c) Prüfe: Die Bahn der Venus ist fast doppelt so weit von der Sonne entfernt wie die Bahn des Merkur. Schreibe mindestens drei weitere solche Vergleiche auf.

6. Vor so vielen Jahren lebten die Dinosaurier.
Schreibe zu den Namen die Zahlen in Worten.

7. Schreibe ab und notiere dabei die Altersangaben mit Ziffern in 3er-Blöcken.

Alter der Welt: fünfzehn Milliarden
Erdalter: vier Milliarden fünfhundert Millionen
erste Fischarten: fünfhundert Millionen
erste Säugetiere: zweihundert Millionen
älteste Werkzeuge: zwei Millionen
Mensch (Homo sapiens): dreißigtausend

8. Schreibe die Zahlen in 3er-Blöcken und in Worten.

a)	b)	c)	d)
91000000	100010000	2468000000	2357010000
215690000	10200030000	98765400000	1654192300000
1022010000	2069909900000	109006000000	12543741430000

9. Schreibe in 3er-Blöcken, dann runde auf Millionen und schreibe kürzer.

a)	b)	c)
1357924680	2357111317	1087650000
708009010	19232931037	9269998500000
20456700000	241434751530	5419999876543
3790050000	9080073125	9999999999999

1234567890
= 1 234 567 890
≈ 1 235 000 000
= 1 Mrd. 235 Mio.

10. Die Panzerknacker haben Dagobert Duck eine Million Taler aus dem Tresor gestohlen. Wie viele Säckchen mit je tausend Talern mussten sie dafür schleppen?

11. Die Panzerknacker sind geldgierig und wollen insgesamt eine Milliarde Taler von Dagobert Duck haben. Wie oft müssen sie den Panzerknackerwagen mit einer Million Taler beladen?

12.

a)	b)	c)
10 · 10 Tausend	10 · 3 Mio.	10 · 100 Mrd.
100 · 10 Tausend	200 · 4 Mio.	200 · 10 Mrd.
200 · 10 Tausend	500 · 2 Mio.	200 · 100 Mrd.

300 · 10 Mio.
= 3 000 Mio. = 3 Mrd.

13. Kleiner, größer oder gleich. Setze ein: <, > oder =.

a)	b)	c)
34 563 654 ■ 345 636 654	300 000 ■ 3 Mio.	30 B. ■ 300 · 10 000
1 100 100 ■ 10 100 100	15 000 000 ■ 15 Mrd.	1 B. ■ 1 000 Mrd.
99 990 990 ■ 99 999 999	25 000 000 ■ 25 Mio.	10 Mio. ■ 1 000 · 1 000

!!!! **14.** Überlege, diskutiere mit anderen, begründe:
In einem Land gibt es 10 Bundesstaaten.
In jedem Bundesstaat gibt es 10 Ranchen.
Auf jeder Ranch stehen 10 Bäume.
Unter jedem Baum liegen 10 Cowboys.
Jeder Cowboy hat 10 Hunde.
Jeder Hund bewacht 10 Kühe.
Jede Kuh hat 10 Kälbchen.
Jedes Kälbchen hat 10 Bremsenstiche.

Wie viele a) Bäume; b) Cowboys; c) Hunde; d) Kühe; e) Kälbchen; f) Bremsenstiche gibt es?

Schätzen durch Rastern

Schätzen: 1. In gleiche Felder unterteilen
2. Ein Feld auszählen
3. Multiplizieren mit der Feldanzahl
4. Ergebnis runden

Beispiel: 12 Felder
44 Baumstämme links oben
$44 \cdot 12 = 528$
rund 530 Baumstämme

Aufgaben

1. Zu welcher Schätzung kommt man, wenn man oben im Beispiel ein anderes der 12 Felder abzählt?
a) links unten b) Mitte links c) Mitte rechts d) rechts unten e) rechts oben

2.

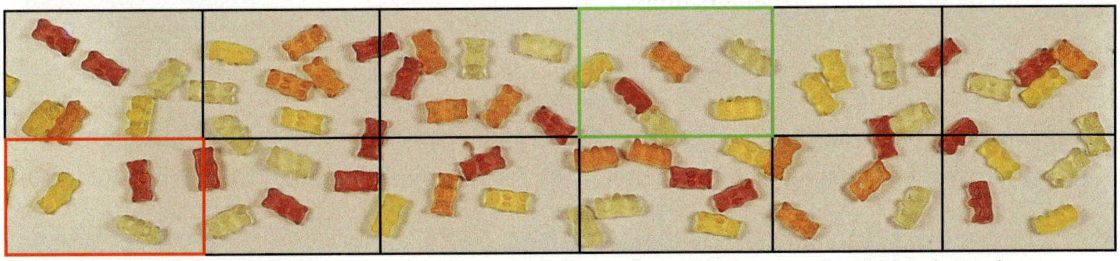

a) Maike zählt im roten Feld. Welches ist ihr Schätzwert?
b) Nina zählt im grünen Feld. Welches ist ihr Schätzwert?
c) Wähle ein anderes Feld und schätze selbst.

3. Schätze die Blutkörperchen zuerst mit dem Feld links oben, dann mit dem rechts unten.

a)
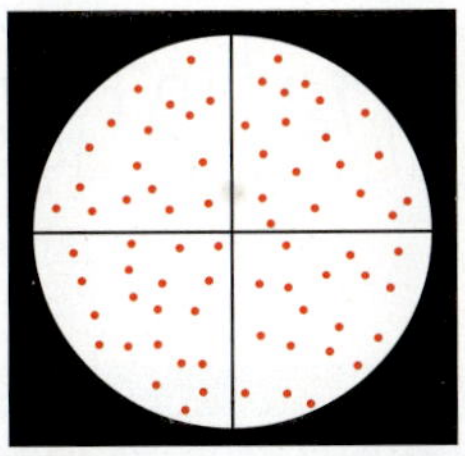

b)
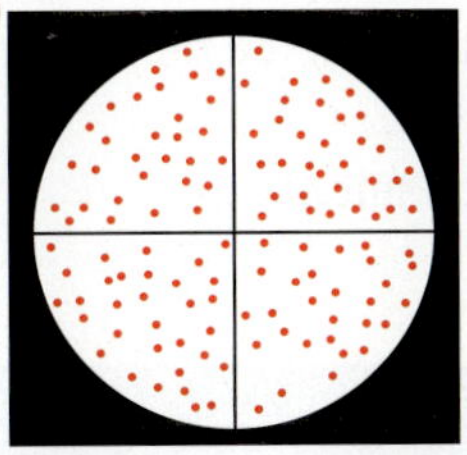

c)
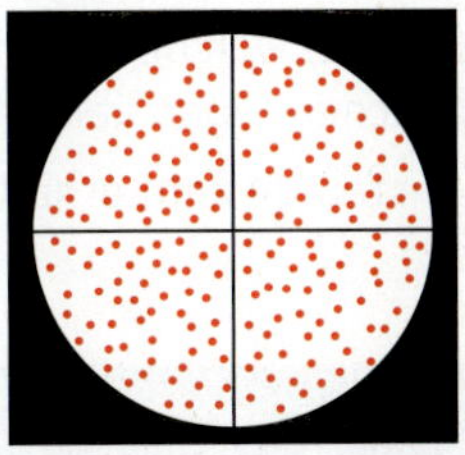

!!!! **4.**

Vermischte Aufgaben

1. a) Ferienanfang: Im Radio wurden 100 km Stau gemeldet. Schätze, wie viele Autos auf den sechs Fahrspuren stehen.

b) Wie viele Personen sind wohl durchschnittlich in einem Auto? Wie viele sind es dann im Stau?

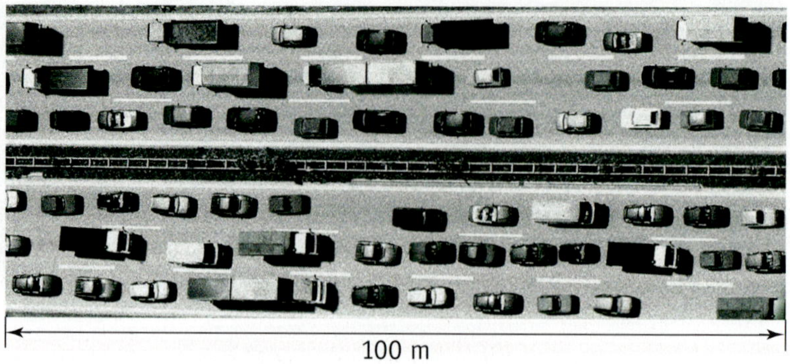

2. Runde auf volle €-Beträge. Reichen 20 € für die drei Preise zusammen aus?

a) 1,99 € 0,78 € 15,98 € b) 13,85 € 2,79 € 4,85 €

3. Runde auf Hunderter-Beträge. Reichen 10 000 € für die Summe?

a) 498 € 2 958 € 5 045 € b) 988 € 4 098 € 5670 €

4. Maike hätte gerne das neue Fahrrad. Sie nennt ihrer Mutter als Preis rund 300 €.

a) Wie hat Maike gerundet?

b) Je nach Ausstattung kostet das Fahrrad 25 € mehr oder weniger als der angegebene Preis.

5. Pro Tag verbrauchen die Einwohner folgender Städte viele Liter Wasser zum Duschen und Baden.

Bonn	12 462 800 *l*	Dresden	19 263 600 *l*	Leipzig	20 000 400 *l*
Bremen	22 221 600 *l*	Frankfurt	26 414 400 *l*	Stuttgart	23 272 000 *l*

a) Runde die Zahlen auf Millionen Liter. b) Zeichne ein Schaubild (1 Tropfen ♦ für 1 Mio. Liter).

6. Gib den Vorgänger und den Nachfolger der Zahl an. Gib auch die benachbarten Tausender an.

245 998 < 245 999 < 246 000
245 000 < 245 999 < 246 000

a) 4 435 699; 123 876 999 b) 3 876 000 000; 123 900 001 c) 700 000 000; 700 000 999 d) 79 000 000; 799 999 999 e) 1 Mio.; 2 Mio.

!!! **7.** a) Welche ist die kleinste, welche die größte Zahl, die du mit den Zahlenkärtchen legen kannst?

b) Welche kleinste 6-stellige Zahl erhältst du mit einigen Kärtchen?

!!! **8.**

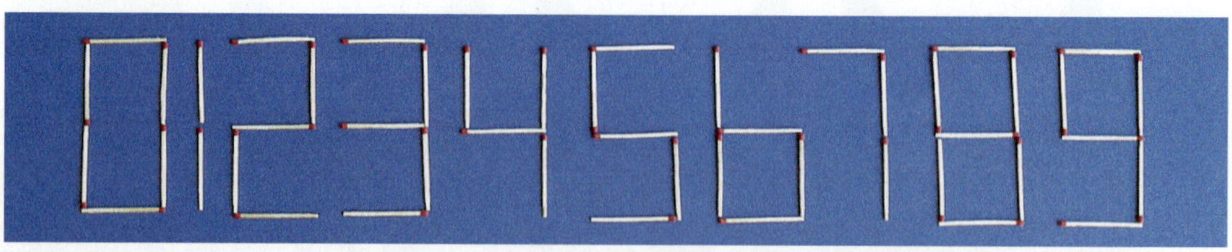

a) Du hast 10 Streichhölzer zur Verfügung. Welche Zahlen kannst du damit legen?

b) Nenne die größte Zahl, die man mit 15 Streichhölzern legen kann.

c) Schreibe die kleinste und die größte Zahl auf, die du mit 19 Streichhölzern legen kannst.

Zweiersystem

Im Computer werden Zahlen nur mit den Ziffern 0 und 1 dargestellt. Die „Null“ kannst du dir vorstellen als „Lampe aus“, die „Eins“ als „Lampe an“.

Zehnersystem

Stellenwerte: 100 $\xleftarrow{\cdot 10}$ 10 $\xleftarrow{\cdot 10}$ 1

H	Z	E
9	0	5

$9 \cdot 100 + 0 \cdot 10 + 5 \cdot 1 = 905$

Zweiersystem

Stellenwerte: 8 $\xleftarrow{\cdot 2}$ 4 $\xleftarrow{\cdot 2}$ 2 $\xleftarrow{\cdot 2}$ 1

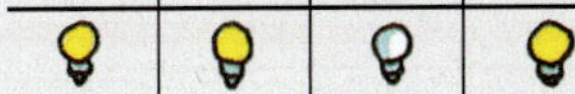

8	4	2	1
1	1	0	1

$1 \cdot 8 + 1 \cdot 4 + 0 \cdot 2 + 1 \cdot 1 = 13$

Aufgaben

1. Die Tabelle zeigt dir, wie man im Zweiersystem zählt. Prüfe: $101 = 1 \cdot 4 + 0 \cdot 2 + 1 \cdot 1 = 5$. Schreibe ebenso die Zweierzahlen:
a) 110 b) 100 c) 10 d) 11 e) 111

Zweiersystem	Zehnersystem
1	1
10	2
11	3
100	4
101	5
110	6
111	7

2. Schreibe die Tabelle in dein Heft. Setze fort bis 1111 im Zweiersystem.

3. Schreibe die Zweierzahlen als Zehnerzahlen.
a) 1001 b) 1101 c) 1011 d) 1100 e) 1010

4. Für Ruderer gibt es Einer-, Zweier-, Vierer- und Achter-Boote.
a) 13 Ruderer sollen auf möglichst wenige Boote verteilt werden.
b) Verteile ebenso: 9 Ruderer, 7 Ruderer, 12 Ruderer, 15 Ruderer

5. Ute verschlüsselt gerne Zahlenangaben im Zweiersystem. Geheimnisvoll behauptet sie: Mutter ist 101000, Vater ist 101011, Opa ist 1001010 und meine Oma ist sogar 1010001 Jahre alt.

6. Schreibe die Tabelle in dein Heft. Ergänze 7 weitere Reihen bis 10 000 000 000 für die Zahl 1 024.

Stufenzahlen des Zweiersystems geschrieben im	
Zweiersystem	Zehnersystem
1	1
10	2
100	4
1000	8

7. Schreibe die Zahl im Zweiersystem.

a)	b)	c)	d)
12	30	50	129
16	34	70	520
25	48	90	1 030

8. Für Teamarbeit: 8 Schüler bilden eine „Maschine“ zur Darstellung von Zahlen im Zweiersystem.
1: Rechter Arm oben, 0: Rechter Arm unten
Eine Person zählt und klopft dabei auf den Tisch. Die erste Person in der „Maschine“ (ganz rechts) ändert bei jedem Klopfen die Stellung des rechten Armes („oben“ oder „unten“). Jede andere Person in der „Maschine“ ändert die Stellung des rechten Armes, wenn ihr linker Nachbar den Arm senkt.

Römische Zahlzeichen

Die Römer benutzten 7 Zahlzeichen.
Diese verwendete man in Europa bis ins 16. Jahrhundert.
Danach erst setzten sich die indisch-arabischen Ziffern des Zehnersystems durch.

I = 1 V = 5 X = 10 L = 50 C = 100 D = 500 M = 1 000

Regel:
Die Werte der Zahlzeichen werden addiert.
Ausnahmen: Steht I, X oder C links von einem Zeichen mit größerem Wert, wird subtrahiert.

Beispiele:
CCLXVIII = 200 + 50 + 10 + 5 + 3
MMIV = 2 000 + (5 – 1)
MCMXC = 1 000 + (1 000 – 100) + (100 – 10)

Aufgaben

1. Übersetze in unser Zehnersystem.
a) XXVIII, LXXVI
b) CCLXXV, MDCCLX
c) XIV, CXC
d) LXIX, CMXCIV
e) MDCCCXL, MMXXVII

2.

Eiffelturm
MDCCCLXXXIX

Tempel in Athen
CDXLVII

Tower Bridge
MDCCCXCIV

Arc de Triomphe
MDCCCXXXVI

3. Schreibe mit römischen Zahlzeichen. Kein Zeichen darf mehr als dreimal nebeneinander stehen.
a) 17, 31
b) 53, 112
c) 713, 832
d) 1 832, 2 053
e) dein Geburtsjahr, die heutige Jahreszahl

4. a) Am Schloss in Darmstadt findet man nebenstehende Inschrift[1]. Addiere die Werte der großen Buchstaben, dann erhältst du die Jahreszahl der Wiedererbauung.
b) Schreibe die Jahreszahl der Wiedererbauung mit römischen Zahlzeichen auf.

AB ERNESTO LVDoVICo
LanDgraVio hassIae
praesens arX
LoCo aLterIVs
VVLCanI fVrore abreptae
eXstrVCta est

5. Scherzhaftes mit römischen Zahlzeichen.
a) Die Hälfte von „zwölf" ist „sieben". Wie ist das möglich?
b) Kannst du mit vier Streichhölzern „tausend" legen?
c) Zeige mit Streichhölzern: „zwei und eins ist sechs".
d) Nimm von „neun" eins weg, dann hast du „zehn".

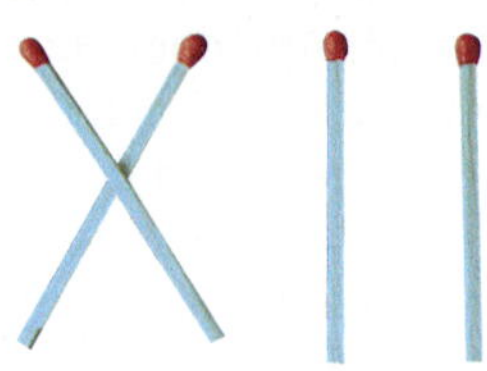

[1] Bedeutung des Chronogramms: Von Ernst Ludwig/Landgraf Hessens/wurde diese Burg/an Stelle der anderen/durch Feuer zerstörten/errichtet.

1. Schreibe die Stufenzahlen des Zehnersystems bis 1 Billion in Worten.

2. Bis eine Million schreibt man die Zahlworte aneinander. Schreibe in Worten.

a) 12; 315 b) 12 300; 324 000 c) 907 000; 1 200 000

3. Schreibe die Zahlen aus der Stellenwerttafel mit den Abkürzungen und in 3er-Blöcken.

4. Schreibe in 3er-Blöcken und lies die Zahlen.

a) 12034670; 305780129 b) 1357000890; 1037419300000

5. Zeichne den Zahlenstrahl in dein Heft und ergänze die fehlenden Zahlen.

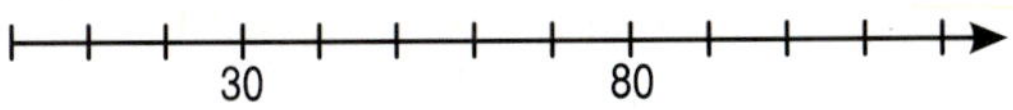

6. Welche natürlichen Zahlen liegen zwischen

a) 19 996 und 20 005 b) 3 989 und 4 000

c) 335 793 und 335 801

d) 4 444 998 und 4 445 005

7. a) Lies die Werte ab für A, B, C und D.

b) Zwischen welchen Zahlen liegt E?

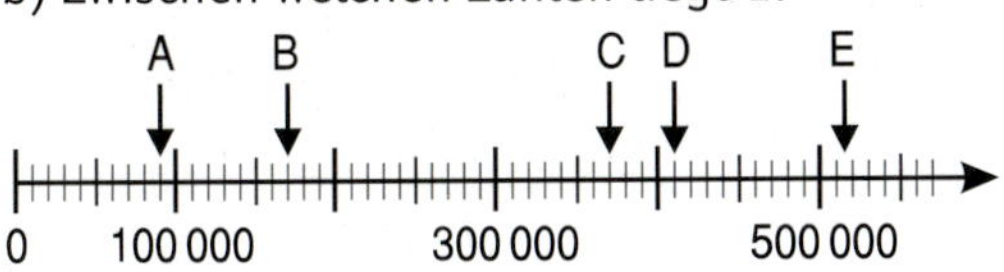

8. Kleiner, größer oder gleich? Setze ein: <, >, =.

a) 608 ■ 615 b) 852 ■ 851

c) 1 000 ■ 10 · 100 d) 100 · 100 ■ 1 Mio

9. Runde die Zahlen

a) auf Tausender: 2 307 12 905 139 501

b) auf Hunderter: 491 1 249 49 970

c) auf Zehner: 17 349 7 896

10. Runde die Flusslängen auf 10 km. Zeichne ein Diagramm (1 cm für 100 km).

Rhein	1 325 km	Neckar	371 km
Mosel	545 km	Lahn	245 km
Main	524 km	Nagold	92 km

11. Wie weit ist es ungefähr? (1 mm für 10 km)

a) 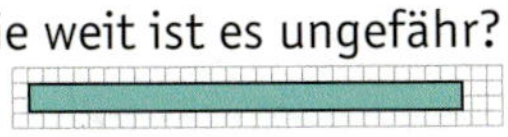 Düsseldorf – Bremen

b) 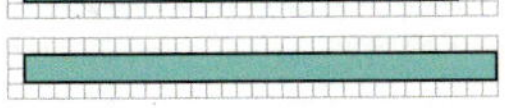 Stuttgart – Köln

---

Stufenzahlen im Zehnersystem

1 10 100 1 000

1 Mio. = 1 000 · 1 000 = 1 000 000

1 Mrd. = 1 000 · 1 Mio. = 1 000 000 000

1 Billion = 1 000 · 1 Mrd.
= 1 000 000 000 000

Stellenwerttafel

Billionen B.			Milliarden Mrd.			Millionen Mio.			Tausend T			H	Z	E
				1	2	0	7	8	9	0	5	3	4	6
			1	0	0	2	6	9	0	0	1	4	0	7
		3	2	6	7	3	1	0	0	3	8	7	6	0

12 Mrd. 78 Mio. 905 T 346 = 12 078 905 346

Jede **natürliche** Zahl lässt sich mit den **Ziffern** 0, 1, 2, 3, 4, 5, 6, 7, 8 und 9 schreiben.

Natürliche Zahlen lassen sich vergleichen und ordnen. Am **Zahlenstrahl** liegt von zwei Zahlen die kleinere Zahl links von der größeren.

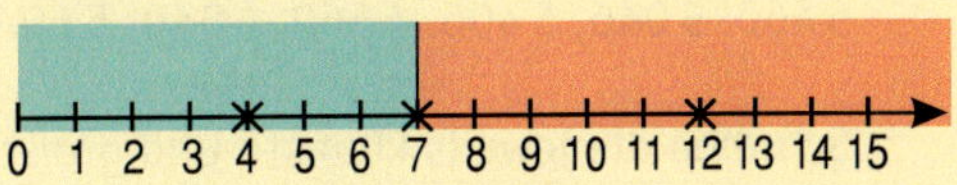

4 < 7 „4 ist kleiner als 7"

12 > 7 „12 ist größer als 7"

Man **rundet ab,** wenn die nächstfolgende Ziffer 0, 1, 2, 3 oder 4 ist.
Man **rundet auf,** wenn die nächstfolgende Ziffer 5, 6, 7, 8 oder 9 ist.

genaue Zahl	gerundet auf Tausender	gerundet auf Hunderter	gerundet auf Zehner
8 457	8 000	8 500	8 460

Zahlen kann man in **Diagrammen** (Schaubildern) darstellen.

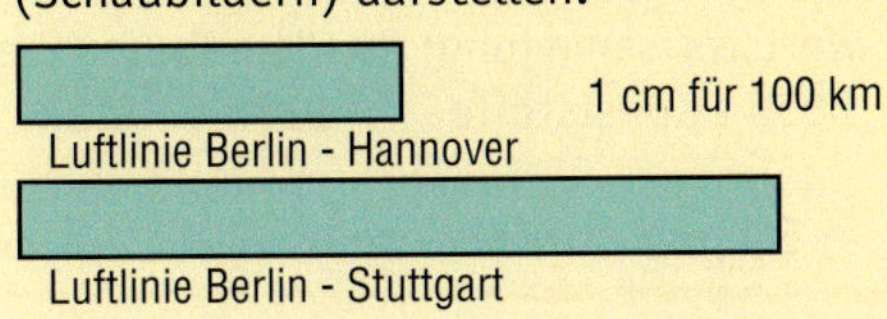

DIAGNOSETEST

1. Welcher Stellenwert hat die unterstrichene Ziffer? a) 23 456 000 b) 10 987 643 210

2. Schreibe mit Ziffern in 3er-Blöcken.
a) zweihundertzwanzigtausendfünfhundert b) sieben Millionen fünfzehntausendeins

3. Lies die markierten Zahlen vom Zahlenstrahl ab.

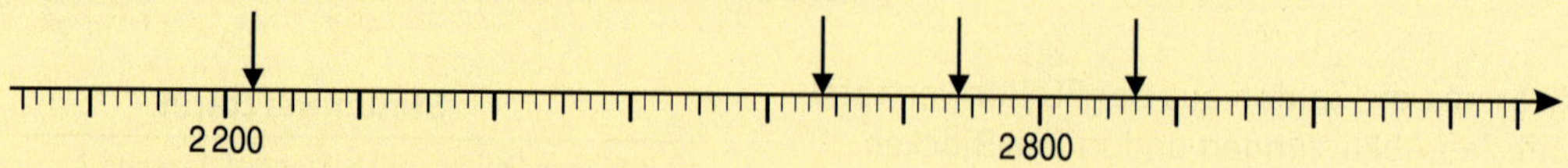

4. Runde 76 563 210 a) auf Hunderter, b) auf Zehntausender.

5. Schreibe die nächsten zwei Zahlen auf. a) 11, 16, 15, 20, 19, ... b) 45, 30, 60, 45, 75, ...

Wähle weitere 5 Aufgaben aus

1. Schreibe die Zahl mit Ziffern auf. a) 1 HT 5 T 1 Z b) 52 Mio. 42 T 6 E

2. Schreibe als Zahlwort: a) 15 324 b) 2 501 071

3. Schreibe mit Ziffern in 3er-Blöcken:
achthundertdreiundvierzig Millionen siebenhundertneuntausendzweihundertsechzig

4. Ordne die Zahlen der Größe nach. Beginne mit der kleinsten Zahl.
5 460, 5 046, 5 406, 4 560, 6 540, 5 604

5. Schreibe die jeweils kleinste und größte Zahl auf, die auf Hunderter gerundet folgende Zahl ergibt:
a) 31 000 b) 270 500

6. Bei der Klassensprecherwahl der Klasse 5a erhielt Ulrike 3 Stimmen. Notiere die Zahl der Stimmen, die Dieter, Uta und Kerstin jeweils erhalten haben.

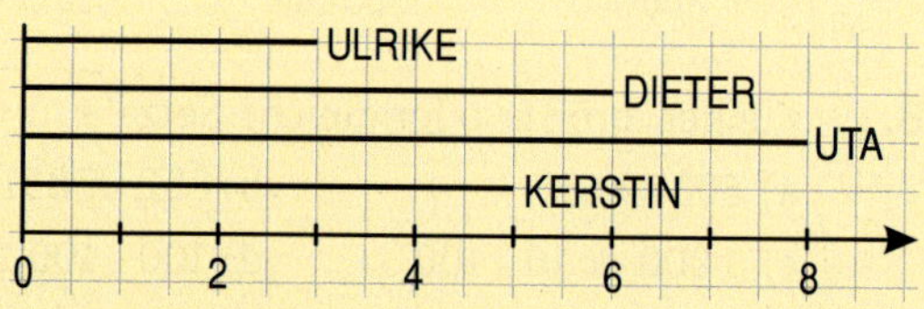

7. In der Klasse 5b gewinnt Tobias mit 7 Stimmen die Klassensprecherwahl. Emily erhält 5, Tim und Marita erhalten je 4 Stimmen. Zeichne ein Diagramm (1 cm für eine Stimme).

8. a) Schreibe mit Ziffern im Zehnersystem: XIV MDCCCLXV
b) Schreibe mit römischen Zahlzeichen: 1959 2009

9. Schreibe mit Ziffern auf:
a) die kleinste 4-stellige Zahl ohne 0; b) die größte 6-stellige Zahl ohne 9.

10. Wertstoffsammlung: Runde alle Angaben auf Tausender und ordne sie nach der Größe.
1 836 t Kunststoffe 1 278 t Metalle 21 298 t Papier und Pappe 7 326 t Glas

11. a) Schreibe 153 als Zweierzahl. b) Schreibe die Zweierzahl 1011101 als Zehnerzahl.

2

Addition und Subtraktion

Addition und Subtraktion am Zahlenstrahl

Addition 7 + **9** = 16

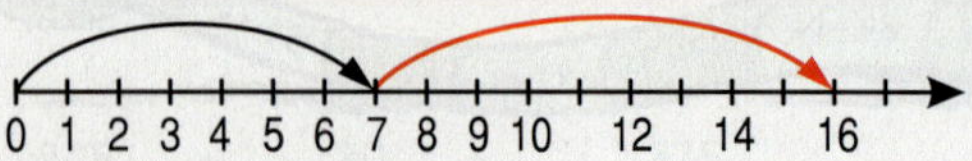

Der Addition entspricht eine Vorwärtsbewegung am Zahlenstrahl.

Subtraktion 16 – **9** = 7

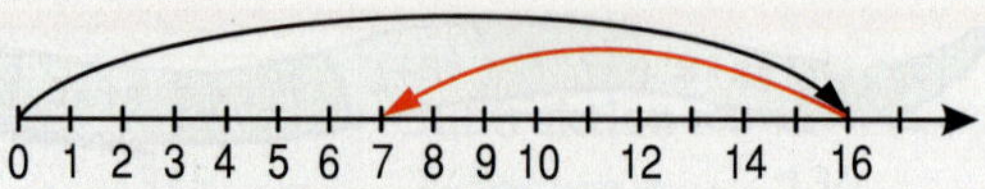

Der Subtraktion entspricht eine Rückwärtsbewegung am Zahlenstrahl.

Aufgaben

1. Welche Aufgaben sind hier gezeichnet? Schreibe die Rechenaufgabe in dein Heft.

a)

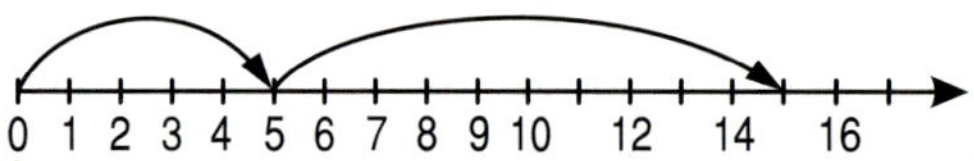

b)

c)

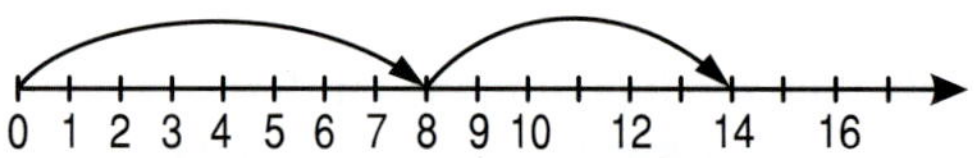

d)

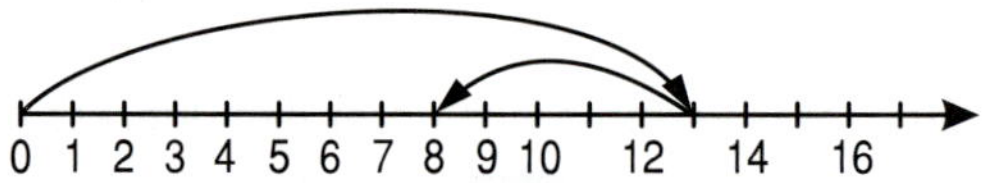

2. Stelle die Aufgabe am Zahlenstrahl dar. Wähle für eine Einheit eine Kästchenbreite.

a) 6 + 5 b) 17 – 4 c) 4 + 11 d) 14 – 9 e) 2 + 13 f) 12 – 6

3. Welche Aufgaben sind hier gezeichnet?

a)

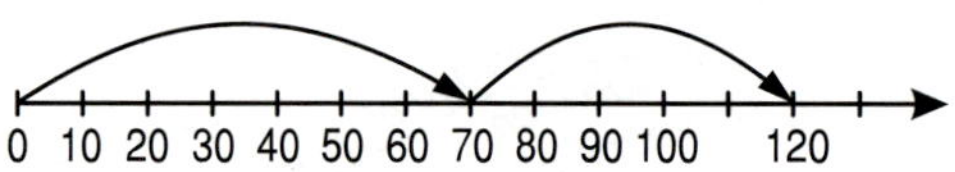

b)

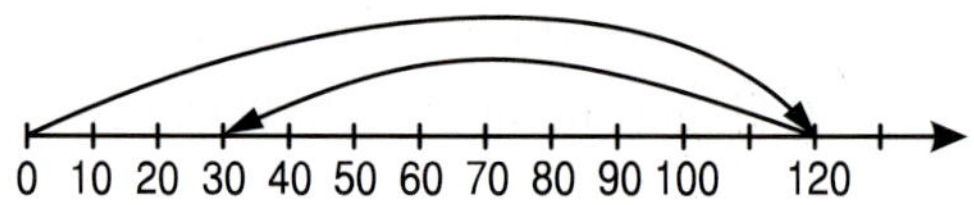

c)

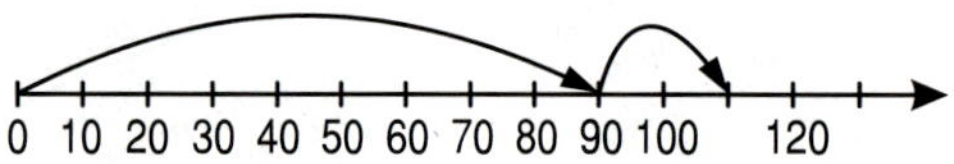

d)

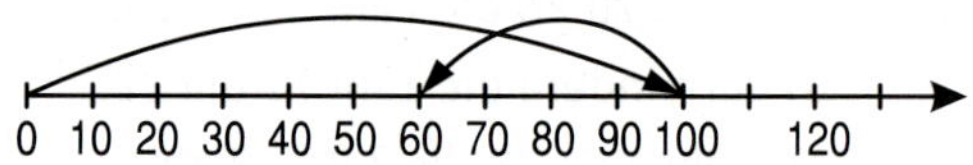

4. Stelle die Aufgabe am Zahlenstrahl dar. Wähle eine Kästchenbreite für 10.

a) 30 + 90 b) 70 – 50 c) 30 + 80 d) 150 – 70 e) 40 + 60

!!!! **5.** Ute, Kai und Eva sind begeisterte Radfahrer.
Überlege dir jeweils zwei verschiedene Fragen und berechne die Lösungen.

a) Ute fährt mit dem Rad am ersten Tag 65 km, am zweiten 53 km und am dritten Tag 47 km.
b) Kai ist in drei Tagen 168 km gefahren. Am ersten Tag fuhr er 69 km, am zweiten 56 km.
c) Eva möchte in fünf Tagen 298 km fahren. Am ersten Tag fuhr sie 54 km.

!!!! **6.** Jan möchte in drei Tagen 175 km fahren. Gib drei mögliche Tagesstrecken an, von denen sich die kürzeste und die längste um weniger als 20 km unterscheiden.

Bleib FIT!

Die Ergebnisse der Aufgaben 1 bis 8 ergeben fünf Flüsse in Nordrhein-Westfalen.

1. Berechne im Kopf.
a) 18 + 23 = ■
b) 55 + 37 = ■
c) ■ + 13 = 85

2. Berechne im Kopf.
a) 18 · 5 b) 12 · 11 c) 26 · 6

3. Berechne im Kopf.
a) 95 : 5 b) 126 : 3 c) 135 : 9

4. Lies die Zahlen am Zahlenstrahl ab.

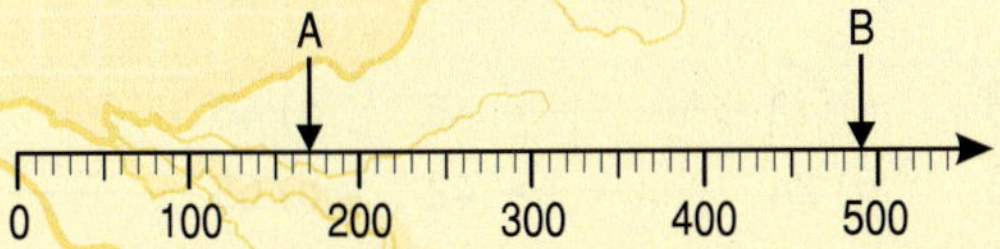

5. Wie heißt der fehlende Vorgänger/Nachfolger?
a) 3 998 3 999 ■
b) ■ 8 100 8 101

6. Schreibe in Ziffern.
a) zweitausendfünfhundert
b) eintausendsiebenhundertelf
c) zwei Millionen vierhunderttausend

7. Ordne die Zahlen, die kleinste zuerst.
10 101 11 001 10 110

8. Runde.
a) 124 auf Zehner
b) 1259 auf Hunderter
c) 23509 auf Tausender

15	P
17	W
19	I
41	R
42	P
51	N
72	E
90	I
92	H
120	I
132	N
156	L
170	E
490	R
1 300	E
1 711	E
1 713	G
2 500	R
4 000	U
8 099	H
7 999	R
10 110	T
11 001	S
10 101	F
24 000	G
2 400 000	R

Operatoren

Jede Addition oder Subtraktion kann mit **Plus-** oder **Minusoperatoren** geschrieben werden, dazu verwendet man Pfeile.

Beispiele:

$20 \xrightarrow{+7} 27$ $\quad 20 + 7 = 27$

$13 \xrightarrow{-6} 7$ $\quad 13 - 6 = 7$

$26 \xrightarrow{+5} 31 \xrightarrow{-8} 23$ $\quad (26 + 5) - 8 = 31 - 8 = 23$

Aufgaben

1. a) $36 \xrightarrow{+9} \square$ b) $54 \xrightarrow{-12} \square$ c) $75 \xrightarrow{+25} \square$ d) $97 \xrightarrow{-36} \square$
e) $48 \xrightarrow{-6} \square$ f) $75 \xrightarrow{+20} \square$ g) $62 \xrightarrow{-23} \square$ h) $23 \xrightarrow{+45} \square$

2. Welcher Plus- oder Minusoperator fehlt hier?
a) $17 \longrightarrow 30$ b) $30 \longrightarrow 5$ c) $13 \longrightarrow 45$ d) $46 \longrightarrow 33$
e) $52 \longrightarrow 100$ f) $100 \longrightarrow 66$ g) $24 \longrightarrow 42$ h) $65 \longrightarrow 19$

3. a) $127 \xrightarrow{+3} \square \xrightarrow{+40} \square$ b) $84 \xrightarrow{+16} \square \xrightarrow{-80} \square$ c) $58 \xrightarrow{+12} \square \xrightarrow{+23} \square$
d) $158 \xrightarrow{-58} \square \xrightarrow{-23} \square$ e) $65 \xrightarrow{-25} \square \xrightarrow{+22} \square$ f) $49 \xrightarrow{+31} \square \xrightarrow{+28} \square$

4. Katrin wohnt in der 13. Etage. Sie fährt sehr gern Fahrstuhl.

a) Von ihrer Etage fährt sie erst 8 Etagen aufwärts, dann 5 Etagen abwärts und noch 3 Etagen aufwärts. Wen besucht Katrin?
Stelle die Fahrstuhlfahrt als Operatorkette dar.
$13 \longrightarrow \square \longrightarrow \square \ldots$

!!!! b) Erfinde selbst zwei Fahrstuhlfahrten von Katrin und lasse dann deine Mitschülerinnen und Mitschüler herausfinden, wen Katrin besucht.

5. Wenn du den Operator zerlegst, rechnest du oft vorteilhafter.
a) $58 \xrightarrow{+26} \square$ b) $67 \xrightarrow{+48} \square$ c) $24 \xrightarrow{+67} \square$
d) $116 \xrightarrow{+78} \square$ e) $184 \xrightarrow{+32} \square$ f) $146 \xrightarrow{+28} \square$

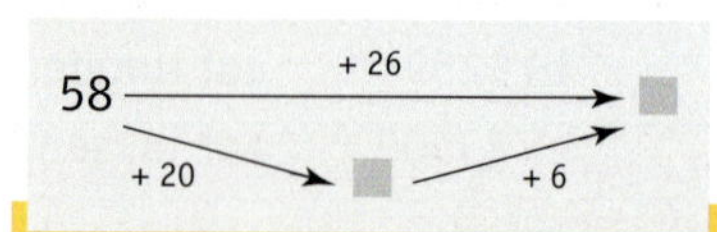

6. a) $77 \xrightarrow{-53} \square$ b) $64 \xrightarrow{-23} \square$ c) $95 \xrightarrow{-46} \square$
d) $110 \xrightarrow{-65} \square$ e) $158 \xrightarrow{-49} \square$ f) $130 \xrightarrow{-65} \square$

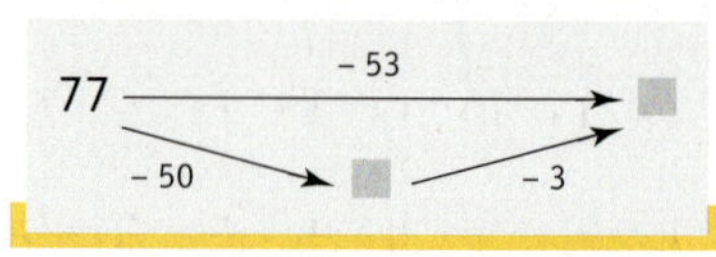

Umkehroperator

Die Subtraktion ist die Umkehrung der Addition und die Addition die Umkehrung der Subtraktion. Zu jedem **Plus-** oder **Minusoperator** gibt es einen **Umkehroperator.**

Beispiele: $46 \underset{-20}{\overset{+20}{\rightleftarrows}} 66$ 46 + 20 = 66; 66 − 20 = 46 $73 \underset{+15}{\overset{-15}{\rightleftarrows}} 58$ 73 − 15 = 58; 58 + 15 = 73

Aufgaben

1. Bestimme die fehlende Zahl und den Umkehroperator.

a) $24 \underset{\square}{\overset{+12}{\rightleftarrows}} \square$ b) $112 \underset{\square}{\overset{+25}{\rightleftarrows}} \square$ c) $883 \underset{-36}{\overset{\square}{\rightleftarrows}} \square$

$25 \underset{\square}{\overset{+13}{\rightleftarrows}} \square$ 25 + 13 = 38 38 − 13 = 25

2. Bestimme den Umkehroperator, dann die fehlende Zahl.

a) $53 \underset{\square}{\overset{+16}{\rightleftarrows}} \square$ b) $105 \underset{\square}{\overset{+34}{\rightleftarrows}} \square$ c) $218 \underset{\square}{\overset{-48}{\rightleftarrows}} \square$

$62 \underset{\square}{\overset{-70}{\rightleftarrows}} 125$ 125 + 70 = 195 195 − 70 = 125

3. Wie viel war es vorher? Bestimme die unbekannte Zahl mithilfe des Umkehroperators.

a)

b)

c)

4. Bestimme Operator und Umkehroperator.

a) $48 \underset{\square}{\overset{\square}{\rightleftarrows}} 67$ b) $135 \underset{\square}{\overset{\square}{\rightleftarrows}} 88$ c) $124 \underset{\square}{\overset{\square}{\rightleftarrows}} 201$ d) $143 \underset{\square}{\overset{\square}{\rightleftarrows}} 56$

e) $75 \underset{\square}{\overset{\square}{\rightleftarrows}} 112$ f) $146 \underset{\square}{\overset{\square}{\rightleftarrows}} 22$ g) $15 \underset{\square}{\overset{\square}{\rightleftarrows}} 87$ h) $83 \underset{\square}{\overset{\square}{\rightleftarrows}} 24$

5. Bestimme die Umkehroperatoren, dann rechne schrittweise.

a) $\square \underset{\square}{\overset{+65}{\rightleftarrows}} \square \underset{\square}{\overset{+8}{\rightleftarrows}} 178$ b) $\square \underset{\square}{\overset{-140}{\rightleftarrows}} \square \underset{\square}{\overset{-9}{\rightleftarrows}} 251$

6. Zahlenrätsel. Schreibe mit Operatoren, dann löse.

a) Petra denkt sich eine Zahl, addiert zuerst 13, dann subtrahiert sie 25 und erhält 100.

b) Kai subtrahiert von einer Zahl zuerst 18, dann addiert er 21 und nennt 50 als Ergebnis.

c) Wenn Kati 85 zu ihrer Zahl addiert und anschließend 91 subtrahiert, erhält sie 9.

Rechenregeln

Was in Klammern steht, wird zuerst ausgerechnet.
Sonst wird schrittweise von links nach rechts gerechnet.

①	②	③
12 − 3 + 2	12 − (3 + 2)	20 − (10 + 2) − 6
= 9 + 2	= 12 − 5	= 20 − 12 − 6
= 11	= 7	= 2

Aufgaben

1. Rechne aus. Berechne zuerst, was in der Klammer steht.

a) 36 + (17 − 7) b) (25 + 32) − 17 c) (149 + 51) − 61 d) 14 + (62 − 42) + 19
e) 65 − (24 + 16) f) 46 + (32 + 28) g) 238 + (48 + 57) h) 78 − (23 + 47) + 110

2. a) (48 − 12) + (24 − 18) b) 98 − (27 + 34) + 46 c) (53 + 36) − (41 + 22) d) (58 + 26) − (24 − 12)

3. Rechne aus und vergleiche.

a) 24 − (13 − 6)
24 − 13 − 6

b) 63 − 14 + 9
63 − (14 + 9)

c) 23 + (18 + 27)
23 + 18 + 27

d) 78 − 36 − 16
78 − (36 − 16)

4. Schreibe einen Rechenweg für das Restgeld mit Klammern und einen ohne Klammern auf.

a) Mit 50 € zahlt Frau Klein 7 € für Strümpfe und 24 € für einen Schal.

b) Herr Klein kauft für 12 € Fleisch, für 7 € Käse und für 9 € Getränke.
Er zahlt mit einem 10-€-Schein und mit einem 20-€-Schein.

5. Hier hat das „Klammer-Monster" Klammern entfernt.
Setze sie wieder so, dass es richtig wird.

a) 43 − 25 − 18 = 36 *f* b) 72 − 31 − 22 = 63 *f*
c) 96 − 38 + 13 = 45 *f* d) 28 − 18 − 15 = 25 *f*
e) 65 − 24 + 15 = 26 *f* f) 38 − 12 − 12 = 38 *f*

91 − 42 − 33 = 82 *f*
91 − (42 − 33) = 82 ✓

6. Ordne der sprachlichen die richtige mathematische Schreibweise zu. Du erhältst ein Lösungswort.

① Addiere zur Zahl 57 die Summe von 28 und 13.
② Addiere zur Differenz von 57 und 28 die Zahl 13.
③ Subtrahiere von der Differenz von 57 und 28 die Zahl 13.
④ Addiere zur Summe von 57 und 28 die Zahl 13.
⑤ Subtrahiere von 57 die Differenz von 28 und 13.
⑥ Subtrahiere von 57 die Summe von 28 und 13.
⑦ Subtrahiere die Zahl 13 von der Summe von 57 und 28.

(57 − 28) − 13 N
(57 + 28) + 13 S
57 − (28 + 13) E
57 − (28 − 13) T
(57 + 28) − 13 R
57 + (28 + 13) M
(57 − 28) + 13 O

Rechengesetze – Rechenvorteile

Kommutativgesetz
In einer Summe dürfen die Zahlen beliebig vertauscht werden.

Assoziativgesetz
In einer Summe dürfen Klammern beliebig gesetzt oder auch weggelassen werden.

4 + 17 = 17 + 4 = 21

(25 + 98) + 3 = 25 + (98 + 3) = 25 + 101 = 126

73 + 68 + 27 = 73 + 27 + 68 = (73 + 27) + 68 = 100 + 68 = 168

Aufgaben

TIPP
Summanden kann man in jeder beliebigen Reihenfolge addieren.

1. Vertausche die Summanden so, dass du geschickt rechnen kannst.

a) 49 + 27 + 11 b) 248 + 13 + 27 + 12 c) 154 + 58 + 22 + 36
d) 35 + 15 + 64 e) 156 + 17 + 44 + 33 f) 581 + 73 + 19 + 27

2. Setze die Klammern so, dass du geschickt rechnen kannst.

a) 83 + 25 + 75 b) 128 + (12 + 38) c) (45 + 23) + 37 d) 137 + 23 + 57
e) 67 + 44 + 16 f) 256 + (44 + 89) g) 78 + (22 + 93) h) 251 + 19 + 48

3. Schreibe so, wie du rechnest. Du darfst Klammern weglassen und Summanden vertauschen.

a) (54 + 23) + 36 b) (32 + 35) + 38 c) 283 + (128 + 117) d) 158 + (277 + 242)
e) (47 + 34) + 66 f) (43 + 37) + 63 g) (516 + 174) + 284 h) (151 + 279) + 221

4. Mona kennt viele Wege zum Ergebnis. Prüfe nach.

88 + 24 =
88 + 20 + 4 =
88 + 4 + 20 =
88 + 2 + 22 =
88 + 12 + 12 =

5. Schreibe mindestens drei Rechenwege und das Ergebnis auf.

a) 78 + 26 b) 156 + 45 c) 49 + 195
29 + 85 188 + 24 56 + 299
36 + 77 179 + 82 74 + 388

6. Überlege zusammen mit anderen: Die Zahlen von 1 bis 19 sollen geschickt addiert werden. Schreibe dazu die Zahlen einzeln auf Kärtchen und lege immer zwei davon untereinander. Findest du weitere Zahlenreihen, die du geschickt addieren kannst?

Schriftliches Addieren

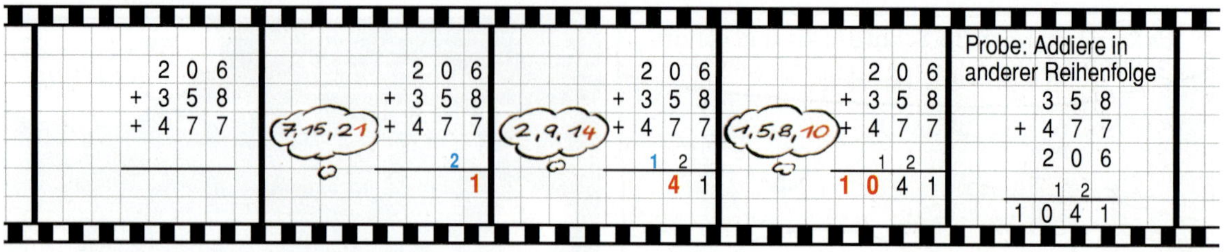

Aufgaben

1. a) 534 + 243 b) 326 + 463 c) 234 + 432 d) 3 062 + 5 826 e) 6 347 + 2 052 f) 49 382 + 30 016

2. Addiere schriftlich. Achte auf den Übertrag.

a) 357 + 436 + 108 b) 242 + 397 + 432 c) 768 + 156 + 684 d) 2 307 + 885 + 964 e) 5 926 + 2 264 + 581 f) 53 287 + 37 813 + 13 488

3. Berechne die Summen, dann ordne der Größe nach. Du erhältst ein Lösungswort.

U 425 + 234 M 529 + 298 S 132 + 255 E 357 + 471 M 149 + 678

4. a) 326 + 258 b) 5 264 + 348 c) 78 + 5 067
d) 453 + 775 e) 369 + 2 670 f) 432 + 3 624

H	Z	E
3	2	6
+ 2	5	8

5. a) 3 594 + 5 489 b) 608 + 2 953 c) 6 389 + 546
d) 625 + 7 699 e) 3 507 + 438 f) 78 + 4 835

6. Überlege dir drei Fragen und berechne die Lösungen: Zur Nachmittagsvorstellung am Sonntag besuchten 428 Kinder und 354 Erwachsene den Zirkus. In die Abendvorstellung gingen 812 Personen. Am Samstag zuvor besuchten insgesamt 1 680 Personen den Zirkus. Beide Vorstellungen waren ausverkauft.

7. a) 12 + 4 120 + 41 200
34 + 4 340 + 43 400
456 + 4 560 + 45 600

b) 123 + 1 230 + 12 300
423 + 4 230 + 42 300
567 + 5 670 + 56 700

8. a) 3 5 ■ + ■ 4 3 = 1 0 ■ 5 b) 5 8 ■ ■ + 2 6 3 5 = ■ ■ 7 6 c) 1 3 4 5 + 5 2 6 4 = ■ ■ ■ ■ d) 4 ■ 8 7 + 3 ■ 9 = 4 6 4 6 e) 5 2 + 6 8 3 = ■ ■ ■

9. Aus den sechs Ziffern sollen zwei dreistellige Zahlen zusammengesetzt werden.
a) Die Summe der beiden Zahlen ist so groß wie möglich.
b) Die Summe der beiden Zahlen ist möglichst klein.
c) Es kommt kein Übertrag beim Addieren vor.
d) Die Summe der beiden Zahlen ist möglichst nah an 1 000.

Überschlagsrechnen

Um das Ergebnis ungefähr abschätzen zu können, führt man eine Überschlagsrechnung durch. Dazu rundet man die Zahlen so, dass man im Kopf rechnen kann.

① 381 + 549
Überschlag: 400 + 500 = 900
genau:
```
  381
+ 549
  11
-----
  930
```

② 2 834 + 276 + 4 586
Überschlag: 3 000 + 300 + 5 000 = 8 300
genau:
```
  2834
+  276
+ 4586
   111
------
  7696
```

Aufgaben

1. Führe erst eine Überschlagsrechnung durch. Rechne auch genau.

a)	b)	c)	d)	e)	f)
358	564	236	4 268	5 982	628
+ 116	+ 217	+ 345	+ 1 267	+ 2 326	+ 216

2. Überschlage erst den Rechnungsbetrag. Rechne dann genau.

a) Photo-Blitz	b) Schuh-Land	c) Flotte-Lotte	d) Comput-Freak
369,– €	126,– €	148,– €	639,– €
+ 18,– €	+ 63,– €	+ 24,– €	+ 109,– €
+ 146,– €	+ 78,– €	+ 168,– €	+ 218,– €

3. Reicht das Geld? Wo genügt der Überschlag, wo musst du genau rechnen?

a) 

b) 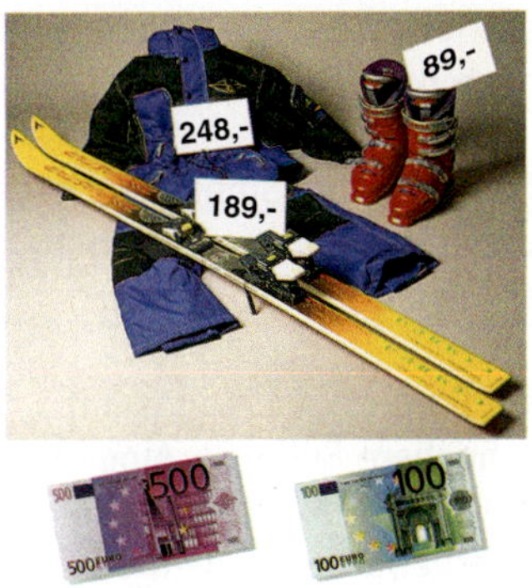

c) 

Schriftliches Subtrahieren

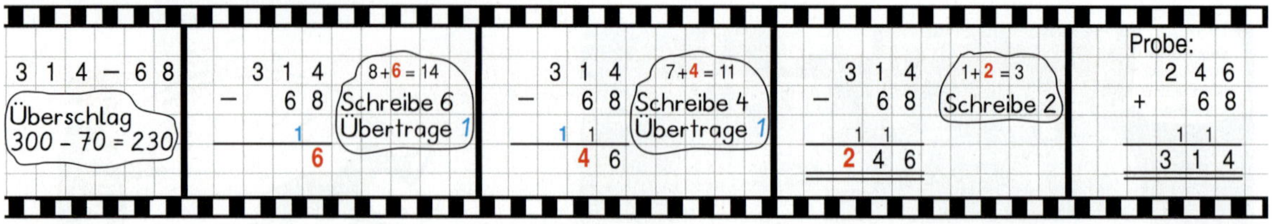

Aufgaben

1. Subtrahiere. Kontrolliere durch Überschlag oder Probe.

a) 458 − 23 b) 564 − 261 c) 968 − 427 d) 4 628 − 512 e) 2 357 − 1 024 f) 49 388 − 30 016

2. a) 554 − 36 b) 847 − 392 c) 756 − 278 d) 8 307 − 885 e) 5 901 − 2 294 f) 43 283 − 37 813

3. Schreibe richtig untereinander. Kontrolliere durch Überschlag oder Probe.

a) 354 − 49 b) 634 − 351 c) 5 364 − 538 d) 537 − 58
e) 308 − 137 f) 1 087 − 498 g) 628 − 69 h) 718 − 253

4. a) 4 325 − 627 b) 5 371 − 788 c) 4 584 − 2 873 d) 2 408 − 863
e) 4 247 − 1 360 f) 7 638 − 357 g) 3 523 − 948 h) 2 306 − 1 223

5. a) b) c) d) e)

6. Tim hat ein spannendes Buch mit 826 Seiten zu seinem Geburtstag bekommen. Nach einer Woche hat er bereits 356 Seiten gelesen. Wie viele Seiten hat er noch vor sich?

7. Frau Herzog kauft ein neues Auto für 21 360 €. Für ihr altes Auto bekommt sie noch 3 550 €, und sie hat 19 278 € gespart.

8. Familie Pfaff aus Konstanz möchte sich in den Sommerferien die deutsche Hauptstadt Berlin anschauen. In Nürnberg machen sie Zwischenstation. Wie viele Kilometer müssen sie von Nürnberg noch nach Berlin fahren?

9. Familie Rau aus Düsseldorf fährt in den Sommerferien nach Kiel an der Ostsee. In Hannover machen sie Zwischenstation. Wie viele Kilometer liegen noch vor ihnen?

10. Die Zugspitze ist der höchste Berg Deutschlands mit 2 963 m, der Montblanc der höchste Berg der Alpen mit 4 807 m und der Mount Everest der höchste Berg der Erde mit 8 848 m. Stelle zwei Fragen und berechne die Lösungen.

11. Anna, Udo und Mike haben dieselbe Aufgabe gerechnet, jeder anders. Welcher Weg gefällt dir am besten? Besprich die Vor- und Nachteile der drei Wege mit anderen.

12. Überschlage das Ergebnis. Rechne dann genau.

a) 789 – 38 – 87 b) 848 – 246 – 163 c) 648 – 217 – 328
e) 629 – 349 – 78 f) 946 – 485 – 94 g) 809 – 65 – 587

Überschlagsrechnung:
Runde so, dass du im Kopf rechnen kannst.
Beispiel:
789 – 238 – 87
≈ 800 – 200 – 100 = 500

13. a) 853 – 75 – 678 b) 629 – 396 – 182 c) 648 – 317 – 89
e) 609 – 84 – 232 f) 367 – 52 – 216 g) 809 – 205 – 169

14. a) Berechne die Differenz aus der Zahl 2 532 und der Summe aus 734 und 254.
b) Addiere die Zahlen 347 und 486. Subtrahiere anschließend die Summe von 1 055.
c) Subtrahiere von der Zahl 4 156 die Differenz von 3 156 und 2 423.
d) Berechne die Differenz von der Summe von 476 und 532 und der Summe von 351 und 238.

15. Reicht eine Überschlagsrechnung? Setze ein: < oder >.

a) 1 000 – 365 – 590 ■ 100
1 000 – 89 – 710 ■ 200

b) 979 – 430 – 210 ■ 300
815 – 450 – 180 ■ 300

c) 834 – 89 – 261 ■ 400
641 – 231 – 156 ■ 250

16. Frau Söhrens hat auf ihrem Konto 12 628 €. Davon soll sie die drei Rechnungen bezahlen. Überlege dir zwei Fragen und berechne die Lösungen.

17. Die Firma Falco muss für einen Auftrag 7 450 Faltkartons herstellen. Der Auftrag kann in drei Tagen erledigt werden. Wie viele Faltkartons müssen am dritten Tag noch produziert werden? Überschlage erst und rechne dann genau.

Auftragsbericht Nr.: 234/09

Datum	Artikel	Menge
3.4.	Kartons	2686
4.4.	Kartons	2328
5.4.	Kartons	

18. Herr Löhr hat leider den Kontoauszug beim Öffnen der Post beschädigt.

a) Welcher Betrag wurde insgesamt von seinem Konto abgebucht?
b) Überschlage erst den neuen Kontostand und rechne dann genau.

Kontonummer: 234567

Abbuchung	Miete	656,– €
Abbuchung	Überweisung	1 747,– €

alter Kontostand: 4 898,– €
neuer Kontostand:

!!!!

Autorallye

1. Bei der Autorallye durch Afrika muss der gesamte Rundkurs an 6 Tagen, also in 6 Etappen bewältigt werden.

a) Wie viel Kilometer sind es vom Start bis zum Ziel?

b) Welche Länge haben die beiden Bergetappen zusammen?

c) Um wie viel Kilometer unterscheidet sich die kürzeste von der längsten Etappe?

2. a) Von welchem Ereignis handelt der Zeitungsbericht?

b) Was erfährst du über die beiden Tribünen?

c) Berechne die Zahl aller Zuschauer beim Zieleinlauf.

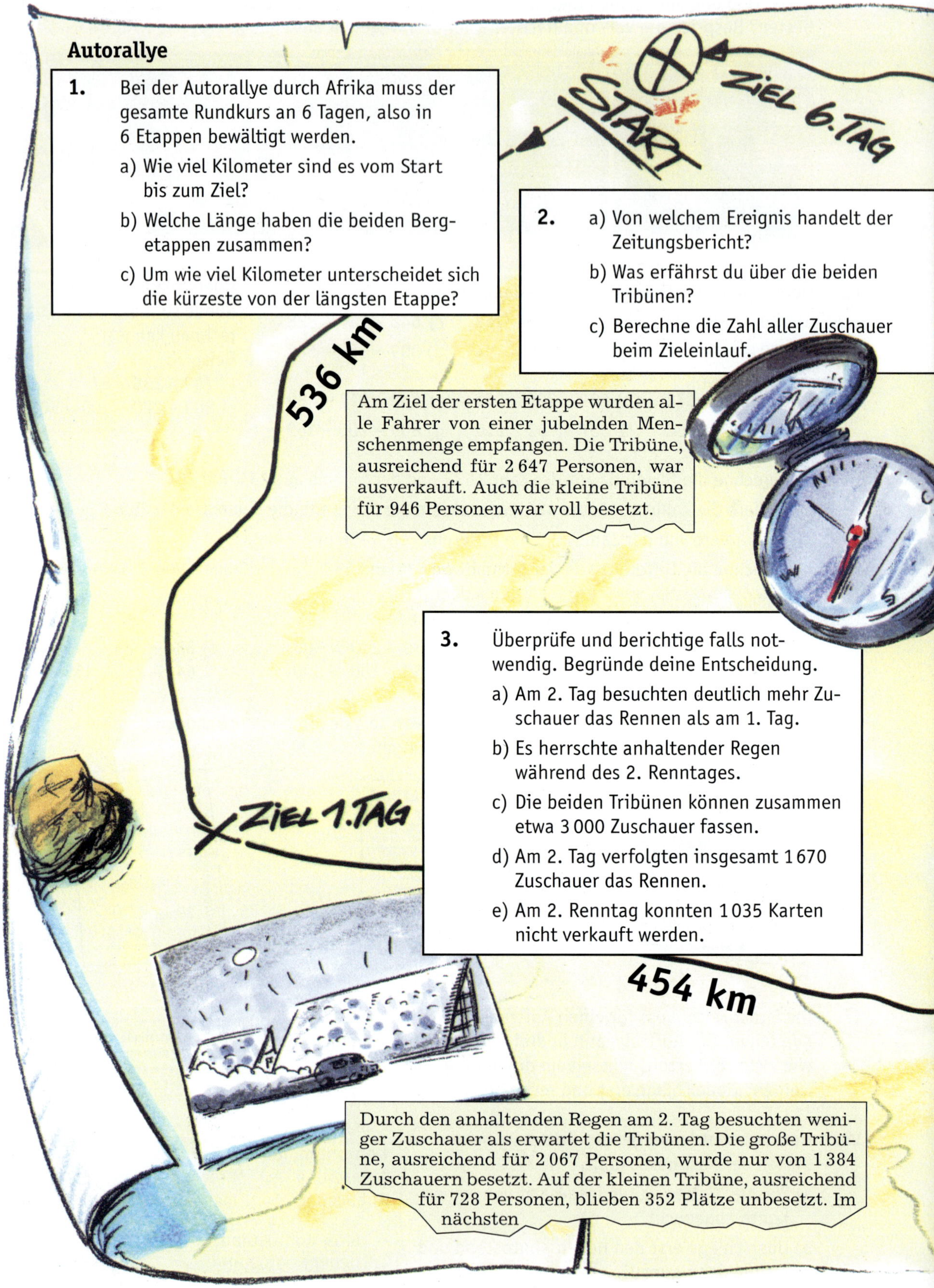

Am Ziel der ersten Etappe wurden alle Fahrer von einer jubelnden Menschenmenge empfangen. Die Tribüne, ausreichend für 2 647 Personen, war ausverkauft. Auch die kleine Tribüne für 946 Personen war voll besetzt.

3. Überprüfe und berichtige falls notwendig. Begründe deine Entscheidung.

a) Am 2. Tag besuchten deutlich mehr Zuschauer das Rennen als am 1. Tag.

b) Es herrschte anhaltender Regen während des 2. Renntages.

c) Die beiden Tribünen können zusammen etwa 3 000 Zuschauer fassen.

d) Am 2. Tag verfolgten insgesamt 1 670 Zuschauer das Rennen.

e) Am 2. Renntag konnten 1 035 Karten nicht verkauft werden.

Durch den anhaltenden Regen am 2. Tag besuchten weniger Zuschauer als erwartet die Tribünen. Die große Tribüne, ausreichend für 2 067 Personen, wurde nur von 1 384 Zuschauern besetzt. Auf der kleinen Tribüne, ausreichend für 728 Personen, blieben 352 Plätze unbesetzt. Im nächsten

!!!!

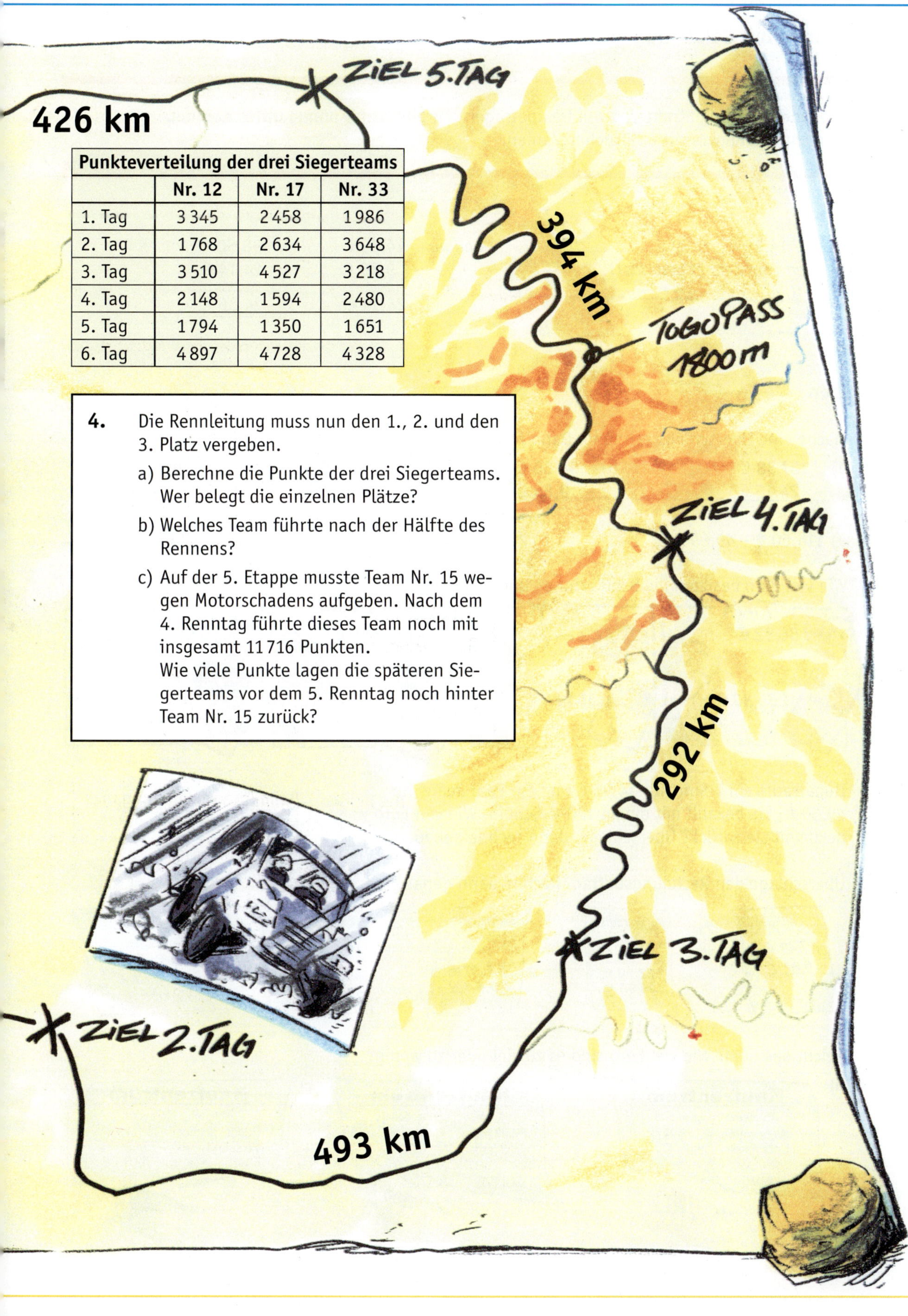

Punkteverteilung der drei Siegerteams			
	Nr. 12	Nr. 17	Nr. 33
1. Tag	3345	2458	1986
2. Tag	1768	2634	3648
3. Tag	3510	4527	3218
4. Tag	2148	1594	2480
5. Tag	1794	1350	1651
6. Tag	4897	4728	4328

4. Die Rennleitung muss nun den 1., 2. und den 3. Platz vergeben.

a) Berechne die Punkte der drei Siegerteams. Wer belegt die einzelnen Plätze?

b) Welches Team führte nach der Hälfte des Rennens?

c) Auf der 5. Etappe musste Team Nr. 15 wegen Motorschadens aufgeben. Nach dem 4. Renntag führte dieses Team noch mit insgesamt 11716 Punkten.
Wie viele Punkte lagen die späteren Siegerteams vor dem 5. Renntag noch hinter Team Nr. 15 zurück?

Sachrechnen mit Geldbeträgen

Beim Addieren und Subtrahieren von Geldbeträgen schreibt man **Komma unter Komma.**
Dann rechnet man wie mit natürlichen Zahlen.

98,50 € – 14,25 € – 9,89 €
Überschlag (auf Zehner gerundet):
100 € – 10 € – 10 € = 80 €

genau:

14,25 €	98,50 €
+ 9,89 €	– 24,14 €
(Übertrag 1 1 1)	(Übertrag 1)
24,14 €	74,36 €

Aufgaben

1. Mache eine Überschlagsrechnung. Dann rechne genau.

a) 137,38 € + 24,15 € b) 64,50 € – 9,86 € c) 7,79 € + 8,46 € d) 263,50 € – 79,90 €

2. a) 116,60 € – 49,89 € b) 22,93 € – 9,75 € c) 1 248,47 € – 883,92 €

3. Wie viel Euro besitzen die Schülerinnen und Schüler?

4. Ilona kauft ein T-Shirt für 14,95 € und ein Paar Jeans für 49,50 €. Sie bezahlt mit einem 100-€-Schein. Wie viel Euro bekommt sie zurück? Überschlage, dann rechne genau.

Beim Überschlag auf ganze Euro-Beträge runden.
14,95 € ≈ 15 €
49,50 € ≈ 50 €

5. Überschlage den Rechnungsbetrag. Rechne dann genau.

6. Reicht das Geld? Wie viel Euro sind es zu viel oder zu wenig?

1. Bilde die Summe von

a) 30 und 70 b) 26 und 32 c) 48 und 26

2. Bilde die Differenz von

a) 90 und 50 b) 75 und 24 c) 52 und 37

3. Addiere zu 37 die Zahl 25.

4. Subtrahiere von 27 die Zahl 18.

5. Rechne aus.

a) $23 \xrightarrow{+8} \square$ b) $46 \xrightarrow{+18} \square$

c) $57 \xrightarrow{-5} \square$ d) $63 \xrightarrow{-15} \square$

6. a) $76 \xrightarrow{+24} \square \xrightarrow{+13} \square$

b) $58 \xrightarrow{-18} \square \xrightarrow{-12} \square$

7. Bestimme die Zahl mit dem Umkehroperator.

a) $\square \xrightarrow{+35} 80$ b) $\square \xrightarrow{-9} 32$

c) $\square \xrightarrow{-22} 50$ d) $\square \xrightarrow{+24} 78$

8. a) 8 – (2 + 5)
14 – (13 – 9)

b) 20 – (16 – 8) + 10
67 + 33 – (12 + 18)

9. Fasse geschickt zusammen, dann rechne.

a) 8 + 3 + 7
59 + 41 + 27

b) 23 + 16 + 4
99 + 11 + 29

10. Wie kannst du vertauschen? Rechne geschickt im Kopf.

a) 79 + 17 – 9
138 + 53 – 38

b) 127 – 73 – 27
509 – 91 – 9

11. Rechne aus. Mache zuerst einen Überschlag.

a) 372 + 451 b) 41 187 + 95 + 1 228

c) 457 – 183 d) 28 584 – 238 – 1 347

e) 12 041 + 99 887 f) 34 806 – 1 487 – 17 054

12. a) Ich denke mir eine Zahl und addiere 24. Mein Ergebnis lautet 47.

b) Von meiner gedachten Zahl subtrahiere ich 33 und erhalte 56.

13. Tobias hat für 26,54 € Lebensmittel, für 15,30 € Getränke und für 5,52 € Schulsachen eingekauft. Er hat 50 € dabei.

14. a) 8 156 – 712 – 1 448 – 2 033 – 961

b) 29 238 – 5 144 – 7 581 – 3 876

Addition: 25 + 40 = 65
65 ist die **Summe** von 25 und 40.

Subtraktion: 65 – 25 = 40
40 ist die **Differenz** von 65 und 25.

Jede Addition oder Subtraktion kann mit **Operatoren** geschrieben werden.

$20 \xrightarrow{+7} 27$
20 + 7 = 27

$13 \xrightarrow{-6} 7$
13 – 6 = 7

$26 \xrightarrow{+5} 31 \xrightarrow{-8} 23$
26 + 5 – 8 = 31 – 8 = 23

Zu jedem **Plus-** oder **Minusoperator** gibt es einen **Umkehroperator.**

$46 \underset{-20}{\overset{+20}{\rightleftarrows}} 66$ $37 \underset{+11}{\overset{-11}{\rightleftarrows}} 26$

Was in der Klammer steht, wird zuerst ausgerechnet. Sonst wird von links nach rechts gerechnet.

43 – (13 + 10) = 43 – 23 = 20
43 – 13 + 10 = 30 + 10 = 40

In Summen dürfen ...

Zahlen vertauscht werden	Klammern beliebig gesetzt werden
Kommutativgesetz	**Assoziativgesetz**
4 + 17 = 17 + 4	(18 + 17) + 3 = 18 + (17 + 3)

Schriftliche Addition
mit **Überschlagsrechnung**

264	264 ≈ 300	300
+ 98	98 ≈ 100	+ 100
+ 109	109 ≈ 100	+ 100
1 2		
471		500

Mehrfaches Subtrahieren
543 – 227 – 168

Überschlag: 1. Methode 2. Methode

Überschlag	1. Methode		2. Methode	
500	543	316	227	543
– 200	– 227	– 168	+ 168	– 395
– 200	1	1 1	1	1 1
100	316	148	395	148

DIAGNOSETEST

1. Bestimme die unbekannte Zahl.

a) ■ + 78 = 235 b) ■ − 112 = 464

2. a) 68 − (18 + 23) b) 53 − 16 + 14

3. 18 + 274 + 32 + 26 + 50

4. Berechne schriftlich. a) 8 504 + 1 774 + 647 b) 8 437 −562 − 1 043

5. Berechne.

a) Die Differenz aus der Zahl 4 321 und der Summe aus 1 042 und 583.

b) Addiere zu 1 206 die Summe aus 384 und 827.

Wähle weitere 5 Aufgaben aus

1. Ein Tankwagen ist mit 9 780 *l* Rapsdiesel beladen und muss zwei Kunden beliefern. Bei der ersten Tankstelle werden 3 720 *l* geliefert, bei der zweiten 5 812 *l*. Mit wie viel Litern fährt der Tankwagen zurück?

2. Am Eis-Stadion gibt es zwei Parkplätze. Auf Platz 1 stehen 124 Autos, auf Platz 2 stehen 15 Autos weniger. Wie viele Autos sind insgesamt geparkt?

3. Frau Berg kauft ein Auto für 18 200 €. Für ein Radio mit CD-Spieler muss sie noch 300 € extra bezahlen. Ihr Händler nimmt ihr altes Auto mit 5 800 € in Zahlung. Rechne aus, welchen Betrag Frau Berg noch zahlen muss.

4. Kontrolliere, ob das Ergebnis stimmt.

a) 9 632 − 754 − 6 109 = 2 769 b) 20 025 − 102 − 9 756 = 11 167

5. Reicht das Geld? Wie viel Euro sind es zu viel oder zu wenig?

a)

Käse	17,98 €
Wurst	8,79 €
Obst	3,98 €

b)

Fahrrad	389,00 €
Helm	29,90 €
Schloss	19,50 €

6. Emily macht eine Fahrradtour. Jeden Abend schreibt sie den Stand ihres Kilometerzählers auf.

a) Wie viele Kilometer ist sie am 3. Tag geradelt?

b) Wie lang ist ihre Radtour insgesamt gewesen?

Start:	1 357
1. Tag	1 422
2. Tag	1 479
3. Tag	1 565
4. Tag	1 641

7. Frau Rissler erhält monatlich 1 690 € ausgezahlt. Davon sind 420 € Miete zu zahlen. 640 € braucht sie für ihren Haushalt, 170 € für Strom, Wasser, Heizung und Telefon und außerdem noch 140 € für Benzin. In diesem Monat möchte sich Frau Rissler ein neues Fernsehgerät für 425 € kaufen. Reicht ihr Monatsverdienst dafür? Begründe.

3

Körper, Flächen und Linien

5. Zeichne das Netz, schneide es aus, falte es zu einem Quader. Klebe mit Klebeband.

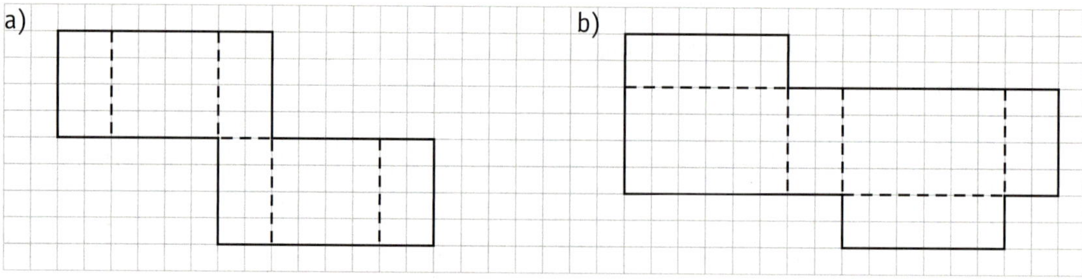

6. Prüfe, ob sich aus dem Netz wirklich ein Quader falten lässt. Falte nur in Gedanken. Nur wenn du unsicher bist, kontrolliere durch Zeichnen, Ausschneiden und wirkliches Falten.

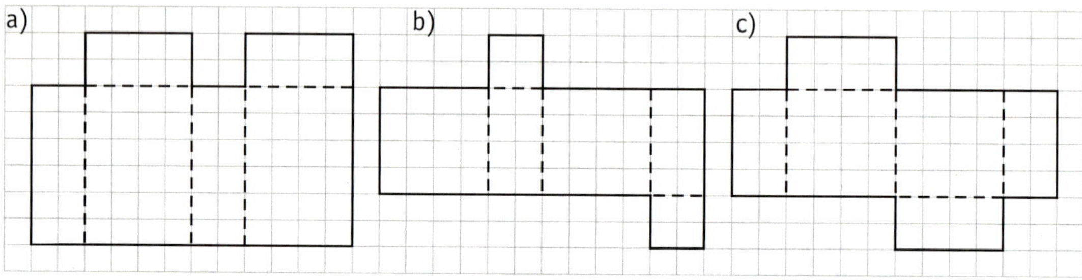

7. Welcher Quader passt zu welchem Netz? Ordne zu.

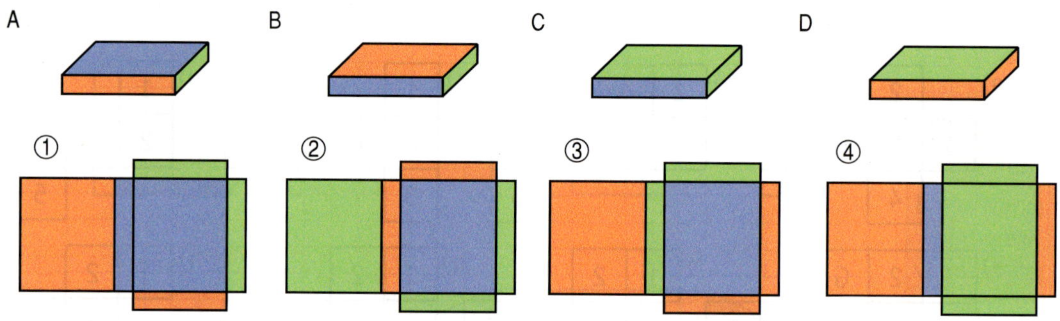

8. Welche Netze passen zu den Würfeln? Ordne jedem Würfel mögliche Netze zu.

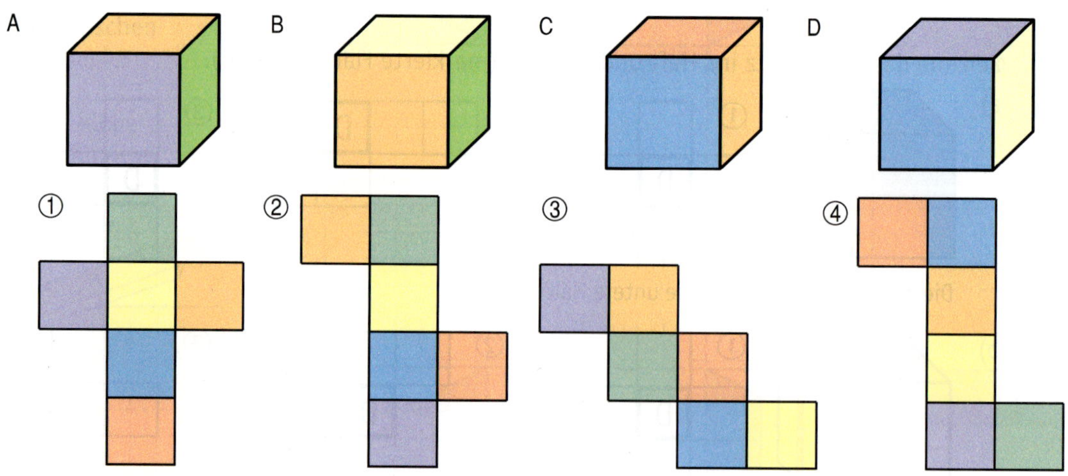

!!!! **9.** Wie viele *gleiche* Flächen kann ein Quader haben? Überlege, probiere, begründe.

Bleib FIT!

Die Ergebnisse der Aufgaben 1 bis 8 ergeben drei Städte in Nordrhein-Westfalen.

1. Runde.

a) 235 auf Zehner
b) 551 auf Hunderter
c) 4 948 auf Hunderter
d) 450 auf Hunderter

2. Berechne.

a) 135 + 97
b) 269 + 26
c) 47 + 135

3. Berechne.

a) 339 − 95
b) 567 − 332
c) 894 − 99

4. a) Vermindere die Zahl 77 um 58.
b) Addiere zu 158 die Zahl 79.
c) Bilde die Differenz aus 87 und 55.
d) Vermehre die Zahl 29 um 64.

5. Lies die Höhe des Berliner Fernsehturms und des Kölner Doms ab, runde auf 50 Meter.

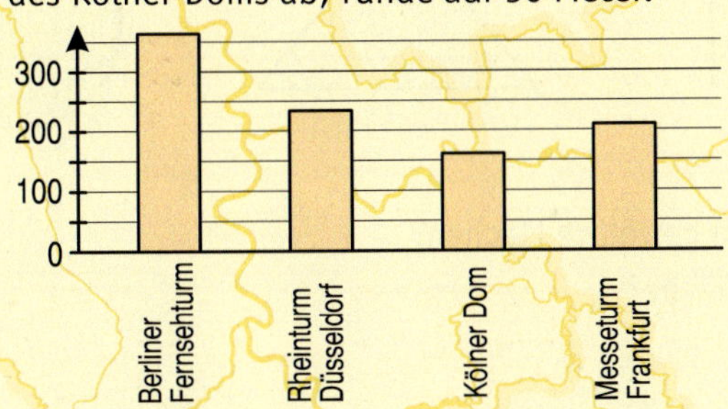

6. Berechne die fehlende Zahl.

a) 345 + ❤ = 429
b) ❤ − 87 = 235
c) 23 + 129 = ❤

7. Julia kauft zwei Hefte für je 0,49 € und einen Stift für 3,98 €. Sie bezahlt mit einem 10-€-Schein. Wie viel Euro bekommt sie zurück?

8. Lies die Zahlen am Zahlenstrahl ab.

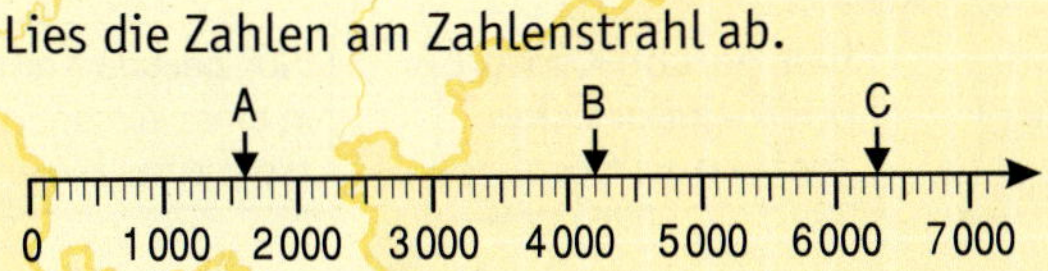

4,04	K
5,04	S
19	A
32	C
93	H
84	M
133	P
95	K
152	N
150	N
182	D
230	U
232	E
235	R
237	A
244	O
240	D
295	L
322	Ü
350	E
500	S
600	Ü
795	F
1 600	T
4 200	E
4 900	S
6 300	R

Flächen, Kanten und Ecken

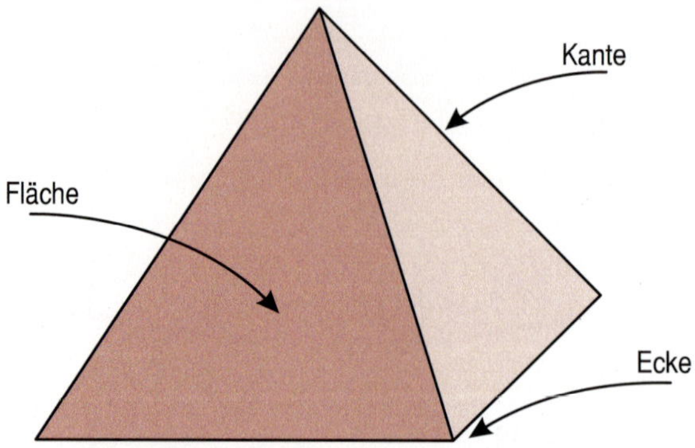

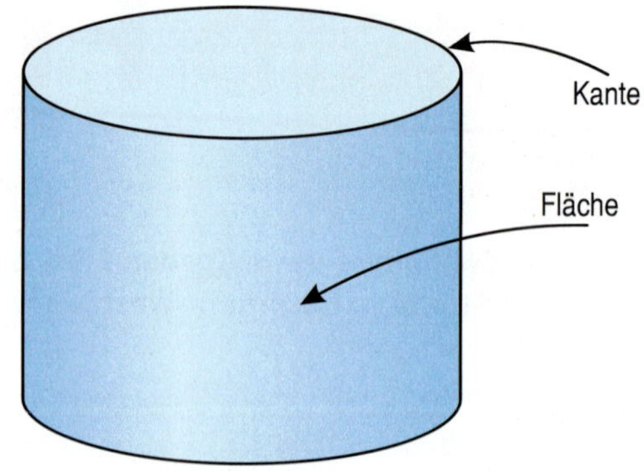

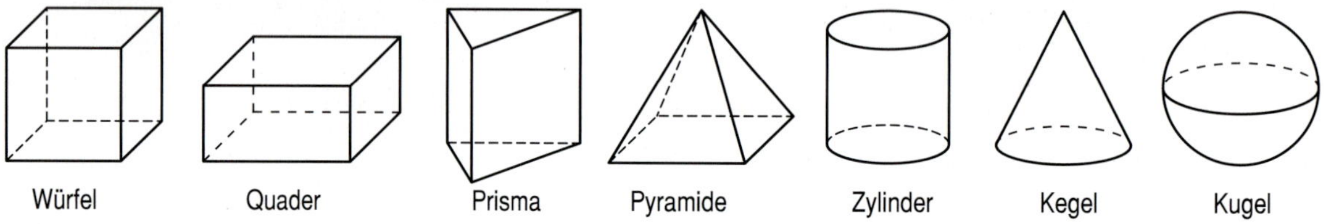

Aufgaben

1. a) Welche Körper haben nur gerade Kanten?
b) Welche Körper haben sowohl gerade als auch gebogene Kanten?
c) Welche Körper haben keine einzige gerade Kante?

2. Zu welchen Körpern kann die abgebildete Fläche gehören?

a) 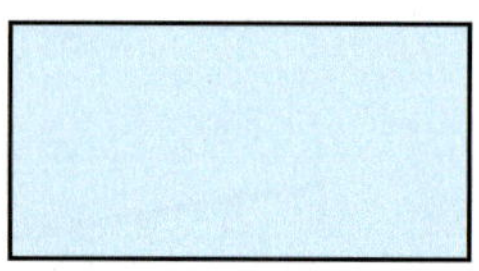
b) 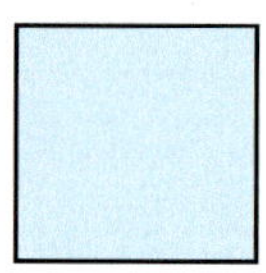
c) 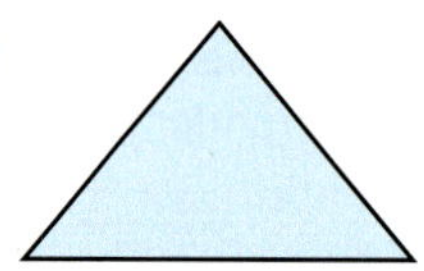
d) 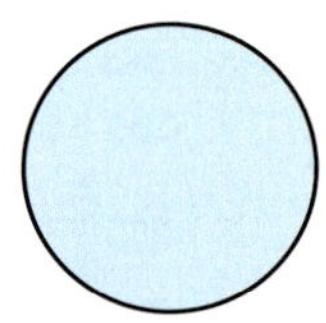

3. a) Welche Körper haben nur ebene Flächen?
b) Welche Körper haben sowohl ebene als auch gewölbte Flächen?
c) Welche Körper haben keine einzige ebene Fläche?

4. Auf welche Körper trifft die Kennkarte zu?

a) Alle zwölf Kanten sind gleich lang.
b) Es gibt zwei kreisförmige Flächen.
c) Es gibt genau 5 Ecken.
d) Es gibt nur eine Ecke.

!!!! **5.** Verpackte Ware wird im Supermarkt in ein Regal einsortiert und gestapelt. Welche Verpackungsform ist besonders günstig, welche weniger günstig? Überlege und nenne Vor- und Nachteile.
① Quader ② Zylinder ③ Pyramide ④ Würfel ⑤ Kegel ⑥ Kugel

6. Auf welche Körper trifft die Kennkarte zu?

a) Nur ebene Flächen und jede hat genau 4 Eckpunkte.
b) Nur ebene Flächen und jede hat 3 oder 4 Eckpunkte.
c) Nur gerade Kanten und in jeder Ecke treffen sich drei.
d) Nur gerade Kanten, in einer einzigen Ecke treffen sich vier.

Senkrecht und parallel

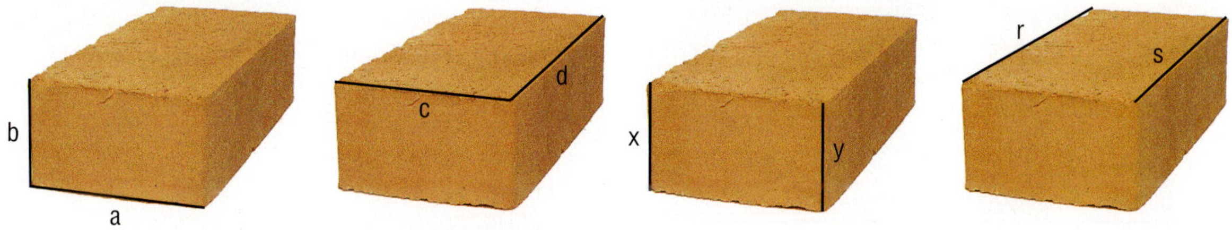

Zwei aneinander stoßende Kanten eines Quaders sind **senkrecht** zueinander.
Man schreibt: a ⊥ b c ⊥ d

Zwei gegenüberliegende Kanten eines Quaders sind **parallel** zueinander.
Man schreibt: x ∥ y r ∥ s

Aufgaben

1. Welche der beschrifteten Kanten sind senkrecht zur Kante a, welche sind parallel zu a?

a) b) c) d)

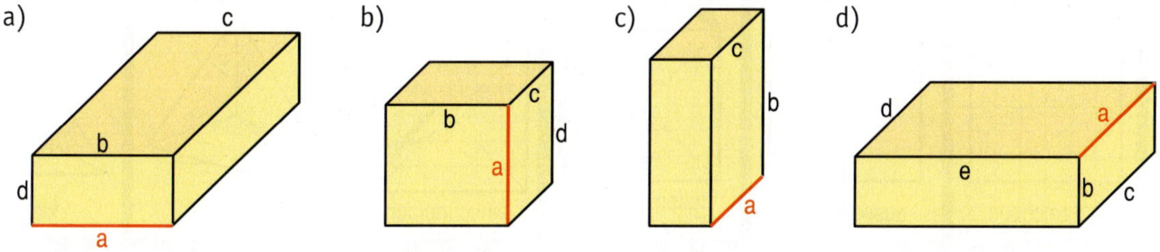

2. Schreibe ins Heft: senkrecht zueinander (⊥) oder nicht (⊥̸).

a)
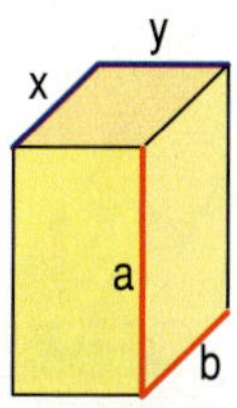

a ▮ b
x ▮ y

b)
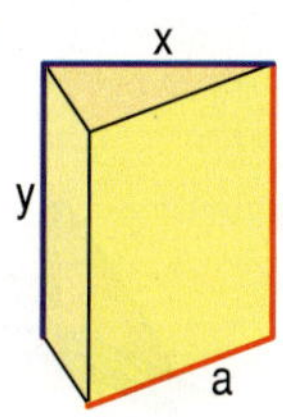

a ▮ b
x ▮ y

c)
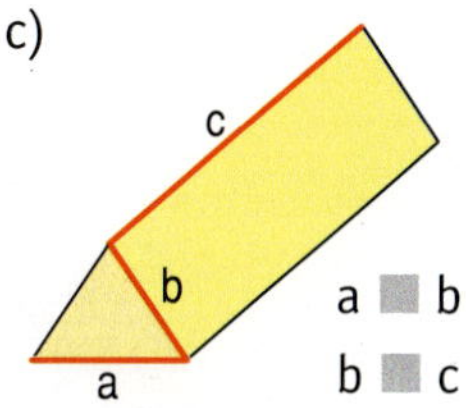

a ▮ b
b ▮ c

d)
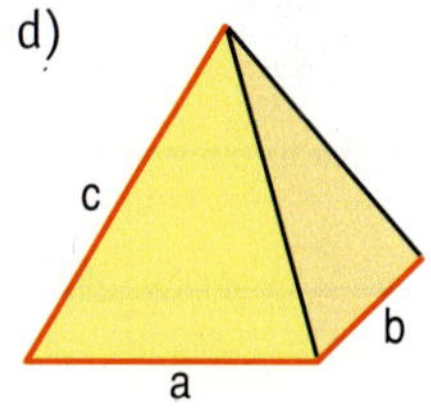

a ▮ b
a ▮ c

3. Schreibe ins Heft: parallel zueinander (∥) oder nicht (∦).

a)
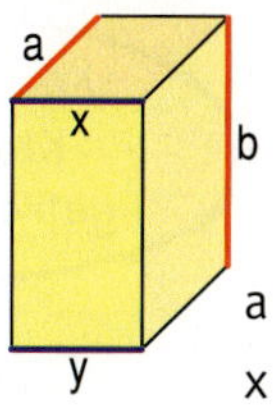

a ▮ b
x ▮ y

b)
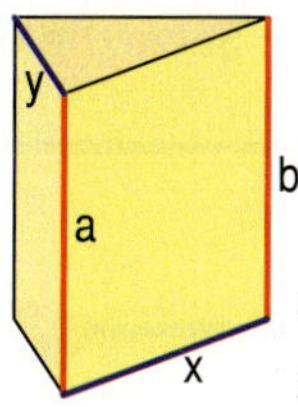

a ▮ b
x ▮ y

c)
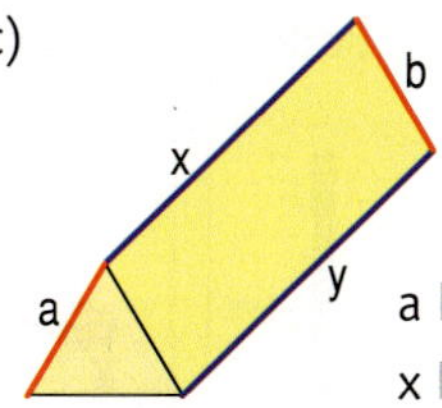

a ▮ b
x ▮ y

d)
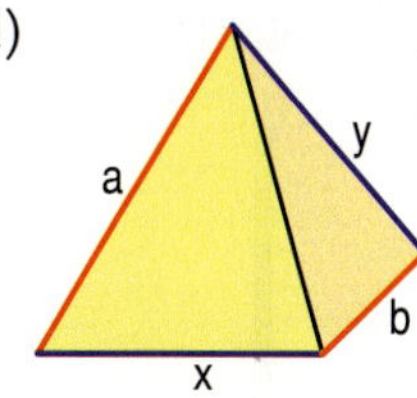

a ▮ b
x ▮ y

4. Parallele Kanten sollen gleich gefärbt werden, andere nicht. Wie viele Farben braucht man?

a) Würfel b) Quader c) Prisma d) Pyramide

5. Gibt es Kanten, die weder parallel noch senkrecht zueinander sind bei

a) Würfel, b) Quader, c) Prisma, d) Pyramide?

!!!!

Basteln von Kantenmodellen

Du brauchst
- Trinkhalme auf gleiche Länge geschnitten (8 cm)
- Papier für die Ecken
- Lineal, Bleistift
- Schere, Klebstoff

Du brauchst
- Trinkhalme auf die verschiedenen Längen geschnitten (8 cm, 6 cm, 4 cm)
- Papier für die Ecken
- Lineal, Bleistift
- Schere, Klebstoff

① Schneide die Trinkhalme für Würfel und Quader zu.

② Fertige die benötigten Papierecken für Würfel und Quader (siehe Film).

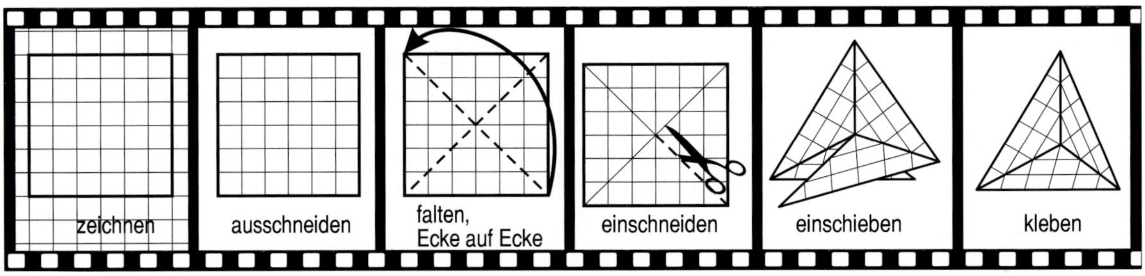

③ Baue Boden und Decke.

Klebstoff in die beiden unteren Kanten

Trinkhalme **gleich** weit hinein „auf Stoß"

Freie hintere Ecke mit Klebstoff füllen

④ Klebe die Trinkhalme an den Boden.

⑤ Endmontage: Setze die Decke auf.

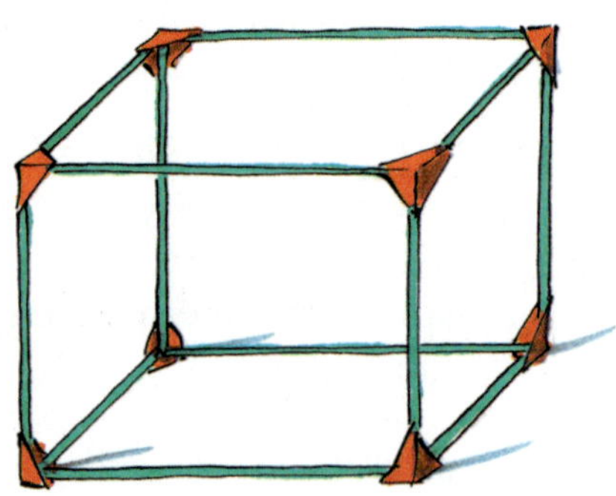

Lotrecht – waagerecht

Lotrecht: senkrecht zur Erdoberfläche wie das Lot (Senkblei).
Waagerecht: parallel zur Erdoberfläche wie die Wasserwaage.
Lotrecht und waagerecht sind zueinander senkrechte Richtungen.

Aufgaben

1. In welchen Handwerksberufen braucht man regelmäßig Wasserwaage oder Senkblei?
Elektriker Maurer Friseur Zimmermann Fliesenleger Schornsteinfeger Tischler

2. Welche der Dinge sollten waagerecht sein, welche besser nicht? Überlege und nenne Gründe.
Abflussleitung Terrasse Tischtennisplatte Zimmerboden Herdplatte Zeichentischplatte

3. a)

b)

c)

Welche Kanten sind lotrecht, welche waagerecht, welche zueinander senkrecht oder parallel?

4. Bilddetektive an die Arbeit! Der Blick aus dem runden Bullauge ist richtig. Aber im Inneren der Schiffskajüte sind 7 Fehler. Versuche, sie alle zu finden. Vergleiche dann mit anderen, zusammen entdeckt ihr bestimmt alle. Aber passt auf, dass ihr nichts als Fehler notiert, was in Wirklichkeit richtig ist.

5. Versuche mit anderen zusammen, ein eigenes Rätselbild mit Fehlern zu zeichnen.

Rechteck und Quadrat

Die Flächen eines Quaders heißen **Rechtecke.** Gegenüberliegende Seiten eines Rechtecks sind gleich lang.

Die Flächen eines Würfels heißen **Quadrate.** Alle Seiten sind gleich lang.

Im Quadrat und Rechteck sind gegenüberliegende Seiten parallel zueinander.
Benachbarte Seiten sind senkrecht zueinander; sie bilden einen **rechten Winkel** (⊾).

Aufgaben

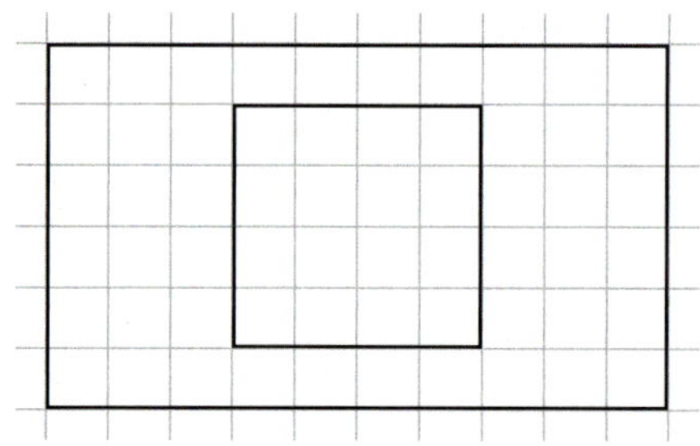

1. Zwei Karolängen sind 1 cm. Wie lang sind die Seiten
a) des gezeichneten Rechtecks;
b) des gezeichneten Quadrates?

2. Zeichne mit dem Lineal auf Karopapier:
a) ein Quadrat mit 5 cm Seitenlänge;
b) ein Rechteck mit Seitenlängen von 4 cm und 6 cm.

3. Ein Quader hat die Kantenlängen 3 cm, 4 cm und 5 cm. Wie viele verschiedene Seitenflächen gibt es? Zeichne von jeder Sorte eine auf Karopapier.

4. Wo gibt es in deiner Umgebung rechteckige oder sogar quadratische Flächen? Nenne Beispiele.

5. Zeichne auf Karopapier (1 cm für 1 m) ein rechteckiges Rasenstück mit Seitenlängen von 8 m und 6 m und in der Mitte ein quadratisches Blumenbeet mit 3 m Seitenlänge. Die Seiten des Beetes sind parallel zu den Rasenkanten.

6. Zeichne ohne Geodreieck auf Karopapier ein Quadrat, sodass keine seiner Seiten parallel zu Karolinien verläuft.

!!!! **7.**

Vermischte Aufgaben

1. Welche Körper haben die genannte Eigenschaft?

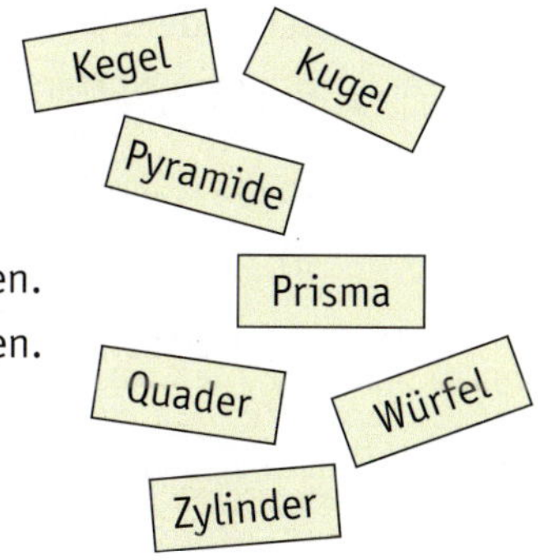

a) Besitzt nur gerade Kanten.
b) Besitzt nur gebogene Kanten.
c) Kann gerollt werden.
d) Alle Flächen sind gleich.
e) Hat nur Rechtecke als Flächen.
f) In jeder Ecke treffen sich 3 Kanten.
g) Hat 1 Ecke, 1 Kante, 2 Flächen.
h) In einer Ecke treffen sich 4 Kanten.
i) Hat 4 Dreiecksflächen.
j) Hat 2 Dreiecksflächen.
k) Hat genau 3 Flächen.
l) Hat keine einzige Kante.
m) Hat 9 Kanten.
n) Hat keine Ecke und drei Flächen.

2. Von wo blickt man in den Würfel, von vorne, hinten, rechts, links, ...?

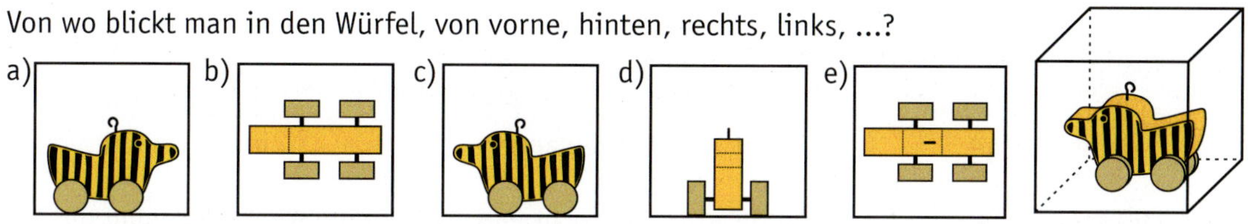

3. Aus dem Netz wird ein Würfel gefaltet. Notiere die Zahlenpaare der gegenüberliegenden Flächen.

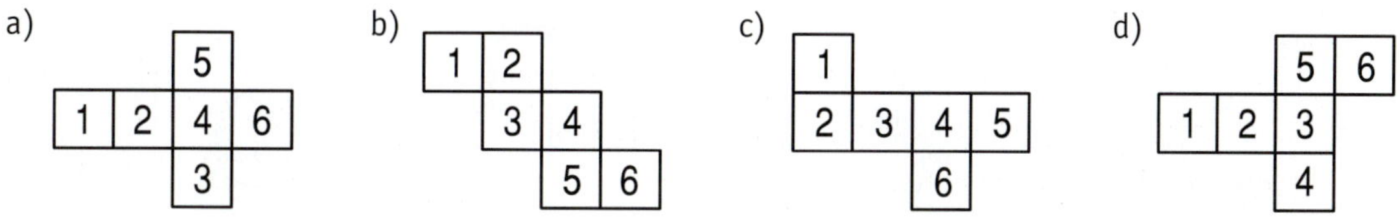

4. Lassen sich weitere Augenzahlen im Würfelnetz eintragen, sodass beim Falten ein Spielwürfel entsteht? Wenn ja, zeichne das Netz und trage die fehlenden Punkte ein. Wenn nein, begründe.

TIPP
Gegenüberliegende Augenzahlen haben die Summe 7.

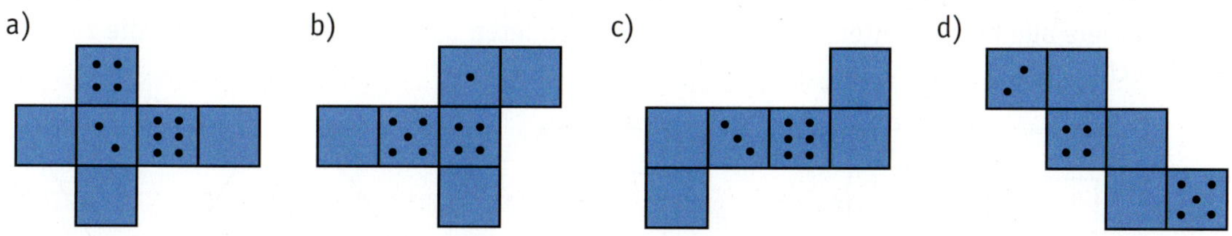

5. Eine quaderförmige Schachtel wird an den markierten Kanten zerschnitten und auseinander gefaltet. Zeichne das so entstehende Quadernetz auf Karopapier für die Kantenlängen 2 cm, 3 cm, 4 cm.

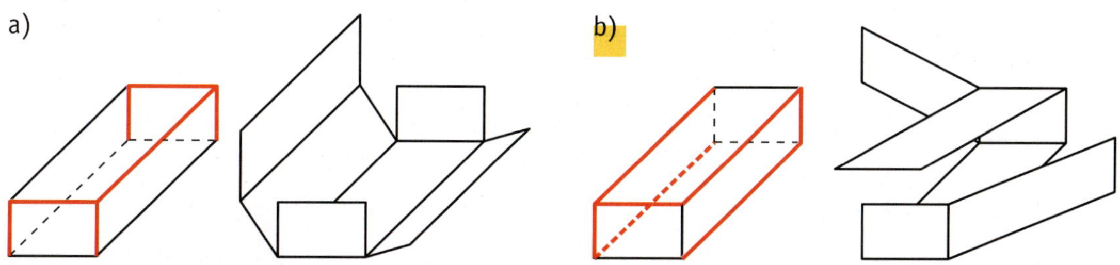

6. Man sagt „Würfel“ oder „Kegel“, aber stimmt das überhaupt? Notiere Gründe für deine Meinung.
a) Würfelzucker
b) Spielwürfel
c) Suppenwürfel
d) Lichtkegel
e) Kegelbahn

7. Stell dir vor, du sollst aus einer Kartoffel mit einem Messer einen Körper mit ebenen Flächen schneiden. Wie oft musst du (mindestens) schneiden für

a) einen Würfel; b) einen Quader; c) ein Prisma; d) eine Pyramide?

8. Beide Flächen gehören zu demselben Körper. Was für einer kann es sein?

a)
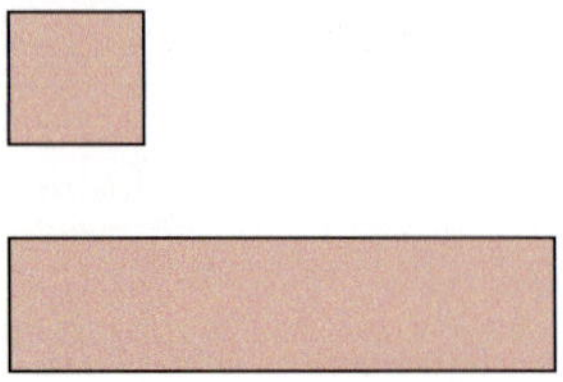

b)
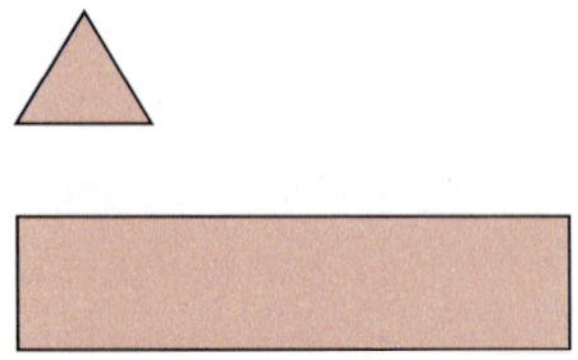

c)
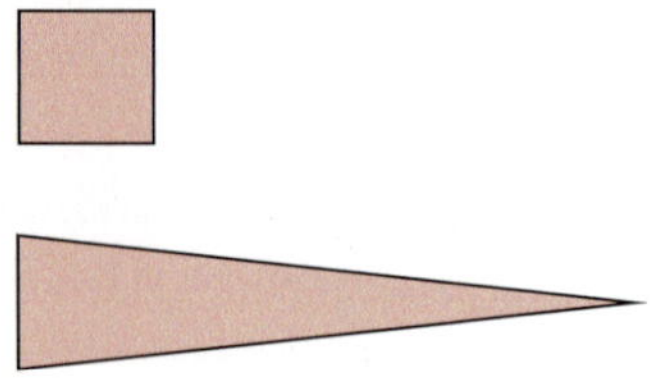

9. Aus einem Stück Draht sollen die Kanten für das Modell eines Körpers geschnitten werden. Wie lang muss das ganze Stück Draht mindestens sein?

a) Würfel mit 5 cm Kantenlänge

b) Quader mit 4 cm, 8 cm und 3 cm Kantenlängen

c) Quader mit 6 cm, 6 cm und 4 cm Kantenlängen

10. Lisa sagt: „Jeder Würfel ist ein Quader, aber nicht jeder Quader ein Würfel." Stimmt das?

11. Prüfe für markierte Kanten: parallel oder senkrecht zueinander, waagerecht oder lotrecht?

a)

b)

c)

12. Notiere alle Körperkanten, die zu der rot gezeichneten parallel sind, sowie alle, die zu ihr senkrecht sind.

a)
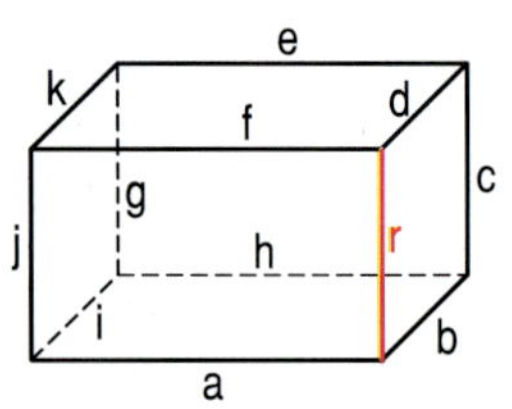

b)
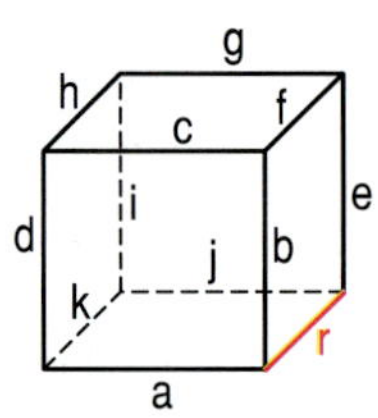

c)
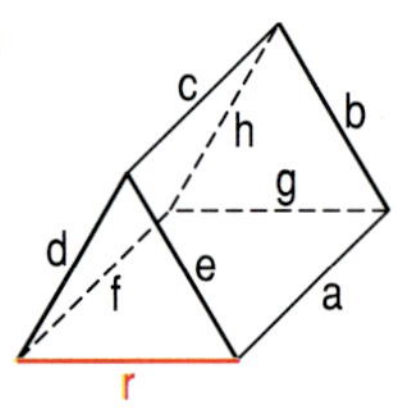

d)
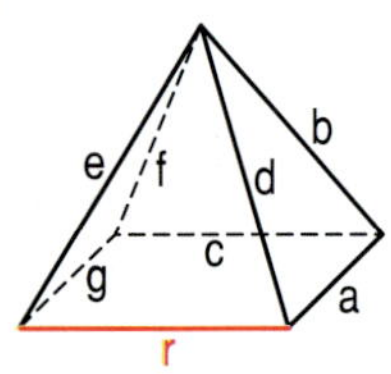

13. Welche der gekennzeichneten Linien sind lotrecht, welche sind waagerecht?

14. Ist ein Blatt Briefpapier eine Fläche oder ein Körper? Überlege, sprich mit anderen, begründe.

1. Lege eine Tabelle an und fülle sie aus.

Körper	Anzahl der Flächen	Kanten	Ecken
Würfel			
Quader			
…			

2. a) Welche Körper haben nur gerade Kanten?
b) Welche Körper haben eine Ecke, in der 4 Kanten aufeinander stoßen?

3. Zeichne das Netz und prüfe, ob sich aus ihm ein Würfel falten lässt.

a)

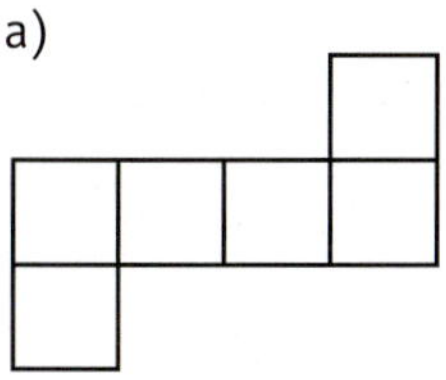

b)

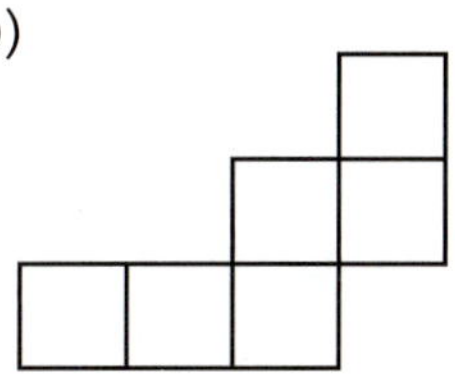

4. Welche der bezeichneten Kanten sind senkrecht zur Kante a, welche sind parallel zu a?

a)

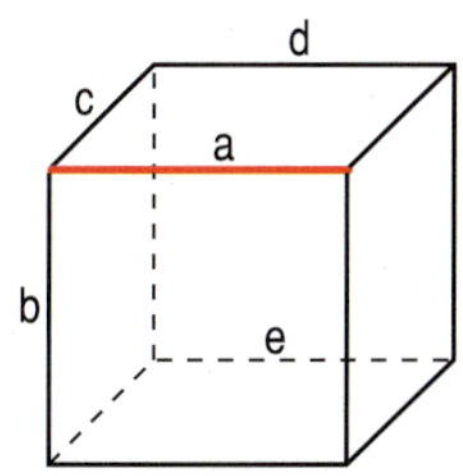

b)

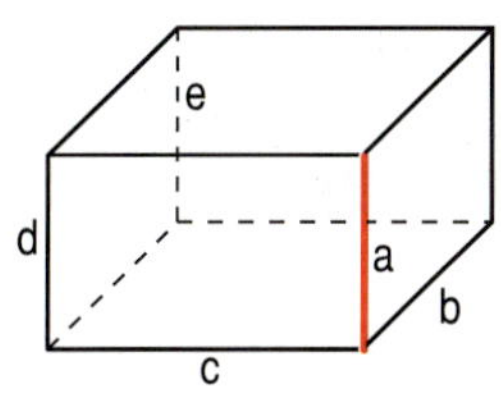

5.

a) Welche Linien sind waagerecht?
b) Welche Linien sind lotrecht?

6. Zeichne (auf Karopapier) ein Quadrat mit 4 cm Seitenlänge. Markiere zueinander parallele Seiten jeweils mit gleicher Farbe.

7. Zeichne (auf Karopapier) ein Quadrat mit 4 cm Seitenlänge. Markiere alle rechten Winkel.

8. Wie viele quadratische Flächen hat ein Quader mit den Kantenlängen 4 cm, 6 cm und 4 cm?

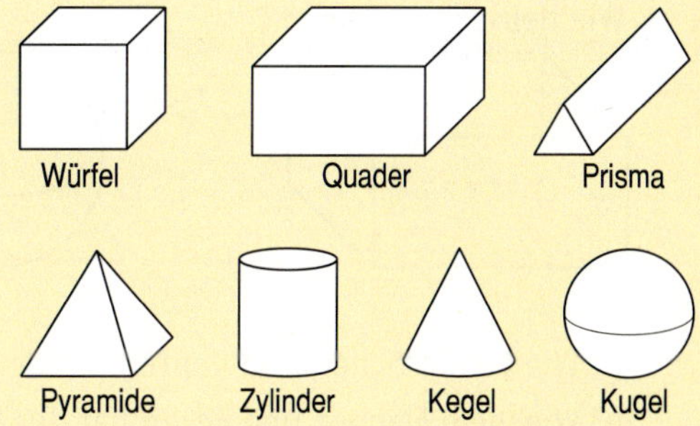

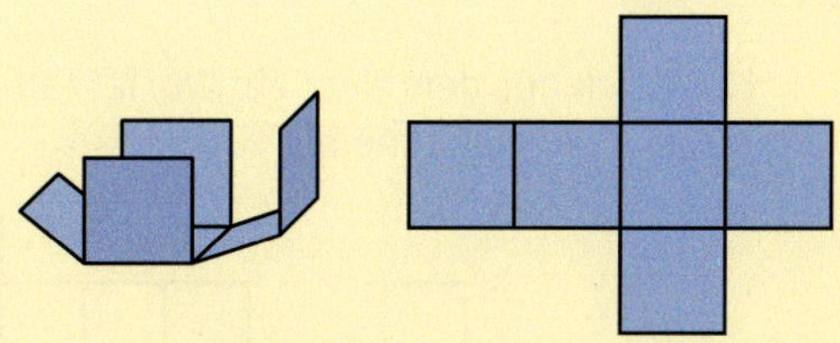

Würfel ⇄ Netz des Würfels (schneiden, falten / falten, kleben)

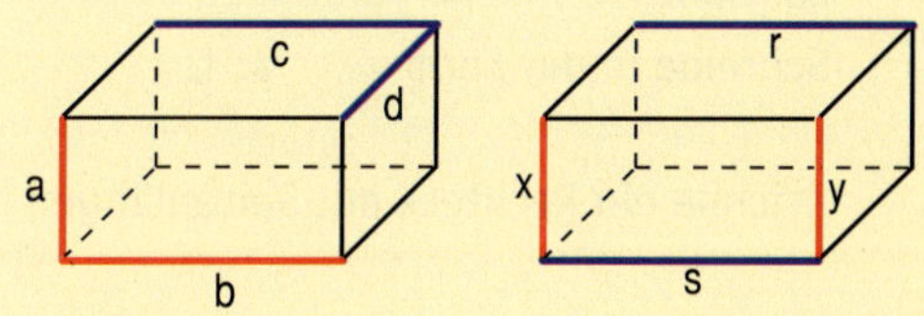

Am Quader:

Aneinanderstoßende Kanten sind zueinander **senkrecht.**
a ⊥ b   c ⊥ d

Gegenüberliegende Kanten sind zueinander **parallel.**
x ∥ y   r ∥ s

lotrecht:
senkrecht zur Erdoberfläche

waagerecht:
parallel zur Erdoberfläche

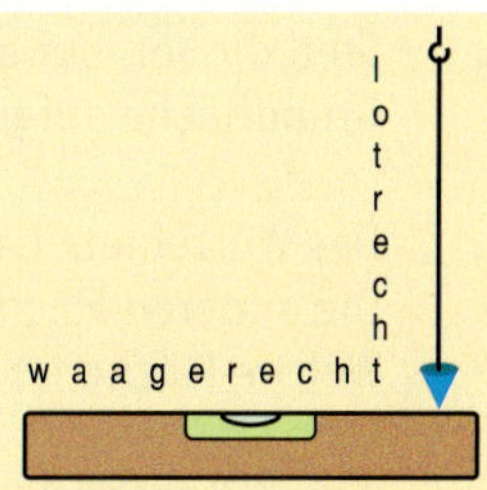

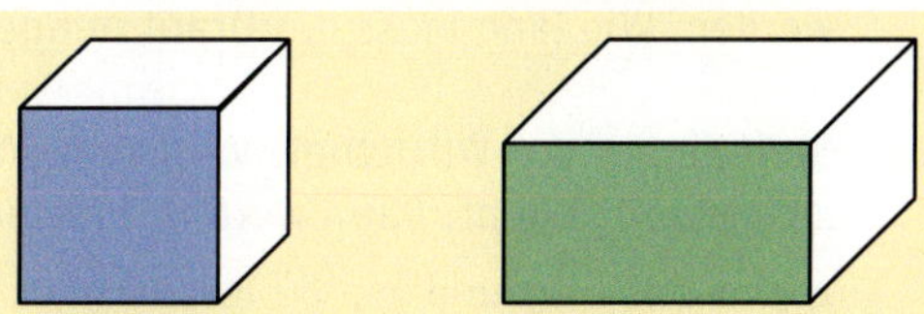

Quadrat:
Fläche eines Würfels

Rechteck:
Fläche eines Quaders

DIAGNOSETEST

1. Wie heißt der Körper?

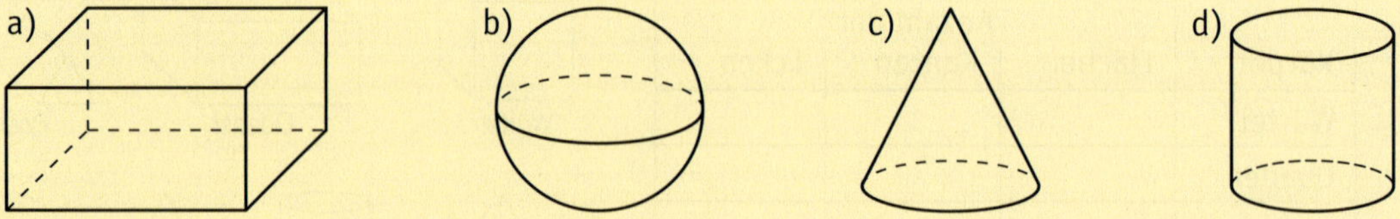

2. a) Wie viele Flächen und Kanten hat der Körper ①?
b) Wie viele Flächen und Ecken hat der Körper ②?

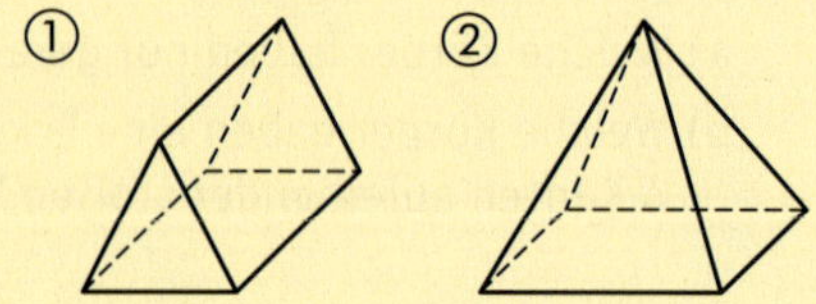

3. Lässt sich aus dem Netz ein Würfel falten?
Notiere „ja" oder „nein".

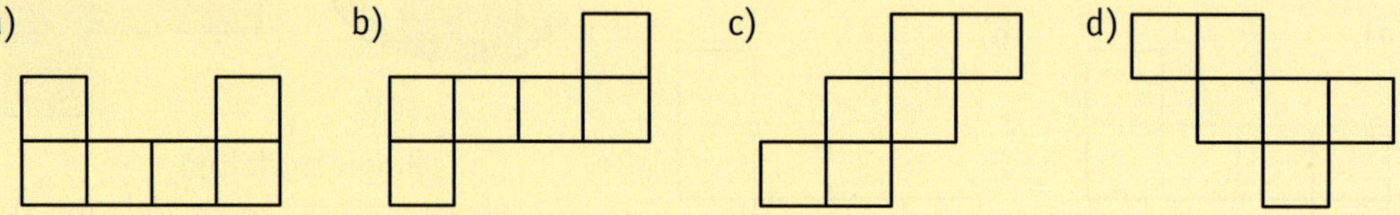

4. Welche der bezeichneten Kanten des Quaders sind senkrecht zur Kante a, welche parallel zu a?
Schreibe in der Form a ⊥ ■ a ∥ ■

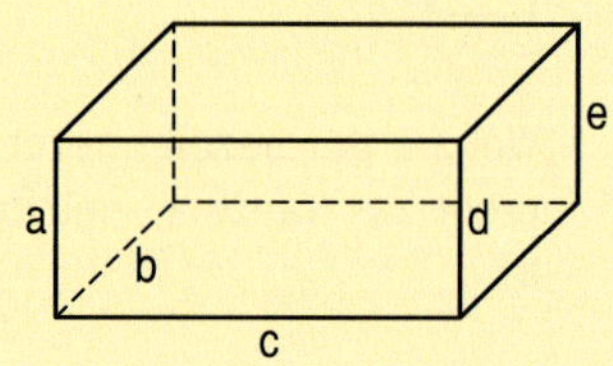

5. Zeichne ein Rechteck mit Seitenlängen a = 6,4 cm und b = 3,6 cm.

Wähle weitere 5 Aufgaben aus

1. Welcher Körper kann das sein?
a) Der Körper hat nur rechteckige Flächen. b) Der Körper hat dreieckige und rechteckige Flächen.

2. Welcher Körper ist das? a) Er hat nur zwei ebene Flächen. b) Er hat nur eine einzige Fläche.

3. Stell dir vor, auf allen sechs Flächen eines Würfels wird je eine Pyramide mit genau passender Grundfläche aufgesetzt. Wie viele Ecken, Kanten und Flächen hat der Körper?

4. Das Würfelnetz ist mit der Grundfläche G festgeklebt.
Die anderen Flächen werden aufgefaltet zu einem Würfel.
Welche Fläche ist dann vorne, hinten, oben, rechts oder links?

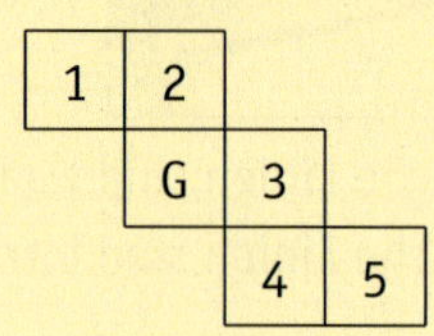

5. Aus einem Stück Draht sollen die Kanten für ein Quadermodell mit 4 cm, 6 cm und 8 cm Kantenlänge geschnitten werden. Wie lang muss der Draht mindestens sein?

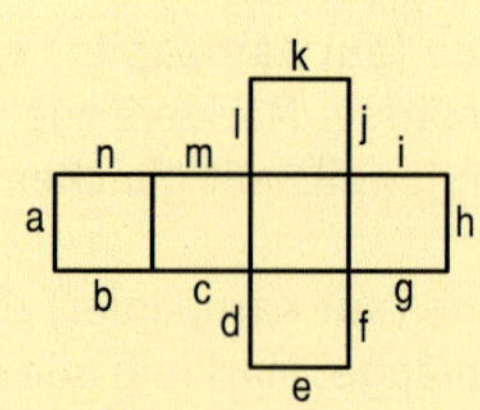

6. Stell dir vor das Würfelnetz wird zum Würfel gefaltet und zusammengeklebt. Dann werden zusammengeklebt
a und ■; c und ■; e und ■; n und ■.

7. Zeichne ein Netz eines Quaders mit den Kantenlängen 4 cm, 3 cm und 2 cm.

4 Multiplikation und Division

Multiplikation und Division

Multiplikation
4 · 8 = 32
32 ist das **Produkt** der *Faktoren* 4 und 8.

Division
32 : 8 = 4
4 ist der **Quotient** der Zahlen 32 und 8.

Aufgaben

1. Wie viele Punkte sind es? Schreibe als Multiplikationsaufgabe und berechne.

a)  b) 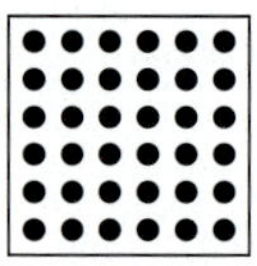 c) 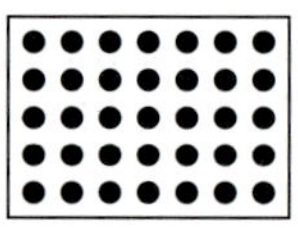 d)  e) 

2. Schreibe als Produkt und berechne.

a) 7 + 7 + 7 + 7 + 7 + 7 b) 3 + 3 + 3 c) 8 + 8 + 8 + 8 + 8 d) 6 + 6 + 6 + 6 + 6 + 6 + 6 + 6
e) 5 + 5 + 5 + 5 + 5 f) 9 + 9 + 9 + 9 g) 4 + 4 + 4 + 4 + 4 + 4 + 4 h) 7 + 7 + 7 + 7 + 7 + 7 + 7

3. Berechne die Produkte.

a) 3 · 6	b) 4 · 8	c) 8 · 3	d) 6 · 6	e) 3 · 9	f) 5 · 8	g) 6 · 7	h) 7 · 8
5 · 7	2 · 9	7 · 3	9 · 6	7 · 9	9 · 4	8 · 9	4 · 9

4. Berechne die Quotienten.

a) 25 : 5	b) 49 : 7	c) 32 : 8	d) 64 : 8	e) 45 : 9	f) 28 : 4	g) 81 : 9	h) 56 : 7
16 : 4	54 : 6	27 : 3	48 : 6	63 : 7	72 : 9	40 : 5	42 : 6

5. a) Im Videoraum des Museums sind 7 Reihen zu je 9 Sitzplätzen. Wie viele Plätze sind es?
b) Im Lager stehen 6 Reihen zu je 8 Kisten Äpfeln. Wie viele Kisten sind es?
c) Beim Staffellauf starten 7 Mannschaften mit je 4 Kindern. Wie viele Kinder nehmen teil?
d) Auf dem Backblech liegen 8 Reihen zu je 9 Plätzchen. Wie viele sind es?

6. Schreibe die Rechenaufgaben ins Heft und rechne aus.

a) Berechne das Produkt aus 4 und 3.
b) Berechne den Quotienten aus 36 und 3.
c) Dividiere 36 durch 6.
d) Multipliziere die Zahlen 6 und 7.
e) Multipliziere 9 mit 3.
f) Dividiere 21 durch die Zahl 7.
g) Berechne den Quotienten von 63 und 9.
h) Berechne das Produkt von 6 und 9.

7. Übertrage ins Heft und fülle die freien Felder aus. (■ · ■ = ■)

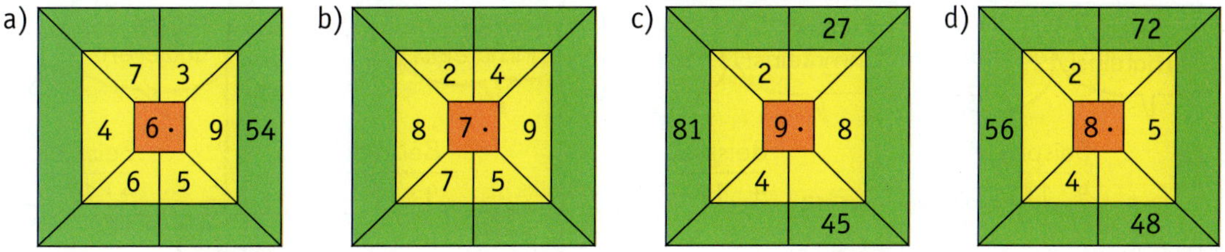

8.

a) 48 : 6 = ■
■ : 8 = 3
72 : 8 = ■

b) 16 : ■ = 8
■ : 4 = 7
45 : ■ = 9

c) ■ : 5 = 7
36 : ■ = 4
56 : 7 = ■

d) 81 : 9 = ■
■ : 7 = 6
27 : ■ = 3

9. a) Verdopple die Zahl 60.
b) Dividiere 56 durch 8.
c) Bilde das Produkt aus 8 und 9.
d) Berechne das Dreifache von 25.
e) Multipliziere die Zahlen 6 und 7.

10. a) Berechne den Quotienten aus 48 und 6.
b) Berechne ein Viertel von 36.
c) Wie groß ist der 10. Teil von 80?
d) Halbiere die Zahl 52.
e) Berechne das 10fache von 7.

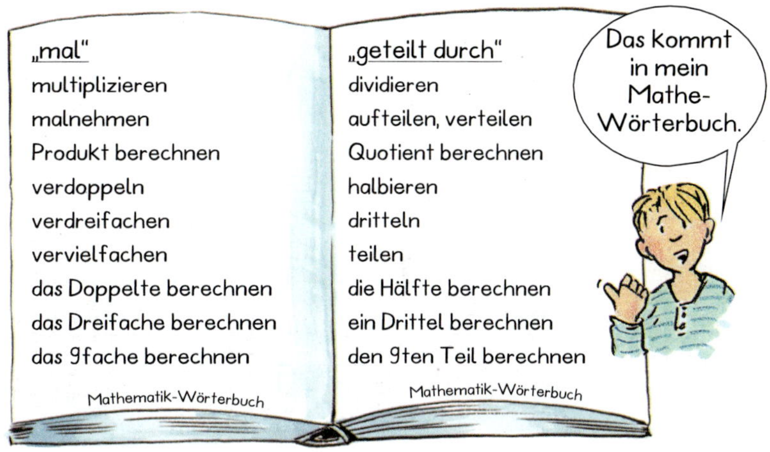

!!!! **11.** Denke dir vier Aufgaben mit Begriffen des Wörterbuches aus und rechne sie aus.

12. Wie viele sind es? Schreibe als Rechenaufgabe und rechne aus.
a) Benjamin hat 200 Sticker. Seine Schwester Anna besitzt doppelt so viele.
b) In Julias Klasse sind 27 Kinder. Ein Drittel davon fährt mit dem Bus zur Schule.
c) Indra hat 24 Modellautos. Den vierten Teil davon schenkt sie ihrem kleinen Bruder.
d) Auf einer Maxi-Single sind 4 Titel. Eine Doppel-CD hat 9-mal so viele.

13. a) Unter 4 Spielern werden 32 Spielkarten gleichmäßig aufgeteilt.
b) Timo möchte sich eine CD für 18 € kaufen. Seine Mutter sagt: „Ich gebe dir die Hälfte."
c) Christina ist 9 Jahre alt. Ihre Mutter ist viermal so alt.
d) Claudia bekommt im Monat 20 € Taschengeld. Ein Fünftel davon gibt sie für Süßigkeiten aus.

14. a) Eine Packung Kaugummi enthält 7 Streifen, eine Großpackung die dreifache Menge.
b) Herr Ill hat 60 € gewonnen. Ein Zehntel schenkt er seiner Tochter. Wie viel Euro bekommt sie?
c) Oma Kruse verteilt 56 Äpfel gerecht an 8 Nachbarkinder. Wie viele Äpfel bekommt jedes Kind?

!!!! **15.** Überlege und begründe:
a) Welche besonderen Eigenschaften haben Null und Eins bei Multiplikation und Division?
b) Warum gibt es kein Ergebnis für Divisionen wie 5 : 0 oder 0 : 0?

Durch Null kann man nicht dividieren!

Großes Einmaleins

Aufgaben

1. a) 5 · 13 3 · 18 b) 7 · 12 3 · 14 c) 2 · 19 5 · 17 d) 4 · 16 6 · 15 e) 8 · 13 6 · 18

2. a) ■ · 12 = 72 ■ · 15 = 105 b) ■ · 15 = 75 ■ · 13 = 52 c) ■ · 18 = 54 ■ · 14 = 28 d) ■ · 16 = 128 ■ · 17 = 153

3. Ordne die Ergebnisse der Größe nach, das Kleinste zuerst, und du bist schnell am Ziel.

9 · 15 E | 9 · 13 A | 7 · 12 – | 9 · 19 R | 2 · 14 N | 4 · 16 I | 3 · 11 L
2 · 12 I | 5 · 14 N | 7 · 13 S | 7 · 19 T | 4 · 18 E | 6 · 18 K

4. Am Fußballturnier des SC Bad Salzuflen nehmen 8 Mannschaften teil. Jede Mannschaft tritt mit 13 Spielern an. Wie viele Spieler sind am Turnier beteiligt?

5. Am Eishockeyturnier nehmen 6 Mannschaften teil. Alle haben dieselbe Anzahl Spieler. Insgesamt sind es 90 Spieler.

6. Eine Blumenhändlerin hat ein Bund mit 120 Rosen. Wie viele Sträuße mit 15 Rosen kann sie binden?

7. a) Ein Band Ponygeschichten kostet 17 €. Kirsten möchte 4 Bände kaufen. Wie teuer ist das?
b) Birgit kauft 6 CDs zu jeweils 12 €. Wie viel muss sie dafür zahlen?
c) Eine Hafenrundfahrt kostet 16 €. Familie Weber nimmt mit 4 Personen teil.

8.

Wie viel kostet der Eintritt für mehrere Personen?

a) Zirkus: 4 Pers. b) Zoo: 5 Pers. c) Kino: 8 Pers. d) Freizeitpark: 7 Pers.
e) Kino: 3 Pers. f) Freizeitpark: 4 Pers. g) Zoo: 6 Pers. h) Zirkus: 9 Pers.

Quadratzahlen

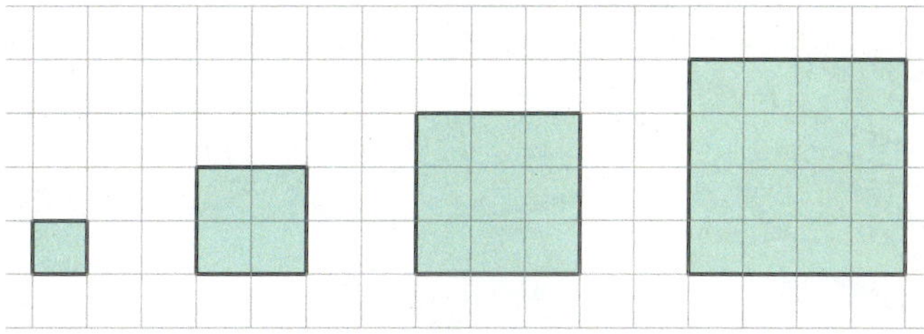

Multipliziert man eine Zahl mit sich selbst, so nennt man das Ergebnis **Quadratzahl.**
Beispiel: **16** ist die **Quadratzahl von 4,** denn $4 \cdot 4 = 16$.
Man schreibt auch: $4 \cdot 4 = 4^2$ und spricht: *„vier hoch zwei"* oder *„vier Quadrat"*.

Aufgaben

1. Zeichne in dein Heft mindestens 3 verschieden große Quadrate. Zeichne sie genau auf Kästchenlinien. Aus wie vielen Kästchen bestehen deine Quadrate? Schreibe die Zahlen in die Quadrate.

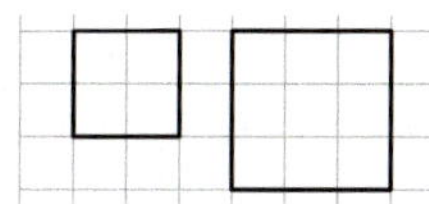

2. Gibt es Quadrate mit so vielen Kästchen?
a) 12 Kästchen b) 25 Kästchen c) 49 Kästchen d) 55 Kästchen e) 64 Kästchen

3. Für welche Zahl $\square$ gilt: a) $\square^2 = 8 \cdot \square$ b) $\square^2 = 12 \cdot \square$ c) $\square^2 = \square \cdot 11$ d) $\square^2 = \square \cdot 20$

4. Schreibe in dein Heft. Ergänze die fehlenden Quadratzahlen.
a) $1 \cdot 1 = 1^2 = 1$ $2 \cdot 2 = 2^2 = \square$ .... $10 \cdot 10 = 10^2 = 100$
b) $11 \cdot 11 = 11^2 = 121$ $12 \cdot 12 = 12^2 = \square$ .... $20 \cdot 20 = 20^2 = 400$

5. Corinna und Melanie wollen alle Quadratzahlen bis 100 legen.
a) Welche Ziffern brauchen sie gar nicht?
b) Welche Ziffern brauchen sie mehrfach?

6. Zwischen welchen 2 Quadratzahlen liegt das Ergebnis folgender Multiplikationsaufgaben?
a) $3 \cdot 4$ b) $8 \cdot 9$ c) $4 \cdot 5$ d) $9 \cdot 10$
$7 \cdot 8$ $5 \cdot 6$ $10 \cdot 11$ $6 \cdot 7$

7. a) $100 = \square^2$ b) $36 = \square^2$ c) $49 = \square^2$ d) $400 = \square^2$ e) $10\,000 = \square^2$
$64 = \square^2$ $81 = \square^2$ $16 = \square^2$ $900 = \square^2$ $2\,500 = \square^2$

8. a) Das Quadrat einer Zahl ist gleich dem Doppelten dieser Zahl. Welche Zahl kann es sein?
b) Das Quadrat einer Zahl ist gleich der Zahl. Welche Zahl kann es sein?

9. Schreibe ab und ergänze drei passende Zahlen.
a) 1, 2, 5, 10, 17, 26, 37, ... b) 0, 3, 8, 15, 24, ...

Kopfrechnen mit Zehnern, Hundertern und Tausendern

Eine Zahl wird mit 10, 100 oder 1000 multipliziert, indem man 1, 2 oder 3 Nullen anhängt.

7 · 10 = 70 7 · 100 = 700 7 · 1 000 = 7 000

Eine Zahl wird durch 10, 100 oder 1000 dividiert, indem man 1, 2 oder 3 Endnullen weglässt.

3 000 : 10 = 300 3 000 : 100 = 30 3 000 : 1000 = 3

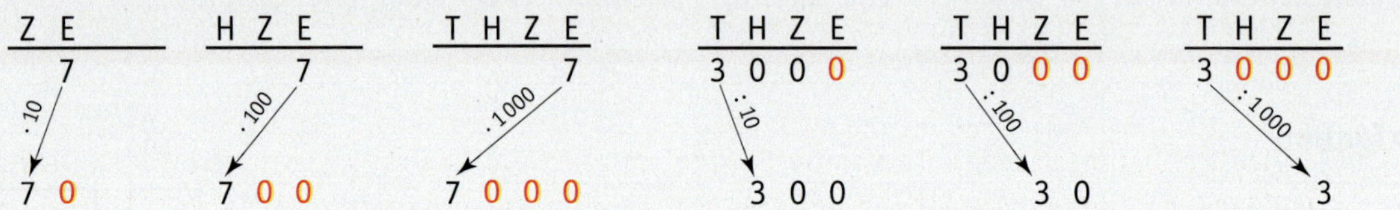

Aufgaben

1. Multipliziere jede Zahl mit 10, 100 und 1 000.
a) 4 b) 18 c) 30 d) 92 e) 300 f) 240 g) 547

2. Dividiere jede Zahl durch 10, 100 und 1 000.
a) 8 000 b) 2 000 c) 90 000 d) 74 000 e) 46 000 f) 300 000 g) 472 000

3. Berechne ein Zehntel (den zehnten Teil).
a) 60 b) 520 c) 780 d) 500 e) 7 300 f) 5 000 g) 12 500

4.
a) 800 : ■ = 8
■ : 100 = 25
■ : 9 = 700

b) 700 · ■ = 7 000
■ · 10 = 20 000
20 · ■ = 800

c) 30 000 : ■ = 300
■ : 1 000 = 70
■ : 600 = 900

d) 400 · ■ = 40 000
■ · 1 000 = 30 000
500 · ■ = 2 000

5. Schreibe das Ergebnis in Ziffern und in Worten.
a) 700 · 100
55 · 1 000

b) 600 · 1 000
780 · 1 000

c) 3 000 · 1 000
4 200 · 1 000

d) 90 000 · 10 000
7 000 · 100 000

6. Multipliziere schrittweise.
a) 3 · 40
7 · 300
4 · 6 000

b) 9 · 200
8 · 30
5 · 5 000

c) 60 · 50
40 · 400
80 · 7 000

d) 80 · 30
50 · 300
40 · 9 000

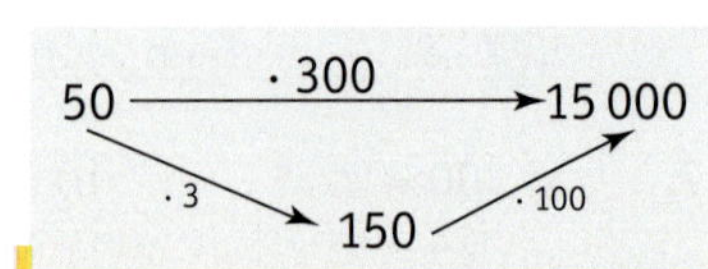

7. Dividiere schrittweise.
a) 2 400 : 80
3 500 : 70
4 200 : 60

b) 3 600 : 200
8 100 : 900
3 200 : 800

c) 6 300 : 90
45 000 : 50
28 000 : 700

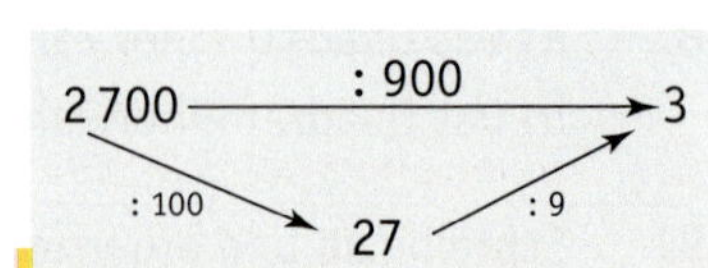

Kombinieren

Wenn man 3 Hüte und 4 Kleider beliebig miteinander kombinieren kann, dann hat man insgesamt:
$3 \cdot 4 = 12$ Kombinationsmöglichkeiten.

Hut \ Kleid	gelb	grün	rot	blau
rot	r/ge	r/gr	r/r	r/b
blau	b/ge	b/gr	b/r	b/b
gelb	ge/ge	ge/gr	ge/r	ge/b

Aufgaben

1. Für eine Fußballmannschaft stehen weiße und schwarze Hosen und gelbe, weiße, rote und blaue Trikots zur Verfügung. Wie viele Möglichkeiten hat der Trainer, die Mannschaft unterschiedlich einzukleiden?

2. Andrea, Nina und Tina veranstalten mit Sven und Lars ein Tischtennisturnier „jedes Mädchen gegen jeden Jungen". Lege eine Tabelle an mit einem Feld für jedes Spiel. Wie viele Spiele sind es?

3. Eine Konzertagentur plant in den Städten Bielefeld, Köln, Düsseldorf und Essen Konzerte der „Flying-STONES", der „Crazy Family", der „School-Boys" und der „JUST THAT". Jede Band soll in jeder Stadt einmal auftreten. Lege eine Planungstabelle an mit einem Feld für jedes der Konzerte. Wie viele sind es?

4. Die Reklame einer Snackbar verspricht:
„Mehr als 10 verschiedene Baguettes zu 1,80 €."
Stimmt das, wenn der Kunde aus zwei Gruppen von Belägen je einen auswählen darf?
1. Belag: Käse, Wurst, Ei, Thunfisch, Schinken
2. Belag: Gurke, Tomate, Salat
Entwirf eine Reklametafel (Tabelle), wo in jedem Feld eine Belagkombination dargestellt werden kann.

5. Daniel möchte sich ein neues Fahrrad kaufen. Das Fabrikat „STAR" gibt es in den Farben Rot, Blau, Silber oder Grün und mit 3-Gang-, 5-Gang- oder 7-Gang-Schaltung. Wie viele Ausführungen hat er zur Auswahl?

6. Ein Autohaus bietet den neuen „Super-Sprint" in folgenden Ausführungen an.
Stufenheck / Schrägheck / Kombi Farbe: Grün / Rot / Blau
Wie viele Autos muss der Händler mindestens haben, um seinen Kunden jede Kombinationsmöglichkeit zeigen zu können?

7. Eine Fahne mit 3 Streifen soll so gefärbt werden, dass benachbarte Streifen verschiedenfarbig sind. Zur Wahl stehen die Farben Rot, Weiß, Grün. Wie viele Möglichkeiten gibt es?

Operatoren

Auch bei Multiplikation und Division verwendet man die **Operatorschreibweise.**
Die eine Operation ist die Umkehroperation der anderen.

$5 \underset{:3}{\overset{\cdot 3}{\rightleftarrows}} 15 \qquad 27 \underset{\cdot 9}{\overset{:9}{\rightleftarrows}} 3$

Aufgaben

1.
a) $6 \xrightarrow{\cdot 9}$ ■ b) $4 \xrightarrow{\cdot 7}$ ■ c) $72 \xrightarrow{:8}$ ■ d) $63 \xrightarrow{:9}$ ■
e) $7 \xrightarrow{\cdot 8}$ ■ f) $5 \xrightarrow{\cdot 9}$ ■ g) $36 \xrightarrow{:6}$ ■ h) $65 \xrightarrow{:5}$ ■

2.
a) $2 \xrightarrow{\cdot 5}$ ■ $\xrightarrow{\cdot 17}$ ■ b) $48 \xrightarrow{:8}$ ■ $\xrightarrow{:3}$ ■ c) $5 \xrightarrow{\cdot 16}$ ■ $\xrightarrow{:2}$ ■
d) $6 \xrightarrow{\cdot 4}$ ■ $\xrightarrow{\cdot 10}$ ■ e) $75 \xrightarrow{:5}$ ■ $\xrightarrow{:5}$ ■ f) $72 \xrightarrow{:12}$ ■ $\xrightarrow{\cdot 8}$ ■

3. Bestimme zuerst den Umkehroperator und dann die gesuchte Zahl.
a) ■ $\underset{■}{\overset{\cdot 5}{\rightleftarrows}}$ 35 b) ■ $\underset{■}{\overset{:8}{\rightleftarrows}}$ 4 c) ■ $\underset{■}{\overset{\cdot 7}{\rightleftarrows}}$ 49 d) ■ $\underset{■}{\overset{\cdot 3}{\rightleftarrows}}$ 36
e) ■ $\underset{■}{\overset{\cdot 6}{\rightleftarrows}}$ 42 f) ■ $\underset{■}{\overset{:6}{\rightleftarrows}}$ 9 g) ■ $\underset{■}{\overset{\cdot 9}{\rightleftarrows}}$ 63 h) ■ $\underset{■}{\overset{:15}{\rightleftarrows}}$ 9

4. Löse mit den Umkehroperatoren.
a) ■ $\xrightarrow{\cdot 2}$ ■ $\xrightarrow{\cdot 8}$ 48 b) ■ $\xrightarrow{:9}$ ■ $\xrightarrow{:3}$ 3
c) ■ $\xrightarrow{\cdot 2}$ ■ $\xrightarrow{\cdot 3}$ 24 d) ■ $\xrightarrow{:7}$ ■ $\xrightarrow{:5}$ 2
e) ■ $\xrightarrow{\cdot 4}$ ■ $\xrightarrow{\cdot 5}$ 100 f) ■ $\xrightarrow{:3}$ ■ $\xrightarrow{:2}$ 25

■ $\xrightarrow{\cdot 4}$ ■ $\xrightarrow{\cdot 8}$ 64
■ $\xrightarrow{\cdot 4}$ 8 $\xleftarrow{:8}$ 64
2 $\xleftarrow{:4}$ 8 $\xleftarrow{:8}$ 64

5. Wie heißt die gesuchte Zahl? Schreibe zuerst mit Operatoren.
a) ■ · 4 = 16 b) ■ : 4 = 19 c) ■ : 5 = 25
d) ■ · 18 = 54 e) ■ : 12 = 6 f) ■ : 8 = 7
g) ■ · 16 = 144 h) ■ : 7 = 15 i) ■ : 17 = 119

■ · 12 = 48
■ $\underset{:12}{\overset{\cdot 12}{\rightleftarrows}}$ 48
4 · 12 = 48

6. Schreibe mit Gleichheitszeichen und bestimme die Zahl.
a) Das 3fache einer Zahl ist 210.
b) Der 8te Teil einer Zahl ist 9.

Das 5fache einer Zahl ist 130.
■ · 5 = 130

7. Wie heißt die gesuchte Zahl? Löse mit dem Umkehroperator.
a) Wenn man die gesuchte Zahl verdoppelt, erhält man 18.
b) Der sechste Teil der gesuchten Zahl ist 4.
c) Multipliziert man die gesuchte Zahl mit 7, erhält man 56.
d) Dividiert man die gesuchte Zahl durch 5, erhält man 9.
e) Das Dreifache der gesuchten Zahl ist 24.
f) Ein Viertel der gesuchten Zahl ist 9.
g) Das Achtfache der gesuchten Zahl ist 72.
h) Wird die gesuchte Zahl durch 9 dividiert, erhält man 15.
i) Die Hälfte vom Doppelten der Zahl ist 135.

Bleib FIT!

Die Ergebnisse der Aufgaben 1 bis 8 ergeben zwei Sehenswürdigkeiten in Nordrhein-Westfalen.

1. Berechne im Kopf.

a) 35 · 7 b) 13 · 6 c) 24 · 8

d) 19 · 5 e) 108 : 12 f) 123 : 3

g) 225 : 5 h) 2478 : 7

2. Welche Geraden sind parallel?

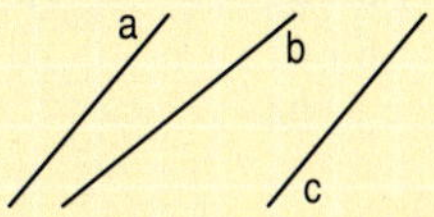

a ∥ b (10)
a ∥ c (20)
b ∥ c (30)

3. Kann man aus diesem Netz einen Quader falten?

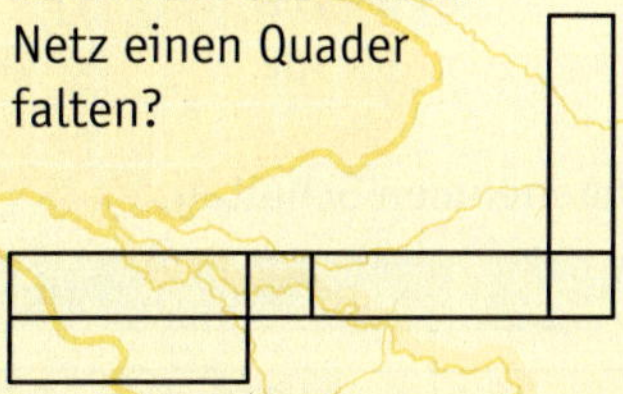

ja (23)
nein (33)

4. Schreibe in Ziffern.

a) vierundvierzigtausendneunhundertsieben

b) zweitausendneunundachtzig

c) vierhundertsiebenundzwanzig

5. Runde auf den angegebenen Stellenwert.

a) 145 auf Zehner b) 249 auf Hunderter

c) 550 auf Hunderter

6. Ordne die Kärtchen. Schreibe die Zahl mit Ziffern.

a) 5 T | 2 Z | 1 E | 4 H b) 9 H | 0 Z | 7 E | 1 T

7. Schreibe richtig untereinander und berechne.

a) 235 + 75 + 23 + 129 b) 346 + 25 + 123 + 13

8. Lies die Anzahl der Tore von Jan und Achim aus dem Diagramm ab.

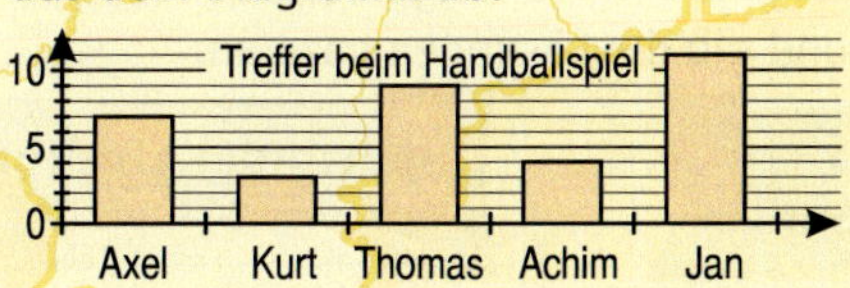

4 L | 9 R | 10 B | 11 A | 20 E | 23 I | 30 F | 33 G | 38 P | 41 N | 45 S | 78 X | 81 T | 95 E | 150 E | 192 T | 200 A | 245 E | 354 T | 427 N | 462 R | 507 T | 600 N | 1785 F | 1907 E | 2089 E | 5421 D | 44907 N

Halbschriftliches Multiplizieren

Aufgaben

1. Rechne halbschriftlich wie oben im Comic.

a)	b)	c)	d)	e)	f)
3 · 36	4 · 53	4 · 89	8 · 33	5 · 83	7 · 38
2 · 59	6 · 48	3 · 77	9 · 37	6 · 47	9 · 43
4 · 26	5 · 69	7 · 28	4 · 68	3 · 94	4 · 74

2. Rechne halbschriftlich auch mit Hunderterzahlen.

a)	b)	c)	d)	e)	f)
3 · 247	8 · 271	5 · 342	8 · 423	6 · 472	7 · 323
4 · 283	6 · 325	7 · 382	4 · 644	5 · 362	8 · 217

3. Ordne jeder Aufgabe einen Buchstaben zu. Du erhältst einen angenehmen Schultag.

6 · 52	3 · 320	4 · 213	8 · 76	7 · 314	4 · 82	3 · 93	7 · 77	4 · 434
539 A	2198 E	312 W	608 D	1736 G	852 N	960 A	279 T	328 R

4. Ausflug zum Hermannsdenkmal nach Detmold. Die 53 Schülerinnen und Schüler der 5. Klassen der Lohfeldschule fahren zusammen.

a) Für die Fahrt zahlt jeder Schüler 3 €. Wie viel € sind es für alle zusammen?

b) Eine Besteigung des Denkmals kostet pro Person 2 €. Wie viel € sind insgesamt zu zahlen?

c) Herr Rösler spendiert den 26 Schülerinnen und Schülern seiner Klasse einen Eisbecher zu 3 €. Wie viel zahlt er?

5. Ein Kegelklub fährt mit 8 Personen nach Berlin. Bezahlt wird aus der Kegelkasse. Wie viel € sind jeweils zu zahlen?

a) Eine Stadtrundfahrt kostet 15 € pro Person.

b) Eine Theaterkarte kostet 34 €.

c) Ein Ausflug nach Potsdam kostet für eine Person 16 €.

!!!! **6.** Herr Nölle plant mit seinen beiden Kindern 4 Urlaubstage für ein verlängertes Wochenende und hat sich einige Angebote besorgt. Stelle zwei Fragen und gib die Lösungen dazu an.

Camping Edelweiß
Wohnung: 27 € pro Tag

Ferienanlage Enzian
Wohnung: 43 € pro Tag

Sporthotel Alpenblick
Wohnung: 69 € pro Tag

Rechenregeln

Was in Klammern steht, wird zuerst berechnet.	Punktrechnung (· und :) geht vor Strichrechnung (+ und –).	Sonst wird von links nach rechts gerechnet.
48 : (17 – 9) = 48 : 8 = 6	81 : 9 + 5 · 7 = 9 + 35 = 44	64 – 40 – 7 = 24 – 7 = 17

Aufgaben

1. a) 4 · (13 + 7) 7 · (32 + 68) b) 5 · (33 – 27) 7 · (65 – 56) c) 64 : (6 + 2) 100 : (26 + 24) d) 60 : (49 – 29) 800 : (26 – 18) e) 24 : (8 + 4) 200 : (68 – 18)

2. a) (7 + 8) · (12 + 8) b) (23 – 19) · (38 – 26) c) (21 + 27) : (17 – 9)
d) (23 + 27) · (22 – 18) e) (42 – 34) · (25 + 15) f) (64 – 8) : (23 – 16)

3. a) 8 · (17 – 11) P; 6 · (18 – 9) E; 180 : (38 + 52) A; 48 : (32 – 24) L; 5 · (6 + 5) N
b) (2 + 5) · (19 – 13) D; (39 – 12) : (17 – 14) N; (30 + 34) : (17 – 9) A; (12 + 13) · (7 + 13) N; (18 – 9) · (23 – 17) E
Der Größe nach ein ...

4. a) 38 + 5 · 9 49 + 4 · 6 b) 95 – 5 · 7 78 – 6 · 8 c) 42 + 64 : 8 37 + 27 : 9 d) 85 – 36 : 6 72 – 56 : 8 e) 34 + 5 · 7 68 – 6 · 4

5. a) 3 · 4 + 5 · 7 8 · 9 + 3 · 8 b) 9 · 7 – 4 · 8 8 · 6 – 5 · 5 c) 45 : 9 + 24 : 8 54 : 6 + 42 : 7 d) 81 : 9 – 64 : 8 72 : 9 – 42 : 6 e) 5 · 6 + 9 · 7 7 · 8 – 5 · 7

6. a) 9 + 7 · 8 N; 140 : 7 – 4 · 4 R; 98 – 9 · 9 K; 21 + 60 : 10 E; 12 + 72 : 9 C; 45 – 4 · 9 A
b) 9 · 6 – 49 : 7 N; 9 · 7 – 40 : 8 A; 63 : 3 – 3 · 5 S; 7 · 8 – 4 · 6 G; 6 · 10 + 2 · 7 G; 45 : 9 + 64 : 8 E
Der Größe nach ein ...

7. a) 120 – 60 – 12 48 : 6 · 4 25 · 3 : 15 b) 56 : 8 · 9 80 – 26 – 30 75 – 35 + 19 c) 3 · 12 : 9 28 + 22 – 39 65 : 13 · 12 d) 78 + 22 – 39 4 · 14 : 8 92 – 22 – 45 e) 180 – 90 – 17 49 : 7 · 14 5 · 16 : 20

8. a) 14 + 3 · (18 – 11) 15 – 48 : (32 – 26) b) (35 – 14) + 6 · (19 – 12) 56 : 7 – (13 – 8)
c) 13 + 84 : (12 – 5) 87 – 5 · (34 – 22) d) (76 + 24) : 5 + 3 · 8 3 · (7 · 9 – 6 · 8)

$$15 + 36 : (\underbrace{15 - 3})$$
$$= 15 + \underbrace{36 : 12}$$
$$= 15 + 3 = 18$$

9. Mit welchen Rechenzeichen wird das Ergebnis von 40 ■ 8 ■ 2 möglichst groß (möglichst klein)?

10. Überlege, probiere und notiere. Kannst du jede Zahl von 0 bis 10 mit +, –, ·, : und genau vier Vieren schreiben? Beispiel: 0 = 44 – 44 oder 0 = 4 : 4 – 4 : 4.

Vorteilhaftes Rechnen

Vertauschen		Ausklammern		Ausmultiplizieren	
$5 \cdot 6 \cdot 2$	$5 \cdot 6 \cdot 2$	$5 \cdot 6 + 2 \cdot 6$	$5 \cdot 6 + 2 \cdot 6$	$(2 + 4) \cdot 15$	$(2 + 4) \cdot 15$
$= 30 \cdot 2$	$= 5 \cdot 2 \cdot 6$	$= 30 + 12$	$= (5 + 2) \cdot 6$	$= 6 \cdot 15$	$= 2 \cdot 15 + 4 \cdot 15$
$= 60$	$= 10 \cdot 6 = 60$	$= 42$	$= 7 \cdot 6 = 42$	$= 90$	$= 30 + 60 = 90$

Aufgaben

TIPP
$2 \cdot 5 = 10$
$4 \cdot 25 = 100$
$8 \cdot 125 = 1000$

1. a) $2 \cdot 5 \cdot 39$; $58 \cdot 5 \cdot 2$; $67 \cdot 2 \cdot 5$
b) $4 \cdot 25 \cdot 19$; $32 \cdot 25 \cdot 4$; $18 \cdot 8 \cdot 25$
c) $4 \cdot 8 \cdot 125$; $125 \cdot 8 \cdot 9$; $7 \cdot 25 \cdot 4$
d) $7 \cdot 20 \cdot 5$; $9 \cdot 8 \cdot 5$; $6 \cdot 4 \cdot 5$

2. a) $5 \cdot 93 \cdot 2$; $2 \cdot 17 \cdot 5$; $5 \cdot 53 \cdot 2$
b) $4 \cdot 82 \cdot 25$; $25 \cdot 91 \cdot 4$; $4 \cdot 69 \cdot 25$
c) $125 \cdot 14 \cdot 8$; $8 \cdot 19 \cdot 125$; $125 \cdot 31 \cdot 8$
d) $20 \cdot 47 \cdot 5$; $5 \cdot 31 \cdot 4$; $50 \cdot 8 \cdot 20$
e) $8 \cdot 33 \cdot 5$; $5 \cdot 17 \cdot 4$; $25 \cdot 57 \cdot 4$

3. Rechne auf zwei verschiedene Arten (ohne und mit Ausklammern).
a) $5 \cdot 3 + 7 \cdot 3$; $6 \cdot 7 + 5 \cdot 7$; $3 \cdot 4 + 6 \cdot 4$
b) $5 \cdot 8 + 4 \cdot 8$; $15 \cdot 6 + 5 \cdot 6$; $4 \cdot 7 + 7 \cdot 7$
c) $13 \cdot 5 - 3 \cdot 5$; $12 \cdot 9 - 3 \cdot 9$; $7 \cdot 11 - 4 \cdot 11$
d) $20 \cdot 6 - 7 \cdot 6$; $15 \cdot 4 - 5 \cdot 4$; $13 \cdot 7 - 12 \cdot 7$

4. Wähle den leichteren Rechenweg.
a) $20 \cdot 3 + 9 \cdot 3$; $16 \cdot 7 + 14 \cdot 7$; $4 \cdot 8 + 9 \cdot 8$
b) $28 \cdot 14 + 12 \cdot 14$; $30 \cdot 12 + 7 \cdot 12$; $16 \cdot 13 + 14 \cdot 13$
c) $28 \cdot 13 - 26 \cdot 13$; $20 \cdot 17 - 3 \cdot 17$; $56 \cdot 16 - 54 \cdot 16$
d) $80 \cdot 8 - 12 \cdot 8$; $13 \cdot 15 - 11 \cdot 15$; $40 \cdot 7 - 15 \cdot 7$

5. Rechne auf zwei verschiedene Arten (ohne und mit Ausmultiplizieren).
a) $(7 + 8) \cdot 3$; $(9 + 6) \cdot 4$; $(4 + 8) \cdot 5$
b) $(12 + 8) \cdot 7$; $(5 + 3) \cdot 9$; $(3 + 12) \cdot 4$
c) $(9 - 7) \cdot 11$; $(8 - 6) \cdot 7$; $(9 - 5) \cdot 15$
d) $(16 - 6) \cdot 5$; $(20 - 8) \cdot 4$; $(18 - 7) \cdot 6$
e) $(8 + 9) \cdot 3$; $(17 - 2) \cdot 4$; $(13 + 8) \cdot 5$

6. Wähle den leichteren Rechenweg.
a) $(67 + 23) \cdot 8$; $(24 + 16) \cdot 7$; $(20 + 8) \cdot 9$
b) $(75 + 25) \cdot 13$; $(200 - 9) \cdot 5$; $(17 + 19) \cdot 2$
c) $(40 - 3) \cdot 7$; $(27 + 13) \cdot 8$; $(78 - 18) \cdot 6$
d) $(60 - 3) \cdot 4$; $(36 - 16) \cdot 9$; $(50 - 8) \cdot 7$
e) $(12 + 8) \cdot 7$; $(8 + 8) \cdot 7$; $(30 - 12) \cdot 5$

Rechengesetze

Assoziativgesetz	**Kommutativgesetz**	**Distributivgesetz**
In einem Produkt darf man beliebig Klammern setzen oder weglassen.	In einem Produkt darf man die Faktoren vertauschen.	Summen und Differenzen darf man gliedweise multiplizieren.

Man darf Faktoren beliebig vertauschen und zusammenfassen.

$4 \cdot (5 \cdot 3) = (4 \cdot 5) \cdot 3$	$(4 \cdot 3) \cdot 5 = 5 \cdot (4 \cdot 3)$	$(8 + 4) \cdot 5 = 8 \cdot 5 + 4 \cdot 5$
$4 \cdot 15 = 20 \cdot 3$	$12 \cdot 5 = 5 \cdot 12$	$12 \cdot 5 = 40 + 20$

Aufgaben

TIPP
$2 \cdot 50 = 100$
$4 \cdot 25 = 100$
$8 \cdot 125 = 1000$

1. Vertausche und rechne geschickt.

a) $2 \cdot 7 \cdot 5 \cdot 8$ b) $4 \cdot 19 \cdot 2 \cdot 25$ c) $8 \cdot 12 \cdot 9 \cdot 125$ d) $20 \cdot 17 \cdot 5 \cdot 7$
$5 \cdot 3 \cdot 9 \cdot 2$ $25 \cdot 17 \cdot 4 \cdot 3$ $7 \cdot 125 \cdot 13 \cdot 8$ $8 \cdot 5 \cdot 12 \cdot 20$

2. Zerlege geschickt, damit du im Kopf rechnen kannst.

a) $25 \cdot 28$ b) $125 \cdot 48$ c) $25 \cdot 16$ d) $24 \cdot 25$ e) $32 \cdot 125$
$4 \cdot 75$ $56 \cdot 125$ $22 \cdot 50$ $12 \cdot 250$ $64 \cdot 250$
$16 \cdot 25$ $125 \cdot 64$ $125 \cdot 16$ $250 \cdot 24$ $125 \cdot 72$

$25 \cdot 44$
$= \underbrace{25 \cdot 4} \cdot 11$
$= 100 \cdot 11 = 1100$

3. a) b)

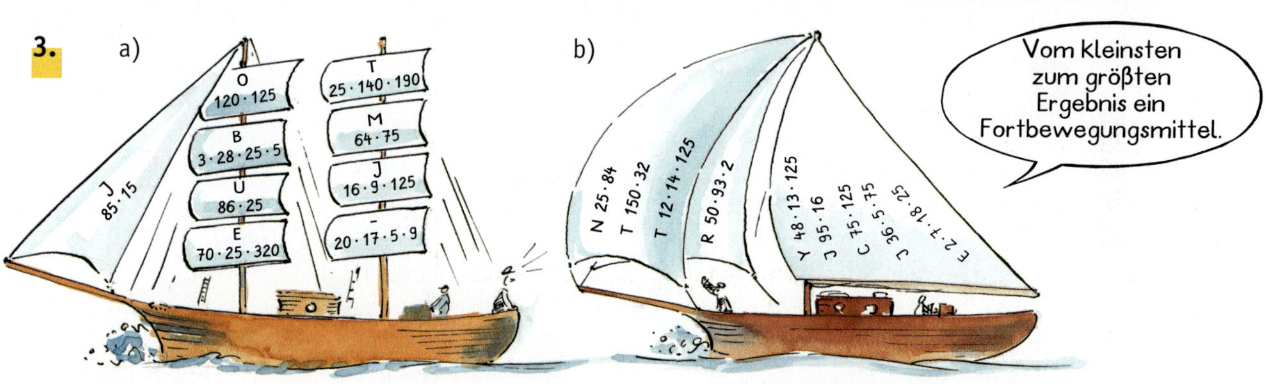

4. Frau Brehm bestellt für ihre Geburtstagsfeier beim Partyservice Essen für 10 Personen. Das Hauptgericht kostet 7 €, die Nachspeise 2 € pro Person. Berechne die Gesamtkosten auf zwei verschiedene Arten:
① Hauptgericht für 10 Personen; Nachspeise für 10 Personen; beides zusammen.
② Hauptgericht und Nachspeise für 1 Person; Gesamtpreis für 10 Personen.

5. Anja bekommt monatlich 10 € Taschengeld. Ihr kleiner Bruder Sven erhält 4 €.

a) Wie viel € bekommen sie in einem Jahr zusammen? Rechne auf zwei verschiedene Arten.

b) Wie viel € bekommt Anja in einem Jahr mehr als Sven? Rechne auf zwei verschiedene Arten.

!!!! **6.** Rechne und vergleiche die Ergebnisse. Was stellst du fest? Formuliere selbst eine Regel.

a) $(8 + 14) : 2$ ▢ $8 : 2 + 14 : 2$
$(36 + 12) : 4$ ▢ $36 : 4 + 12 : 4$
$(75 + 25) : 5$ ▢ $75 : 5 + 25 : 5$

b) $(77 - 14) : 7$ ▢ $77 : 7 - 14 : 7$
$(81 - 18) : 9$ ▢ $81 : 9 - 18 : 9$
$(54 - 12) : 6$ ▢ $54 : 6 - 12 : 6$

!!!!

Rechengeschichten

Notiere deinen Rechenweg mit Rechenzeichen und (falls nötig) mit Klammern und berechne das Ergebnis.

1. Für jedes von 25 Kindern sind 4 € Eintritt zu zahlen. Zusätzlich kostet die Busmiete 35 €.

2. Für jedes von 25 Kindern sind 5 € Fahrtkosten und 4 € Eintritt zu zahlen.

3. Frau Dott kauft für jedes ihrer 4 Kinder 3 T-Shirts zum Preis von 5 € pro Stück.

4. Herr Drop tauscht im Geschäft T-Shirts um, 3 für 6 € pro Stück gegen 3 für 8 € pro Stück.

5. Fünf Freunde gehen ins Kino (45 € für alle) und dann Pizza essen (30 €). Jeder zahlt den gleichen Teil.

6. Tim bezahlt im Buchladen 5 Taschenbücher zu je 9 € abzüglich eines Geschenkgutscheins von 30 €.

7. Jan will 4 Kinokarten zu je 7 € kaufen und freut sich, dass sie heute 2 € billiger sind als sonst.

8. Außer der Gruppeneintrittskarte für 50 € für den Erlebnispark sind noch 7 Einzelkarten zu je 3 € für die Delfinschau zu zahlen.

9. 6 Freunde bestellen beim „Pizza-Blitz" 3 Pizzas zu je 8 €. Die Kosten teilen sie gerecht.

Schreibe zu dem Rechenausdruck eine passende Aufgabe in der angedeuteten Sachsituation.

10. $5 \cdot (6 + 3)$
5 Freunde in einer Pizzeria …

11. $4 \cdot 7 - 10$
Im Blumenladen mit 10 € Geschenkgutschein …

12. $6 \cdot (16 - 4)$
4 € Preisnachlass im Erlebnispark …

13. $100 - 25 \cdot 3$
25 Kinder besuchen ein Museum …

14. $5 \cdot 7 \cdot 4$
Eine 4-köpfige Familie beim Fahrradverleih …

15. $25 - 3 \cdot 4$
Maike hat 25 € und bezahlt …

16. $44 + 12 \cdot 8$
Georg bekommt wöchentlich 8 € Taschengeld …

17. $(18 + 3) : 3$
3 Kinder schenken ihrer Mutter …

18. $5 \cdot 6 + 4 \cdot 12$
Frau Drop kauft 5 Paar Socken …

19. $25 \cdot 7 + 25 \cdot 3$
25 Kinder auf Klassenausflug …

20. $(2 \cdot 24) : 3$
2 Schachteln Pralinen werden verteilt …

21. $7 \cdot 15 + 45$
7 Tage auf dem Campingplatz …

Texte lesen, verstehen und bearbeiten

1. Petras Mutter ist Frau Schäfer. Frau Schäfer wohnt in einer 3-Zimmer-Wohnung. Von ihrem Mann lebt sie getrennt. Frau Schäfer arbeitet halbtags im Finanzamt. Gemeinsam mit Frau Schäfer leben in der Wohnung ihre drei Kinder. Sie heißen Tick, Trick und ...

a) Wie heißt das dritte Kind von Frau Schäfer?

b) Hat jedes Kind von Frau Schäfer ein eigenes Zimmer?

c) Wie alt sind die Kinder von Frau Schäfer?

Hast du alle Fragen beantwortet? Bevor du mit deinen Nachbarn vergleichst, lies dir bitte die folgende Tabelle durch.

Wichtig für Frage a)	*Wichtig für Frage b)*	*Wichtig für Frage c)*	*Für keine Frage wichtig*
Frau Schäfer ist die Mutter von Petra. Zwei Kinder von Frau Schäfer heißen Tick und Trick.	Frau Schäfer lebt von ihrem Mann getrennt. Sie wohnt mit ihren drei Kindern zusammen. Die Wohnung hat drei Zimmer.		Frau Schäfer arbeitet halbtags im Finanzamt.

Prüfe mit Hilfe der Tabelle, ob du die drei Fragen noch einmal genauso wie oben beantworten würdest. Vergleiche dann deine Antworten mit denen deiner Nachbarn. Begründe bei unterschiedlichen Antworten dein Ergebnis.

2. Maxi hat heute seinen 11. Geburtstag. Er ist der blonde Junge auf dem Bild und heißt mit vollem Namen eigentlich Maximilian. Der 38-jährige Herr Jens Schmidt und dessen 3 Jahre jüngere Frau Babsy Schmidt sind Maxis Eltern.
Höhepunkt des Kindergeburtstages ist der Kinobesuch mit den Eltern. Zwei Kinder, die zum Geburtstag eingeladen sind, befinden sich bei der Aufnahme des rechten Bildes gerade auf der Toilette des Kinos.

a) Welcher Name steht auf Maxis Kinderausweis?

b) Wie viele Kinder sind zum Geburtstag gekommen?

c) Wie alt sind Maxi und seine Eltern zusammen?

d) Wie teuer ist der Eintritt für den Kinobesuch?

TIPP
- Lies Text und Fragen *genau* durch.
- Betrachte das Bild *genau.*
- Lege dir im Heft eine Tabelle wie in Aufgabe 1 an.

Schriftliches Multiplizieren

Aufgaben

1. Wie schwer ist die Ladung insgesamt?

2.

a)	b)	c)	d)	e)	f)
327 · 3	549 · 9	509 · 4	1 257 · 2	1 138 · 5	2 374 · 5
438 · 5	603 · 7	708 · 6	3 128 · 8	2 007 · 6	3 307 · 6
723 · 8	777 · 8	915 · 9	4 247 · 6	4 020 · 9	8 009 · 3

3.

a) 475 · 4 E; 239 · 8 R; 654 · 3 N; 965 · 3 L; 841 · 9 S; 236 · 8 F; 657 · 7 A; 543 · 5 G

b) 296 · 6 R; 487 · 3 K; 647 · 8 P; 537 · 6 K; 324 · 4 I; 428 · 7 S; 854 · 5 O; 273 · 3 M; 356 · 6 O

Vom Kleinsten zum Größten: de totale Durchblic

4. Bei einer Aufführung wurden 476 Karten zu 7 € verkauft. Wie viel Euro wurden eingenommen?

5. In einem Autowerk werden in einer Stunde 280 Autos produziert. Wie viele Autos werden in einer 8-stündigen Schicht fertig?

6.

a)	b)	c)
372 · 40	735 · 20	2 136 · 30
527 · 30	603 · 40	5 009 · 70
683 · 90	770 · 60	6 035 · 60

d)	e)	f)
235 · 300	340 · 900	2 133 · 200
351 · 500	507 · 600	5 036 · 400
558 · 800	952 · 700	3 004 · 500

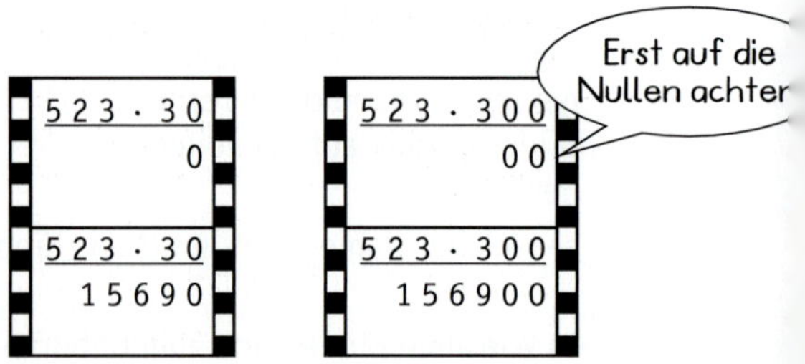

7. Für eine Schulaula werden 300 Stühle zu 128 € das Stück gekauft. Wie hoch ist die Rechnung?

8. Jasmin duscht jeden Tag und verbraucht dabei 30 l Wasser. Wie viel Liter Wasser sind das in einem Jahr (365 Tage)?

Überschlagsrechnen

TIPP
Oft genau genug und schnell und einfach.

Mit einer Überschlagsrechnung kann man das Ergebnis ungefähr abschätzen.
Man rechnet dazu mit gerundeten Zahlen im Kopf.

(1) Aufgabe $689 \cdot 8$ Überschlag $\approx 700 \cdot 8 = 5\,600$ genau: $689 \cdot 8$ = 5 512

(2) Aufgabe $549 \cdot 7$ Überschlag $\approx 500 \cdot 7 = 3\,500$ genau: $549 \cdot 7$ = 3 843

Aufgaben

1. Mache zuerst einen Überschlag, dann rechne genau.

a)	b)	c)	d)	e)	f)
$273 \cdot 8$	$993 \cdot 6$	$503 \cdot 7$	$1\,248 \cdot 3$	$2\,416 \cdot 9$	$5\,903 \cdot 7$
$558 \cdot 7$	$854 \cdot 4$	$614 \cdot 3$	$2\,590 \cdot 5$	$9\,283 \cdot 4$	$2\,116 \cdot 5$
$332 \cdot 9$	$723 \cdot 5$	$945 \cdot 4$	$3\,783 \cdot 6$	$7\,009 \cdot 8$	$3\,867 \cdot 4$

2. Ordne jeder Aufgabe im Ballon die richtige Überschlagsrechnung zu.

$5\,000 \cdot 6$ A	$400 \cdot 7$ B	$700 \cdot 6$ G	$400 \cdot 6$ U	$500 \cdot 7$ H	$4\,000 \cdot 7$ R	$800 \cdot 6$ M

3. Drei Aufgaben sind falsch gerechnet. Finde sie allein mit einer Überschlagsrechnung.

a) $623 \cdot 8 = 4984$ b) $503 \cdot 7 = 5321$ c) $489 \cdot 6 = 3034$ d) $892 \cdot 7 = 6244$ e) $614 \cdot 4 = 2356$

4. Mache erst eine Überschlagsrechnung, dann rechne auch genau.

a) Zur Aufführung der Theater-AG werden 372 Karten zu 3 € verkauft.
b) Die Firma Hesse kauft 8 Tintenstrahldrucker zu 319 € das Stück.
c) Ein Autotransporter hat 8 Wagen geladen, die jeweils 995 kg wiegen.
d) Für das Handballspiel wurden 1231 Karten zu 9 € und 278 Schülerkarten zu 4 € verkauft.
e) Ein Lastwagen hat 6 Kisten, die jeweils 107 kg wiegen, und 5 Kisten zu je 285 kg geladen.

Schriftliches Multiplizieren mit mehrstelligen Zahlen

487 · 237	487 · 237	487 · 237	487 · 237	487 · 237
	97400	97400	97400	97400
		14610	14610	14610
			3409	₁3₁409
				115419
Erklärung:	487 · 200 = 97400	487 · 30 = 14610	487 · 7 = 3409	Addieren

Zur Kontrolle ein Überschlag:
≈ 500 · 200
= 100 000

Aufgaben

1.

a)	b)	c)	d)	e)	f)
98 · 56	38 · 27	78 · 39	722 · 42	352 · 81	276 · 99
78 · 92	96 · 34	46 · 44	813 · 53	436 · 78	287 · 58

Der Größe nach ein Katzenname

2. 386 · 92 E; 256 · 38 A; 439 · 53 I; 625 · 27 R; 138 · 25 G; 532 · 96 D; 582 · 67 L; 384 · 49 F

3.

a)	b)	c)	d)
933 · 74	696 · 21	572 · 68	376 · 28
342 · 53	433 · 58	357 · 59	913 · 27

e)	f)	g)	h)
721 · 352	741 · 321	654 · 378	529 · 332
533 · 426	378 · 217	258 · 123	728 · 543

4. Rechne schriftlich und vergleiche. a) 7 · 325 und 325 · 7 b) 3 · 2 714 und 2 714 · 3

5.

a)	b)	c)
123 · 203	432 · 303	259 · 402
227 · 105	389 · 207	329 · 504

6.

a)	b)	c)
324 · 608	476 · 209	625 · 403
439 · 705	583 · 304	762 · 802
254 · 312	408 · 307	729 · 300

548 · 305		548 · 305
164 400	Man muss Nullen beachten, aber nicht immer schreiben.	1644
0 000		+ 2740
+ 2 740		167140
167 140		

7. Sandras Ballettstunden kosten im Monat 105 €. Wie hoch sind die Kosten für ein Jahr?

8. Herr Muster fährt mit dem Auto zu seiner Arbeitsstelle. Die tägliche Fahrstrecke für Hin- und Rückfahrt beträgt 48 km. Wie viel Kilometer legt er in einem Jahr mit 243 Arbeitstagen zurück?

TIPP
Die kleinere Zahl nach hinten!

9. Eine Pumpe fördert in einer Stunde 1 325 *l* Wasser. Wie viel Wasser fördert sie an einem Tag?

10. Die Konzerthalle in Bad Salzuflen hat 1 226 Sitzplätze. Für ein Konzert kosten die Karten 19 €. Wie hoch ist die Einnahme, wenn alle Karten verkauft werden? Überschlage und rechne genau.

11. Ein Fußballverein hat 972 Mitglieder, davon sind 552 Jugendliche. Der Jahresbeitrag beträgt 84 € für Erwachsene, für Jugendliche 39 €. Berechne die Jahreseinnahme aus Mitgliedsbeiträgen.

12.

a)
887 · 68 B | 568 · 62 A | 98 · 66 A | 298 · 86 E | 78 · 26 L | 443 · 59 S | 378 · 69 K | 58 · 69 L | 67 · 98 B | 123 · 84 T

Der Größe nach eine Sportart.

b)
355 · 28 B | 226 · 9 L | 378 · 3 L | 683 · 67 O | 679 · 73 V | 5 843 · 6 L | 426 · 53 E | 3 749 · 7 L | 582 · 13 A | 654 · 17 Y

13. a) Wie viele Minuten hat ein Tag? b) Wie viele Stunden hat ein Jahr (365 Tage)?
c) Jan wird heute 12 Jahre alt. Wie viele Wochen ist er alt? (1 Jahr = 52 Wochen)

14.

a)	b)	c)	d)	e)
417 · 8	237 · 39	705 · 87	1 274 · 24	374 · 122
238 · 7	471 · 65	509 · 53	2 317 · 31	417 · 235
684 · 6	347 · 82	308 · 67	4 508 · 25	553 · 158

15. Familie Schäfer kauft 6 Sessel. Wie teuer ist die Sitzgruppe, wenn ein Sessel 185 € kostet? Überschlage und rechne genau.

16. Frau Weber kauft 36 m Gardinenstoff und 36 m Spitze. 1 m Stoff kostet 21 € und 1 m Spitze 3 €. Wie viel muss sie bezahlen?

17. Im Schwimmbad wurden im Juni folgende Eintrittskarten verkauft:

Einzelkarten		Zehnerkarten		Familienkarten
Erw.	Kd.	Erw.	Kd.	
8 461	12 342	986	3 285	6 346

a) Wie hoch waren die Einnahmen durch den Verkauf von Familienkarten?

b) Stelle weitere Fragen und beantworte sie.

	Erwachsene	Kinder
Einzelkarte	3 €	2 €
Zehnerkarte	27 €	18 €
Familienkarte	7 €	

18. Herr Fleißig verdient im Monat 1 937 €. Wie viel verdient er in einem Jahr, wenn er noch 325 € Urlaubs- und 750 € Weihnachtsgeld erhält?

19. Ein Landwirt liefert täglich im Durchschnitt 128 *l* Milch an eine Molkerei. Wie viel Liter Milch sind das in einem Jahr? Überschlage, rechne anschließend genau.

20. a) b) c)

21. Überlege und begründe.
Anke meint: „4-stellige Zahl mal 2-stellige Zahl ergibt ein 6-stelliges Produkt.“

22. a)

1	4	9	16
1 1	4 4	9 9	1 6 1 6
1	4	9	16
121	484	1089	1 9 3 6
= 11 · 11	= ?	= ?	= ?

Und wie soll das weitergehen?

b) 11 · 11
111 · 11
1 111 · 11
11 111 · 11
...

111 · 111
1 111 · 111
...

Was fällt dir an den Ergebnissen auf?

Schriftliches Dividieren

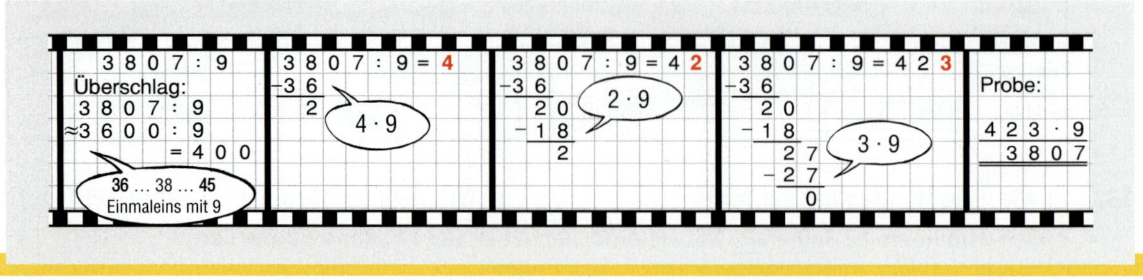

Aufgaben

1. Dividiere schriftlich. Mache vorher einen Überschlag und hinterher eine Probe.

a)	b)	c)	d)	e)	f)
432 : 9	581 : 7	2 048 : 8	2 740 : 4	4 470 : 6	19 548 : 6
312 : 6	688 : 8	3 206 : 7	3 265 : 5	2 556 : 3	48 160 : 5
392 : 4	882 : 6	2 961 : 3	2 912 : 8	2 478 : 7	25 928 : 8

2. a) Auf einem Bauernhof werden 785 kg Kartoffeln in 5 kg-Beutel gefüllt. Wie viele Beutel sind es?
b) 6 Personen teilen sich 51 582 € Lottogewinn. Wie viel Euro bekommt jede?
c) Die Miete für eine Motorjacht beträgt pro Woche (= 7 Tage) 896 €. Wie viel Euro sind das pro Tag?
d) In einer Baumschule werden 136 Pappeln in 8 Reihen gepflanzt. Wie viele sind es in einer Reihe?

3. Dividiere 2 520 durch: a) 2 b) 3 c) 4 d) 5 e) 6 f) 7 g) 8 h) 9

4. Dividiere schriftlich. Achte besonders auf Nullen im Ergebnis.

a)	b)	c)
918 : 3	21 182 : 7	20 040 : 5
2 432 : 8	63 081 : 9	32 008 : 4
3 042 : 6	28 840 : 8	36 504 : 9

d)	e)	f)
3 563 : 7	24 032 : 4	30 042 : 6
4 020 : 5	30 282 : 6	24 464 : 8
2 727 : 9	28 524 : 3	36 360 : 4

1224 : 4 = 306
− 12 (3 · 4)
02
− 0 (0 · 4)
24
− 24 (6 · 4)
0

TIPP
Überschlag hilft Fehler vermeiden

5. Dividiere schriftlich. Mache vorher einen Überschlag und hinterher eine Probe.

a)	b)	c)	d)	e)	f)
225 : 3	664 : 8	335 : 5	1 761 : 3	2 128 : 7	4 605 : 5
370 : 5	762 : 6	637 : 7	1 548 : 6	3 944 : 8	3 474 : 6
686 : 7	992 : 4	648 : 9	1 476 : 4	5 499 : 9	6 360 : 8

6. a) Vier Geschwister teilen sich eine Erbschaft von 30 400 €. Wie viel Euro bekommt jedes?
b) Am Güterbahnhof werden 1 440 Autos verladen, 8 pro Waggon. Wie viele Waggons sind nötig?
c) Eine Firma hat für 44 517 € drei gleiche Pkws angeschafft. Wie teuer war ein Pkw?
d) Eine Pfadfindergruppe kauft für 396 € sechs gleiche Zelte. Wie teuer ist ein Zelt?

Der Größe nach eine Stadt.

7.
a) 897 : 3 | O; 836 : 4 | M; 1 017 : 3 | D; 696 : 4 | N; 2 024 : 8 | R; 825 : 5 | D; 1 170 : 6 | U; 1 498 : 7 | T

b) 8 940 : 4 | M; 6 430 : 5 | R; 15 522 : 6 | A; 10 409 : 7 | B; 8 082 : 3 | B; 10 592 : 8 | E; 10 647 : 9 | G

Schriftliches Dividieren durch mehrstellige Zahlen

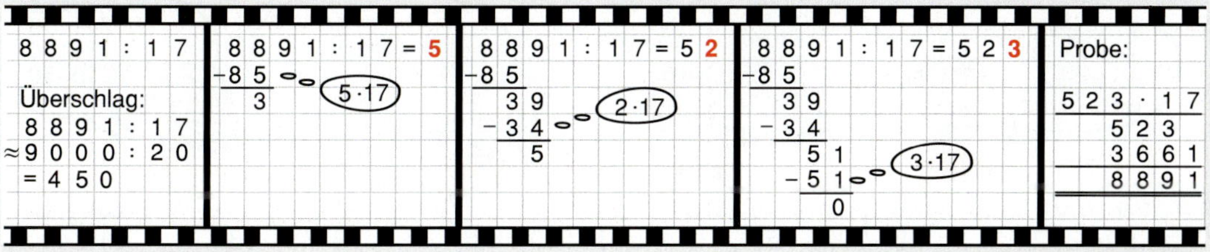

Aufgaben

1. Woran erkennst du, ob die erste Ergebnisziffer richtig oder falsch ist? Berechne das Ergebnis.

a) 7328 : 16 = 3 . . . . | 7328 : 16 = 4 . . . . | 7328 : 16 = 5 . . . .
− 48 (·16) | − 64 (·16) | − 80 (·16)
25 | 9 |

b) 8848 : 14 = 7 . . . . | 8848 : 14 = 5 . . . . | 8848 : 14 = 6 . . . .
− 98 (·14) | − 70 (·14) | − 84 (·14)
| 18 | 4

2. Dividiere schriftlich. Kontrolliere dein Ergebnis mit einer Probe.

a)	b)	c)	d)	e)
828 : 18	3 096 : 12	9 214 : 17	13 818 : 14	11 648 : 13
884 : 13	6 870 : 15	7 648 : 16	13 632 : 16	10 422 : 18
952 : 17	6 818 : 14	3 002 : 19	12 996 : 19	11 362 : 13

3. Achte besonders auf Nullen im Ergebnis.
Ein Überschlag dient der Kontrolle.

a)	b)	c)	d)
1 248 : 12	3 965 : 13	8 534 : 17	3 344 : 16
4 896 : 16	7 254 : 18	9 633 : 19	8 442 : 14

e)	f)	g)	h)
7 056 : 14	5 712 : 14	120 075 : 15	51 051 : 17
8 128 : 16	7 248 : 12	65 052 : 13	65 680 : 16

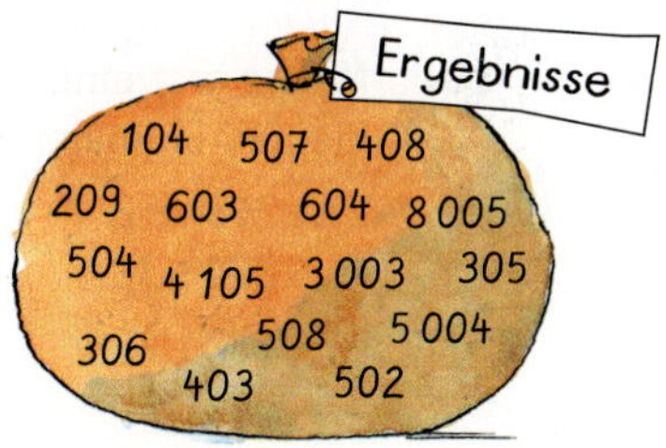

4. Stelle eine Frage und schreibe deine Antwort auf.

a) Ein Fahrradhändler bekommt 15 gleiche Fahrräder zu einem Gesamtpreis von 5 970 € geliefert.

b) Eine Kinokarte kostet 6 €, insgesamt kamen 2 076 € in die Kasse.

c) 7 310 352 € im Jackpot! 16 Spieler knacken ihn und teilen sich den Gewinn.

Der Größe nach etwas Sportliches.

5.

a)
7 362 : 18 M
8 160 : 16 Y
3 135 : 15 E
3 562 : 13 D
11 118 : 17 L
11 375 : 13 O
6 156 : 19 A
4 788 : 12 P
5 572 : 14 I

b)
5 484 : 12 E
7 111 : 13 D
7 362 : 18 L
6 748 : 14 I
7 905 : 15 S
8 216 : 13 N
8 619 : 17 P
8 328 : 12 E

6. Dividiere schriftlich. Kontrolliere dein Ergebnis mit einer Probe.

a)	b)	c)	d)	e)
5 520 : 20	11 720 : 20	21 720 : 60	29 200 : 80	25 480 : 70
4 500 : 60	11 220 : 30	18 880 : 80	27 480 : 60	32 360 : 40

7. Der erste Divisionsschritt ist sehr wichtig. Erkläre, dann rechne weiter.

a) 7344 : 34 = . . . 7344 : 34 = 2 . . b) 2346 : 46 = . . . 2346 : 46 = 5 . .

8. a) 6 144 : 24 3 510 : 26 b) 4 095 : 65 4 930 : 58 c) 15 600 : 48 12 386 : 22 d) 8 745 : 33 5 418 : 21 e) 2 400 : 96 1 794 : 78

9. a) 15 616 : 64 22 403 : 43 b) 6 930 : 35 6 888 : 28 c) 1 426 : 62 4 316 : 83 d) 13 140 : 36 25 704 : 27 e) 17 390 : 74 10 621 : 43

10. Dividiere schriftlich. Kontrolliere dein Ergebnis mit einer Probe.

a) 5 180 : 35 6 860 : 28 b) 13 692 : 21 18 625 : 25 c) 10 836 : 42 25 811 : 53 d) 16 770 : 65 22 876 : 43 e) 38 912 : 64 30 295 : 83

11. Ordne die Ergebnisse der Größe nach, das größte zuerst. Du erhältst eine Sportart.

a)
19 108 : 34 B
20 648 : 58 L
12 597 : 17 A
26 166 : 42 D
13 015 : 19 N
13 156 : 46 L
25 016 : 53 A
11 928 : 14 H

b)
5 543 : 23 M
10 710 : 34 H
10 332 : 36 W
5 874 : 33 E
9 204 : 26 C
6 006 : 42 N
10 257 : 39 I
11 772 : 27 S
5 208 : 28 M

12. Mache erst eine Überschlagsrechnung. Runde dafür so, dass du mit dem kleinen Einmaleins im Kopf rechnen kannst.

a) 1 248 : 52 4 294 : 38 b) 3 233 : 61 2 052 : 19 c) 13 608 : 72 12 354 : 58 d) 41 125 : 47 31 833 : 81

e) 9 637 : 23 4 944 : 48 5 004 : 12 f) 7 098 : 39 2 478 : 42 8 265 : 95 g) 17 952 : 51 33 777 : 81 97 495 : 31 h) 25 080 : 88 18 850 : 58 11 979 : 33

2 552 : 56
≈ 2 552 : 60
≈ 2 400 : 60
= 40

Zuerst die 2. Zahl runden.
Und dann die 1. Zahl passend zum 1 x 1.

13. Überschlage erst und rechne dann genau.

a) 1 m Draht wiegt 21 g. Der ganze Draht auf einer Rolle wiegt 3 465 g. Wie viel Meter sind es?

b) 30 000 Pralinen werden in 24er-Schachteln verpackt. Wie viele Schachteln sind nötig?

c) Bei einem Radrennen werden 28 Runden gefahren, insgesamt 79 800 m. Wie lang ist eine Runde?

14. Ein Fahrradhändler bekommt 23 gleiche Fahrräder zu einem Gesamtpreis von 8 027 € geliefert. Wie teuer ist ein Fahrrad im Einkauf?

15. Die Gesamtkosten der Klassenfahrt der 5b betragen 3 712 €. In der Klasse sind 29 Schülerinnen und Schüler. Wie viel muss jeder bezahlen?

16. a) 31 242 : 123 71 500 : 220 94 544 : 311 79 388 : 223 b) 204 530 : 226 134 015 : 245 203 740 : 305 269 531 : 409 c) 255 024 : 504 496 620 : 620 257 325 : 705 130 146 : 199 d) 159 140 : 436 295 394 : 638 479 288 : 724 341 325 : 925

Division mit Rest

(1)

(2)

```
 1 3 2 4 : 6 = 2 2 0 + 4 : 6
-1 2
   1 2     Probe: 2 2 0 · 6
  -1 2                1 3 2 0
     0 4            +       4 Rest
       0              1 3 2 4
       4 Rest
```

(3)

```
 2 0 0 0 : 1 5 = 1 3 3 + 5 : 1 5
-1 5
   5 0      Probe: 1 3 3 · 1 5
  -4 5                 1 3 3
     5 0                 6 6 5
    -4 5               1 9 9 5
       5 Rest        +       5 Rest
                       2 0 0 0
```

Aufgaben

1. a) 615 : 4; 285 : 6 b) 327 : 5; 450 : 7 c) 583 : 7; 973 : 4 d) 856 : 6; 984 : 9 e) 674 : 8; 763 : 9 f) 872 : 6; 598 : 8

2. a) 2 417 : 4; 6 338 : 5 b) 5 782 : 8; 4 715 : 7 c) 6 724 : 30; 4 580 : 60 d) 3 523 : 40; 5 710 : 20 e) 8 512 : 60; 5 728 : 40

3. a) 7 530 : 12; 8 425 : 11 b) 8 786 : 13; 2 519 : 16 c) 1 736 : 18; 2 583 : 16 d) 2 545 : 17; 1 371 : 15 e) 27 741 : 19; 40 038 : 14

4. Einige Aufgaben gehen auf, bei anderen bleibt ein Rest. Die Reste findest du in der Truhe.

a) 621 : 9; 587 : 6 b) 1 295 : 3; 2 048 : 8 c) 7 657 : 13; 3 445 : 12 d) 8 742 : 17; 4 875 : 15

e) 932 : 7; 952 : 8 f) 4 718 : 4; 3 256 : 6 g) 4 349 : 14; 4 128 : 16 h) 1 298 : 19; 3 458 : 18

5. Berechne die Anzahl Packungen und den Rest.

a) 548 Eier in 6er-Kartons
b) 349 Paprikaschoten in 3er-Netzen
c) 1 000 Tischtennisbälle in 6er-Schachteln
d) 1 400 Schreibhefte in 3er-Packs in Folie
e) 5 000 Saftflaschen in 12er-Kisten
f) 2 000 Deutschbücher in 24er-Kartons

6. 300 Steinplatten werden in 8er-Reihen verlegt. Wie viele Reihen und restliche Platten werden es?

7. Busse, die je 52 Personen aufnehmen können, sollen 2 138 Menschen transportieren.

8. Von einer 300 cm langen Holzleiste werden 35 cm lange Stücke abgesägt. Wie viele Stücke erhält man und wie viel Zentimeter bleiben übrig?

!!!! **9.** Hier siehst du nur noch das Ergebnis. Was waren die zugehörigen Divisionsaufgaben?

a) =1232+5:6 b) =2562+3:8 c) =5328+2:3 d) =6744+7:12
e) =2308+4:9 f) =2509+3:7 g) =2140+4:6 h) =6336+8:14

!!!!

Silberranch

1. Dana mietet für ihr eigenes Reitpferd eine Box für ein halbes Jahr. Außerdem nimmt sie in dieser Zeit wöchentlich 3 Reitstunden in der Gruppe.
Reichen die gesparten 1 200 Euro auch noch für eine neue Trense?

2. Danas Freund Timo hat kein eigenes Reitpferd, möchte aber an allen Reitstunden teilnehmen, zu denen sich auch Dana angemeldet hat. Timo hat 350 Euro gespart, den Rest bezahlt seine Oma.
Wie viele Euro sind das?

3. In der Silberranch sind 35 Reitpferde zu versorgen. Alle 14 Tage wird das benötigte Futter geliefert.
Wie viel kg Futter lädt der Lieferant alle 2 Wochen für die Reitpferde der Silberranch ab?

!!!!

4. 12 Reitpferde gehören der Ranch. Von ihnen müssen 8 Tiere neu beschlagen werden, außerdem werden 5 neue Sättel und 6 Trensen benötigt. Alles wird beim Hufschmied besorgt.

Wie hoch ist die Rechnung des Hufschmieds?

5. Auf dem Bild ist die Klasse 5b zu sehen. Die Kinder haben mit ihrer Lehrerin beschlossen, auf dem Wandertag die Silberranch zu besichtigen und auch eine Kutschfahrt zu unternehmen.

Wie viel Euro musste jedes Kind dafür mitbringen?

6. Während der Öffnungszeiten lösen sich Frau Prinz und Herr Mielke an der Kasse ab. Frau Prinz arbeitet den ganzen Sonnabend und von Montag bis Freitag immer bis 15 Uhr, in der übrigen Zeit Herr Mielke.

Stundenlohn:

Mo – Fr	*9 EUR*
Sa und So	*12 EUR*

Wie viel Euro haben die beiden jeweils im letzten Juli verdient?
(Du brauchst einen Kalender!)

Informationen für unsere Besucher:
Ein Reitpferd braucht täglich rund 5 kg Kraftfutter, 6 kg Heu und 3 kg Stroh

Preise für eine Reitstunde

Gruppenunterricht mit eigenem Pferd	4 €
Gruppenunterricht mit Leihpferd	7 €
Einzelunterricht auf Anfrage	

Öffnungszeiten

Mo – Fr	9.00 – 20.00
Sa	9.00 – 19.00
So	12.00 – 20.00

Eintrittspreise

Erwachsene	4 €
Kinder bis 14 J.	2 €
Schulklassen pro Schüler	0,50 €
Lehrkraft frei	

Schwarzwaldhotel

Im Hochschwarzwald liegt das abgebildete Naturhotel, das dem Ehepaar Schuster gehört. Frau Schuster ist 46 Jahre alt, ihr Mann knapp 10 Jahre älter, sein Alter ist eine „Schnapszahl“. Als ihr Sohn Michael geboren wurde, war Herr Schuster 32 Jahre alt. Michael wird zum Koch ausgebildet, und zwar in einem 4-Sterne-Hotel im Elsass. Das Naturhotel Schuster hat 26 Zimmer, davon sind 9 Zimmer Einzelzimmer. Im Hotel gibt es ein Restaurant, das ab 18 Uhr geöffnet ist. Auf der Speisekarte gibt es 5 Vorspeisen, 8 Hauptgerichte und 6 Desserts (sprich „dessär“, das ist das französische Wort für Nachspeisen).

1. a) Lies den Text genau durch und betrachte das Bild genau.

b) Lege dir im Heft eine Tabelle mit 3 Spalten und folgenden Überschriften an.

Hotelbesitzer	*Gästezimmer*	*Restaurant*

2. Schreibe alle Informationen, die du dem Text oder dem Bild entnehmen kannst, in die passende Spalte deiner Tabelle im Heft.

3. Schreibe alles auf, was du über Michael weißt.

4. Versuche jetzt zusammen mit deinem Nachbarn oder deiner Nachbarin, die folgenden Fragen zu beantworten. Bei einigen Fragen muss man rechnen, bei anderen nicht.

a) Wie viele Doppelzimmer gibt es im Naturhotel?
Wie viele Gäste können gleichzeitig im Naturhotel übernachten?

b) Wie alt ist Herr Schuster, wie alt ist Michael und wie alt sind alle drei Schusters zusammen?

c) Ein 3-Gang-Menu (sprich „menü“) besteht aus Vorspeise, Hauptspeise und Dessert.
Wie viele verschiedene 3-Gang-Menus kann man im Naturhotel essen?
Wie viele Wochen dauert es, bis man jedes Menu einmal gegessen hat (pro Abend ein Menu)?

d) Vom 12.07. bis zum Morgen des 25.07. war das Naturhotel völlig ausgebucht.
Wie hoch waren die Einnahmen aus Übernachtung und Frühstück?

e) In welcher Höhe über dem Meeresspiegel liegt das Hotel?

Autofahrt nach ...

!!!!

Familie Liesinger aus Stuttgart hatte am 4. März ihren Diesel-Kombi genau 5 Jahre. An diesem Tag fuhren sie los, um eine deutsche Stadt eine Woche lang zu besichtigen.

Auf diesem Bild siehst du Familie Liesinger nach dem Auftanken. Sie tankten das Auto so voll wie möglich. Danach fuhren sie sofort los und auf dem kürzesten Weg zu ihrem Ziel.

Auch auf der Rückfahrt haben Liesingers den kürzesten Weg gewählt. In der Besichtigungswoche blieb das Auto auf dem Hotel-Parkplatz, deshalb wurde erst jetzt bei der Rückkehr wieder voll getankt.

TIPP

Lege dir für die Fragen **1.** bis **5.** eine Tabelle an und notiere alle wichtigen Informationen, die du in dem Text und den Bildern findest.

1. Wie viele Kilometer ist Familie Liesinger hin und zurück gefahren?

2. Welche deutsche Stadt hat Familie Liesinger besucht? Betrachte dazu das Foto. Die Entfernungstabelle am Ende dieser Seite kann dir bei deiner Antwort sicherlich auch helfen.

3. Wie viel Liter Diesel verbraucht das Auto der Familie Liesinger ungefähr auf 100 Kilometer?

4. Wie viel kostet ein Liter des getankten Diesels?

5. Wie viele Kilometer sind die Liesingers mit ihrem Auto durchschnittlich in einem Jahr gefahren? Runde die Angabe auf volle 100 Kilometer.

	Berlin	Bonn	Bremen	Dresden	Erfurt	Frankfurt / M	Freiburg	Hannover	Kiel	Lübeck	München	Rostock	Saarbrücken
⋮													
Stuttgart	630	350	650	505	390	205	185	525	765	720	215	835	220

!!!!

Geburtstagsfeier

Fatima aus der Klasse 5c hat ihren Mitschülerinnen und Mitschülern folgende Knobelaufgabe gestellt:

Auf einem Geburtstagsfest sind 12 Kinder beisammen. Als die Feier beendet wird, verabschiedet sich jedes Kind von jedem anderen mit einem Händedruck. Wie oft werden die Hände geschüttelt?

Die vorgeschlagenen Antworten kannst du im Bild rechts ablesen.

1. Kannst du einer der Antworten zustimmen? Wenn ja, versuche deine Meinung zu begründen.

Die Kinder der Klasse 5c können sich nicht auf ein Ergebnis einigen. Also beschließen sie, die Verabschiedung wie eine Filmszene vor der Tafel zu spielen. Die Schülerinnen und Schüler, die nicht mitspielen, sollen zählen, wie oft Hände geschüttelt werden. Und das kam dabei heraus:

2. Frederic hat Recht. Suche mit deinen Mitschülerinnen und Mitschülern nach einer Lösung.

3. Wie oft werden Hände geschüttelt, wenn sich nach einer Geburtstagsfeier jeder von jedem mit einem Händedruck verabschiedet? So viele Personen sind es:

a) 8 Personen b) 14 Personen c) 19 Personen d) 6 Personen e) 17 Personen f) 20 Personen

4. Übertrage das Bild mit den Punkten A bis I in dein Heft.
Zeichne alle Strecken, die einen dieser Punkte als Anfangspunkt und ebenso einen von ihnen als Endpunkt haben.

a) Zähle, wie viele Strecken du gezeichnet hast.

b) Überlege, wie viele Strecken es sind, wenn du systematisch vorgehst und keine Strecke vergisst.

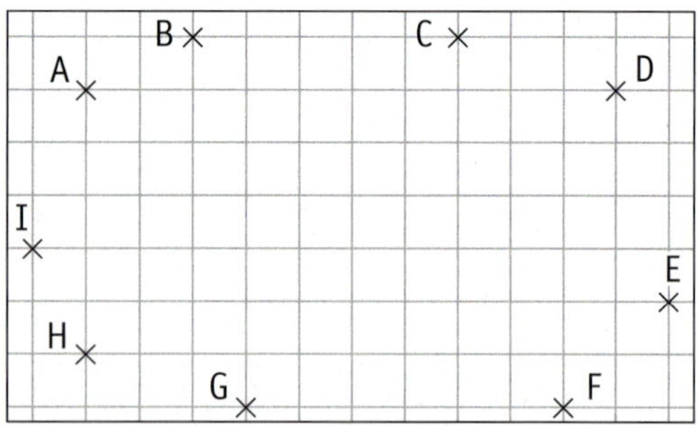

TESTEN · ÜBEN · VERGLEICHEN

1. a) Multipliziere die Zahlen 3 und 15.
b) Dividiere 51 durch 3.
c) Berechne das Produkt der Zahlen 5 und 12.
d) Berechne den Quotienten der Zahlen 56 und 8.

2. a) $\square \cdot 9 = 36$ b) $\square : 7 = 5$
c) $8 \cdot \square = 40$ d) $48 : \square = 12$

3. Eva sagt: „48 : 48 kann ich im Kopf rechnen."

4. a) $7 : 7$, $17 \cdot 0$ b) $13 : 1$, $0 : 24$ c) $12 \cdot 0$, $10 \cdot 1$ d) $0 \cdot 34$, $8 : 0$

5. a) $17 \cdot 100$, $65 \cdot 10$, $212 \cdot 100$ b) $470 : 10$, $2\,500 : 10$, $3\,800 : 100$ c) $120 \cdot 10$, $4\,700 : 10$, $8\,200 : 100$

6. a) $40 \cdot \square = 4\,000$, $200 \cdot \square = 2\,000$ b) $3\,000 : \square = 300$, $50\,000 : \square = 500$

7. a) $8 \cdot (7 + 5)$, $9 \cdot (28 - 19)$ b) $120 : (31 + 9)$, $(17 + 3) \cdot (19 - 12)$

8. a) $3 \cdot 9 + 17$, $48 : 12 + 29$ b) $49 - 120 : 4$, $25 : 5 + 3 \cdot 17$

9. a) $4 \cdot 6 : 12$, $40 : 8 \cdot 5$ b) $48 - 12 - 20$, $50 - 20 : 2 - 8$

10. Wähle einen einfachen Rechenweg.
a) $25 \cdot 39 \cdot 4$ b) $50 \cdot 2 \cdot 88$
c) $40 \cdot 118 \cdot 5$ d) $4 \cdot 67 \cdot 25$

11. a) $(35 + 65) \cdot 7$ b) $(100 - 3) \cdot 9$
c) $48 \cdot 7 - 18 \cdot 7$ d) $50 \cdot 8 - 4 \cdot 8$
e) $6 \cdot 33 + 6 \cdot 17$ f) $73 \cdot 12 - 23 \cdot 12$

12. a) $423 \cdot 5$, $714 \cdot 8$ b) $528 \cdot 40$, $237 \cdot 60$ c) $385 \cdot 15$, $532 \cdot 28$

13. Jochens Nachhilfeunterricht kostet monatlich 145 €. Wie viel ist das in einem Jahr?

14. a) $847 : 7$, $3\,564 : 6$ b) $2\,120 : 40$, $5\,670 : 90$ c) $4\,770 : 15$, $6\,336 : 18$

15. Eine Gruppe von 14 Jugendlichen fährt für insgesamt 490 € zum Musical. Wie viel kostet das für jeden Einzelnen?

Multiplikation	**Division**
$5 \cdot 6 = 30$	$30 : 6 = 5$
30 ist das *Produkt* der Zahlen 5 und 6.	5 ist der *Quotient* der Zahlen 30 und 6.
Die eine ist die Umkehroperation der anderen.	$5 \underset{:6}{\overset{\cdot 6}{\rightleftarrows}} 30$

Rechnen mit Eins und Null

$5 \cdot 1 = 5$ $5 : 1 = 5$ $0 \cdot 5 = 0$ $0 : 5 = 0$
$5 : 5 = 1$ ~~5 : 0~~ (geht nicht!)

Rechnen mit Zehnerzahlen

Multiplikation mit 10, 100, ...: Man hängt 1, 2, ... Nullen an.
z. B.: $35 \cdot 100 = 3\,500$

Division durch 10, 100, ...: Man lässt 1, 2, ... Nullen weg.
z. B.: $3\,500 : 10 = 350$

Rechenregeln

- Was in Klammern steht, wird zuerst berechnet. $48 : (17 - 9) = 48 : 8 = 6$
- Punktrechnung (·, :) geht vor Strichrechnung (+, –). $36 : 9 + 5 \cdot 7 = 4 + 35 = 39$
- Sonst wird von links nach rechts gerechnet. $64 - 40 - 7 = 24 - 7 = 17$

Rechengesetze

- In einem Produkt darf man Faktoren beliebig vertauschen und zusammenfassen.
  Beispiel: $(5 \cdot 6) \cdot 2 = 6 \cdot (5 \cdot 2)$
- Summen und Differenzen darf man gliedweise multiplizieren.
  Beispiel: $(8 + 4) \cdot 5 = 8 \cdot 5 + 4 \cdot 5$
  $(8 - 4) \cdot 5 = 8 \cdot 5 - 4 \cdot 5$

Schriftliches Multiplizieren und Dividieren

```
235 · 27        Überschlag:
  4700          ≈ 200 · 30 = 6 000
+ 1645
  6345

945 : 18 = 52 + 9 : 18      Probe:  52 · 18
- 90                                     52
  45          Überschlag:              416
 - 36         ≈  945 : 20              936
   9 Rest     ≈ 1000 : 20            +   9 Rest
              = 50                     945
```

DIAGNOSETEST

1. Rechne im Kopf: a) $7 \cdot 15$ b) $72 : 6$

2. Wie heißt die gesuchte Zahl? a) $■ \cdot 8 = 800$ b) $■ : 4 = 1000$

3. Rechne schriftlich: a) $364 \cdot 8$ b) $2013 \cdot 28$

4. Rechne schriftlich: a) $296 : 8$ b) $5265 : 13$

5. a) Eine Schule kauft 120 Mathematikbücher zu je 14 €. Wie hoch ist der Rechnungsbetrag?
   b) Ein Sportgeschäft zahlt im Einkauf für 45 Jogginganzüge 3 150 €. Wie teuer ist ein Anzug?

Wähle weitere 5 Aufgaben aus

1. a) Verdopple das Produkt der Zahlen 7 und 5.
   b) Berechne den dritten Teil der Summe der Zahlen 40 und 20.

2. Rechne vorteilhaft, notiere deinen Rechenweg: a) $4 \cdot 37 \cdot 25$ b) $3 \cdot 27 + 7 \cdot 27$

3. a) Wie alt ist Suses Vater?
   b) Wie viele Schwestern hat Suse?
   c) Wie alt sind die einzelnen Kinder?

   Suse Schallbruch ist 6 Jahre jünger als eine Schwester von ihr und wohnt mit ihrer Familie in Mannheim. Die Familie besteht aus den beiden Eltern und 4 Kindern. Zwei Brüder von Suse sind Zwillinge im Alter von 10 Jahren. Alle Kinder zusammen sind 40 Jahre alt. Die Eltern sind gleich alt und zusammen 42 Jahre älter als alle Kinder zusammen.

4. Martin hat $660 : 12 = 55$ richtig gerechnet. Berechne damit im Kopf $684 : 12$.
   Schreibe für eine Mitschülerin oder einen Mitschüler auf, wie du das im Kopf rechnest.

5. Drei Freunde übernachten in einem Hotel im Dreibettzimmer zu 135 €. Das Frühstück kostet für jeden 7 €. Wie viel hat jeder insgesamt zu zahlen?

6. Die Pension „Alpenblick“ bietet Vollpension für 65 € pro Person und Tag an. Wie viel kostet ein 18-tägiger Aufenthalt für 3 Personen?

7. Welchen größten Wert kann das Produkt einer 3-stelligen mit einer 2-stelligen Zahl annehmen?

8. Berechne das Produkt der Zahlen 17 und 5 und das Produkt der Zahlen 24 und 8.
   Addiere anschließend beide Ergebnisse.

9. Berechne den Quotienten der Zahlen 95 und 5 und merke dir das Ergebnis. Bilde dann das Produkt der Zahlen 38 und 4 und verringere es anschließend um die gemerkte Zahl.

10. Drei Kinder schenken ihrer Mutter eine Zierpflanze zu 19 € mit einem Blumentopf zu 14 €. Die Kosten dritteln sie. Wie viel zahlt jedes Kind?

11. Zwei Ergebnisse sind falsch, du brauchst nur eine Überschlagsrechnung, um sie zu finden.
    $435 \cdot 4 \stackrel{?}{=} 170$ $284 \cdot 5 \stackrel{?}{=} 1420$ $518 : 7 \stackrel{?}{=} 74$ $2016 : 8 \stackrel{?}{=} 22$

12. Setze um 3 Zahlen fort: a) 1, 4, 9, 16, ... b) 2, 8, 18, 32, 50, ...

5

Zeichnen und Konstruieren

Gerade

Eine **Gerade** ist eine gerade Linie ohne Anfang und ohne Ende.

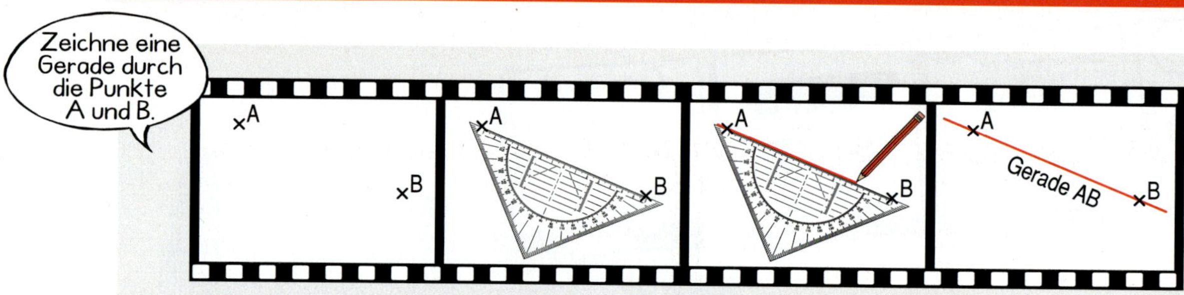

Aufgaben

1. Erzeuge auf einem Stück Papier ohne Lineal eine Gerade.

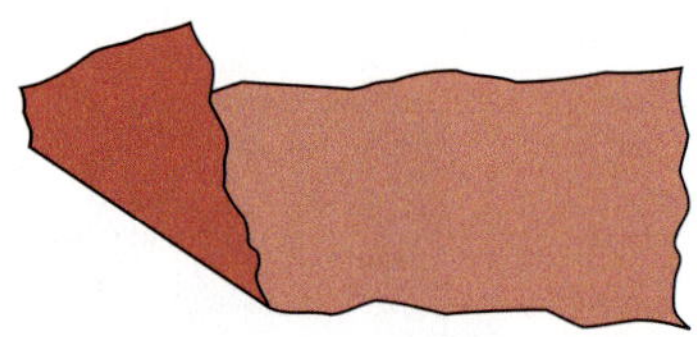

2. Zeichne zwei Punkte A und B und mehrere Geraden, die durch einen Punkt oder beide Punkte verlaufen. Wie viele Geraden kannst du durch A zeichnen, wie viele durch B, wie viele durch A und B?

3. a) Übertrage die Punkte ins Heft. Verbinde je zwei durch eine Gerade. Wie viele Geraden erhältst du?

b) Lege vier Punkte so, dass es weniger Verbindungsgeraden gibt als in a).

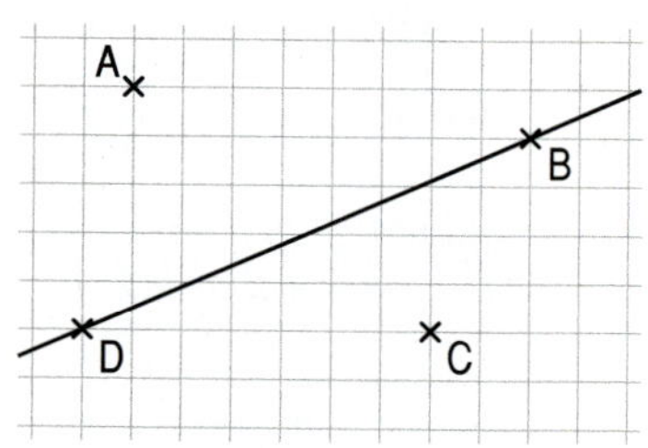

4. Zeichne vier Geraden so, dass zwei Schnittpunkte außerhalb deines Heftes liegen.

5. Welche der Linien a, b, c, d sind Geraden? Überprüfe mit dem Geodreieck.

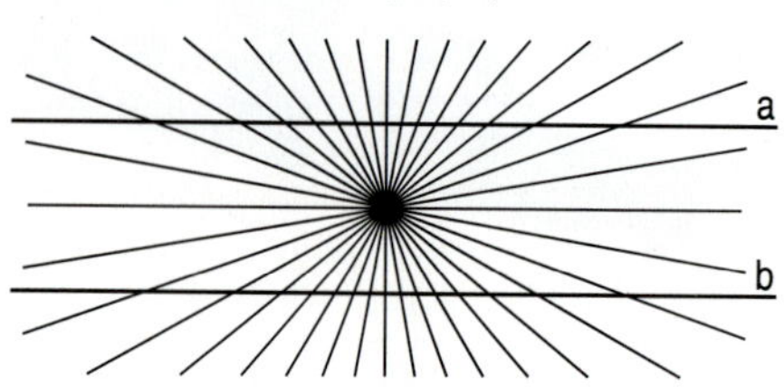

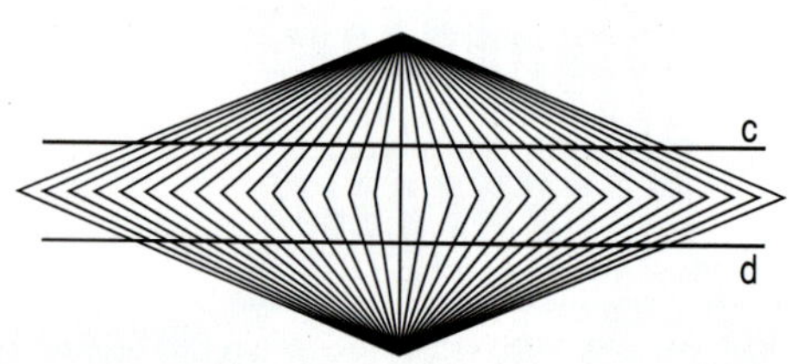

Strecke und Strahl [1)]

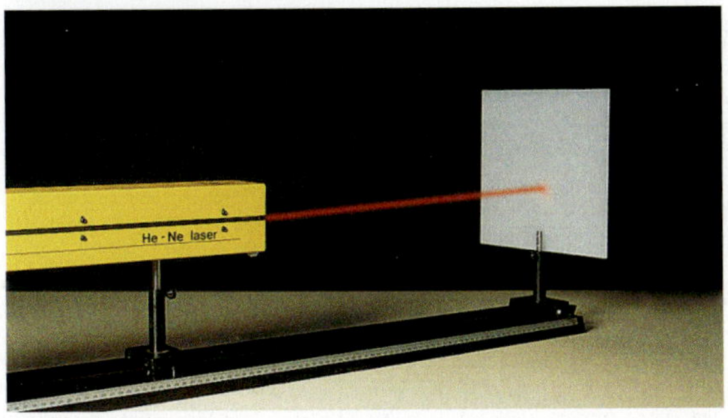

Eine **Strecke** ist eine gerade Linie mit zwei Endpunkten.
Ein **Strahl** ist eine gerade Linie mit einem Anfangspunkt, aber ohne Endpunkt.

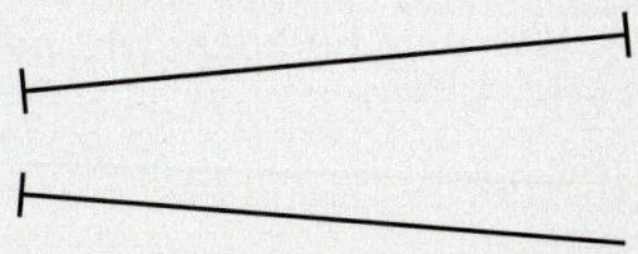

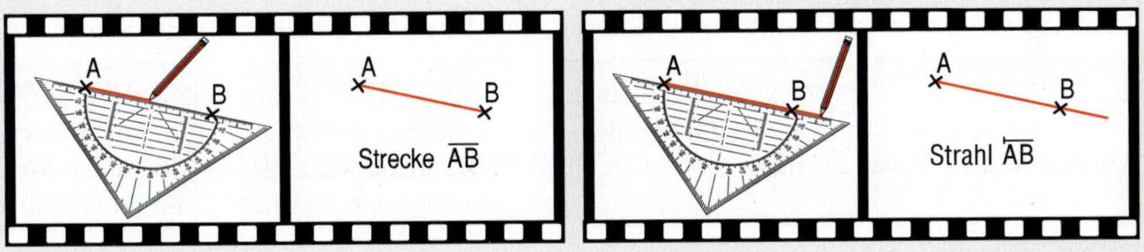

Aufgaben

1. a) Übertrage ins Heft und zeichne die Strecken $\overline{AB}$, $\overline{BD}$ und $\overline{CD}$.
b) Insgesamt gibt es sechs Strecken mit den Punkten A, B, C und D als Endpunkte. Zeichne die fehlenden Strecken und schreibe sie auf.

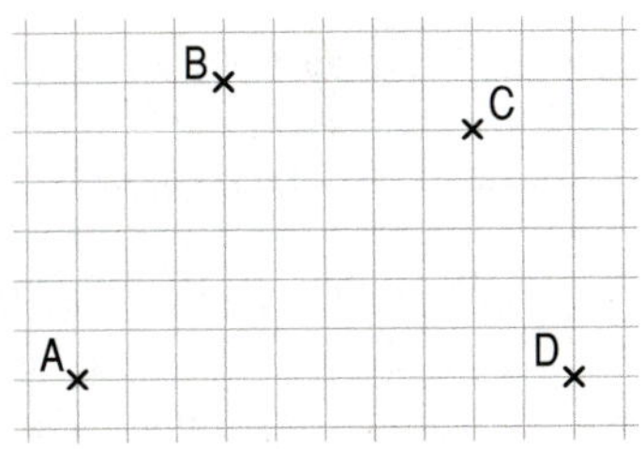

2. Übertrage die Punkte noch einmal und zeichne die Strahlen $\overrightarrow{AC}$, $\overrightarrow{DA}$, $\overrightarrow{CB}$ und $\overrightarrow{BD}$.

3. Wie viele verschiedene Strahlen mit einem gegebenen Punkt A als Anfangspunkt gibt es? Wie viele verschiedene Strahlen gibt es, die A als Anfangspunkt haben und durch einen anderen auch vorher festgelegten Punkt B gehen?

4. Vergleiche die Länge der roten und der grünen Strecke. Schätze zuerst, dann miss. Zeichne selbst.

a)

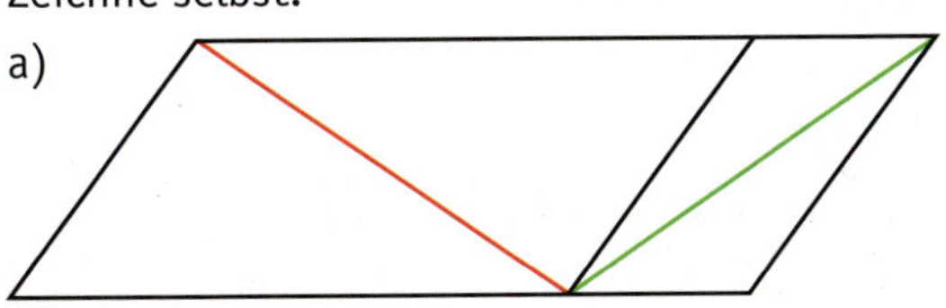

b)

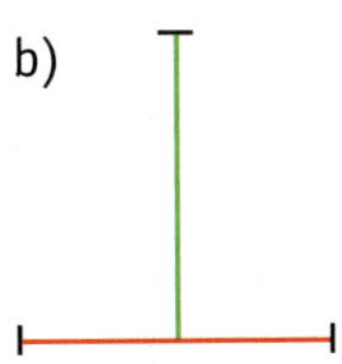

c)

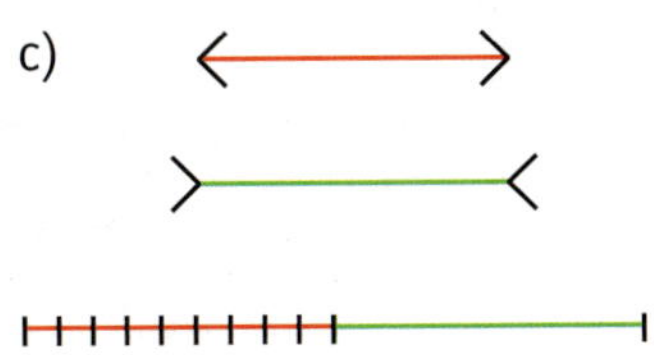

1) Strahlen nennt man auch *Halbgeraden*.

Vermischte Aufgaben

1. Welche dieser Linien sind Geraden, welche sind Strecken und welche sind Strahlen?

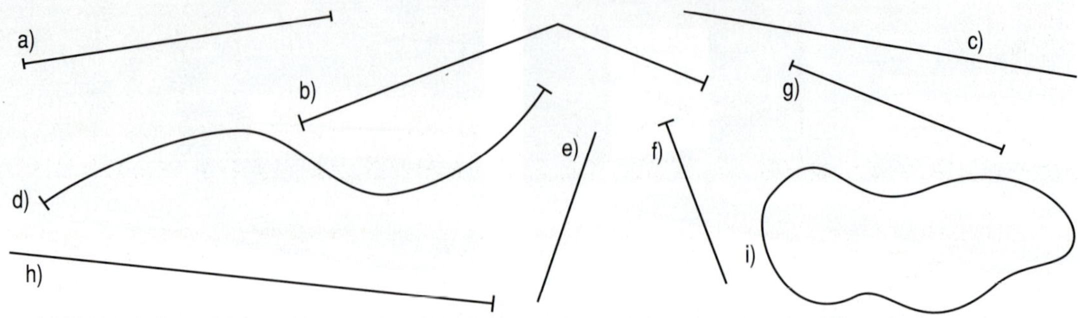

2. Wie viele Geraden, wie viele Strecken und wie viele Strahlen kannst du hier finden?

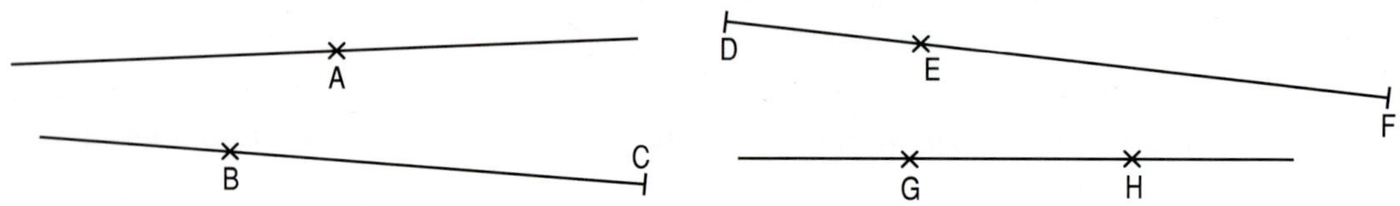

3. Ordne die Kennkarten der Geraden, der Strecke, dem Strahl zu. Eine Karte passt immer.

Kennkarte 1	Kennkarte 2	Kennkarte 3	Kennkarte 4
... hat genau zwei Endpunkte ...	... ist eine gerade Linie ...	... hat nur einen Anfangspunkt, aber keinen Endpunkt ...	... hat weder einen Anfangspunkt noch einen Endpunkt ...

4. Übertrage die Karte ins Heft und finde den Schatz: „Gehe von der hohen Eiche in Richtung des Wasserfalles und von der Höhle in Richtung der Turmruine. Der Schatz ist am Schnittpunkt beider Strecken vergraben."

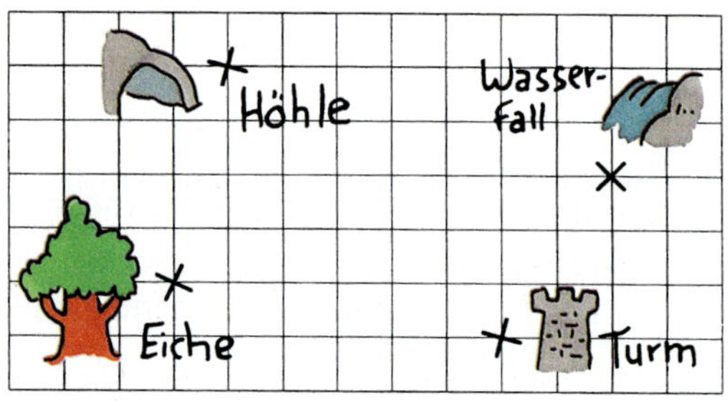

!!!! **5.** Zeichne 4 Punkte. Verbinde je 2 Punkte durch eine Strecke als Weg zwischen ihnen. Wie viele solche Strecken oder Wege gibt es? Notiere alle.

6. a) Übertrage die Punkte und verbinde sie mit einem Streckenzug in der Reihenfolge A, B, D, C, A.

!!!! b) Suche weitere Möglichkeiten, mit einem Streckenzug zum Ausgangspunkt A zurückzukehren. Jeder Punkt darf nur einmal durchlaufen werden.

7. a) Zeichne das Muster mit dem Geodreieck. Setze es bis zum Heftrand fort.

b) Färbe das Muster. Erfinde selbst solche Muster.

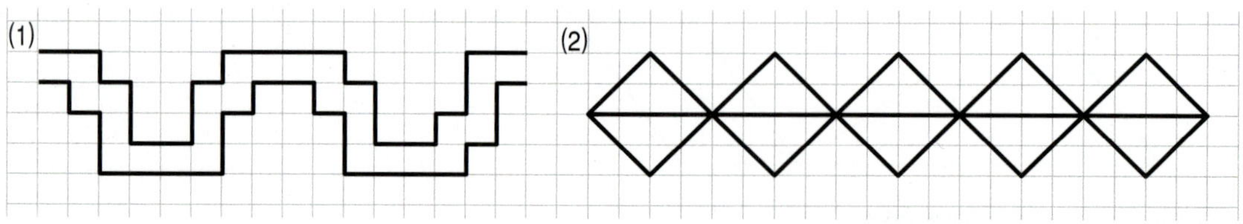

Senkrecht

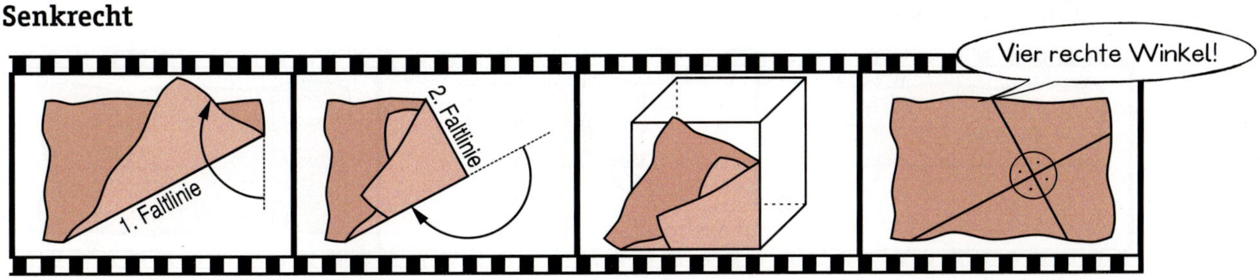

Zwei zueinander **senkrechte** Geraden a und b schließen einen rechten Winkel ein.
a ist senkrecht zu b: $a \perp b$, b ist senkrecht zu a: $b \perp a$.

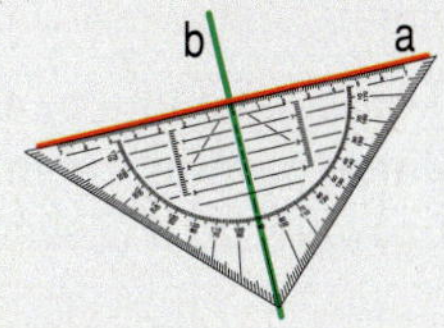

Zeichne die Senkrechte zur Geraden g durch den Punkt P.

(1) P liegt auf g.

(2) P liegt nicht auf g.

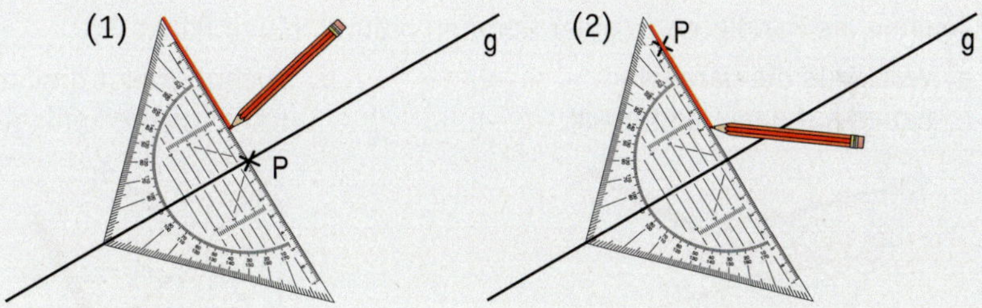

Aufgaben

1. Arbeite und sprich auch mit deinen Mitschülern darüber:

a) Warum wird beim Hausbau häufig so gebaut, dass zueinander senkrechte Kanten entstehen?

b) Nenne Beispiele aus deiner Umwelt für zueinander senkrechte Linien.

c) Suche in deinem Klassenzimmer nach zueinander senkrechten Linien. Überprüfe mit dem Geodreieck.

2. Zu welchen vollen Stunden stehen die Zeiger einer Uhr senkrecht zueinander?

3. Übertrage ins Heft. Zeichne die Senkrechten zu g durch die Punkte P, Q und R.

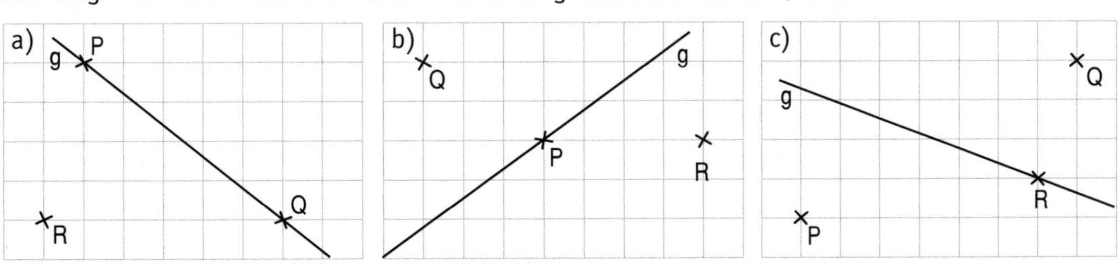

Parallel

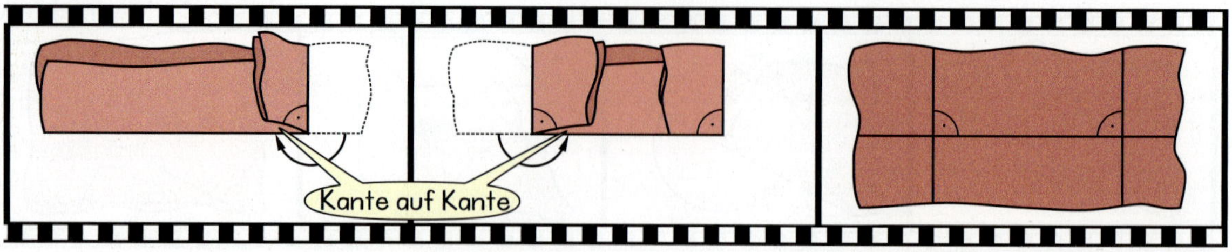

Zwei Geraden a und b, die beide senkrecht zu einer Geraden g sind, verlaufen **parallel** zueinander.
a ist parallel zu b (Zeichen: a ∥ b), b ist parallel zu a (b ∥ a)

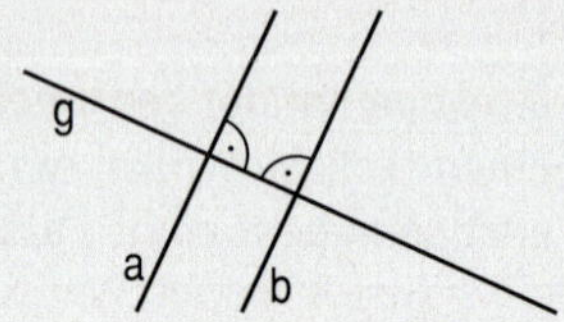

Zeichne die Parallelen zu einer Geraden g durch einen Punkt P.

a) Verwende die parallelen Linien auf dem Geodreieck.

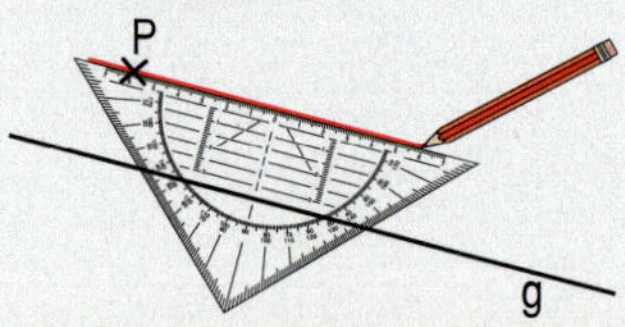

b) Zeichne zuerst die Senkrechte h durch P zu g und dann die Senkrechte durch P zu h.

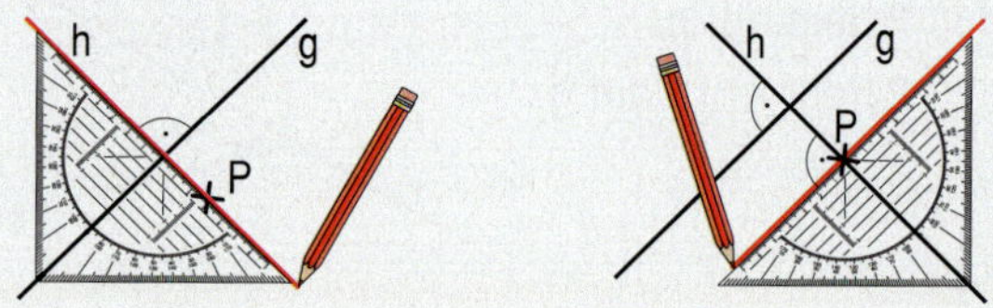

Aufgaben

1. Suche in der Zeichnung nach zueinander parallelen Linien. Prüfe mit dem Geodreieck nach.

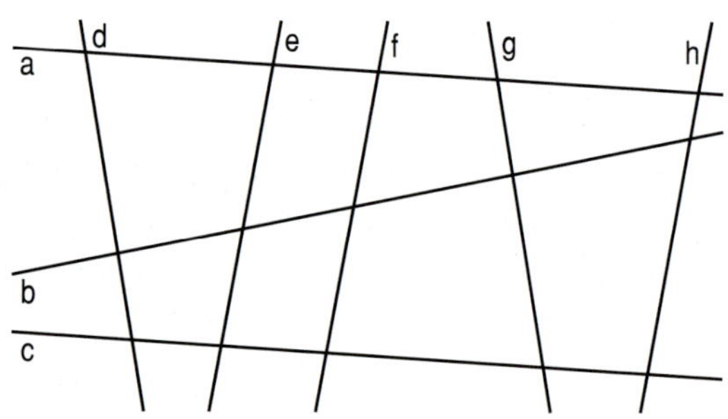

2. Nenne Beispiele aus deiner Umwelt für zueinander parallele Linien.

3. Suche in deinem Klassenzimmer nach zueinander parallelen Linien. Mit welchen Hilfsmitteln kannst du die Parallelität überprüfen?

4. Übertrage ins Heft. Zeichne die Parallelen zu g durch P, Q und R.

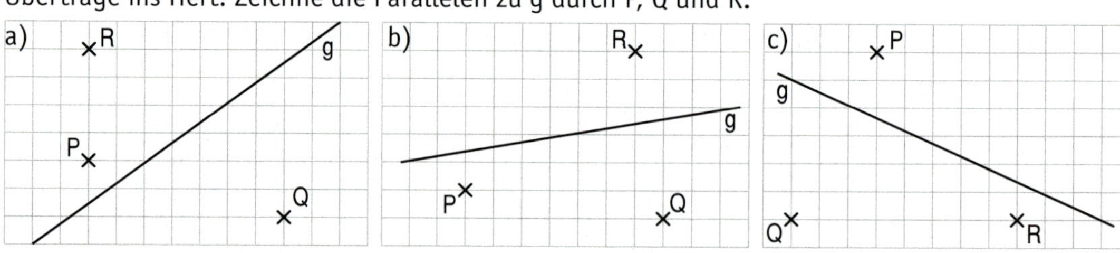

5. Zeichne eine Gerade und dazu 5 parallele und 5 senkrechte Geraden. Welche Figuren entstehen?

Abstand

Der Abstand des Punktes P von der Geraden g
ist die Länge der Strecke $\overline{PQ}$ auf der Senkrechten zu g.
Parallele Geraden haben überall denselben Abstand voneinander.

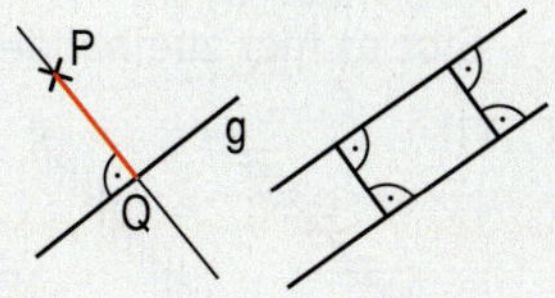

Zeichne einen Punkt P.
Er soll 4 cm *Abstand* von der Geraden g haben.

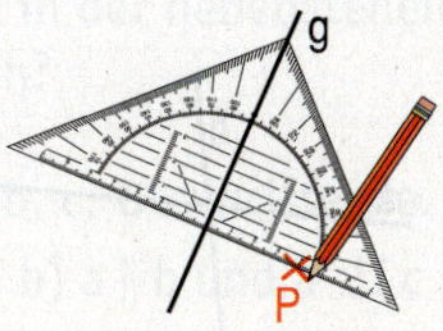

Zeichne eine Gerade h.
Sie soll 4 cm *Abstand* von der Geraden g haben.

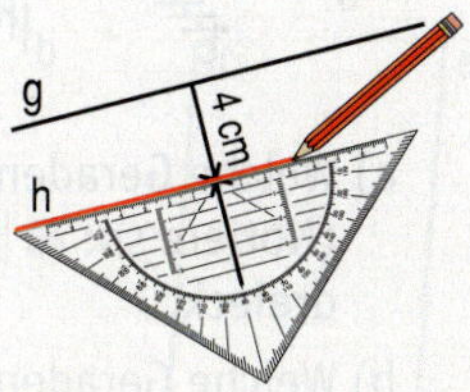

Aufgaben

1.

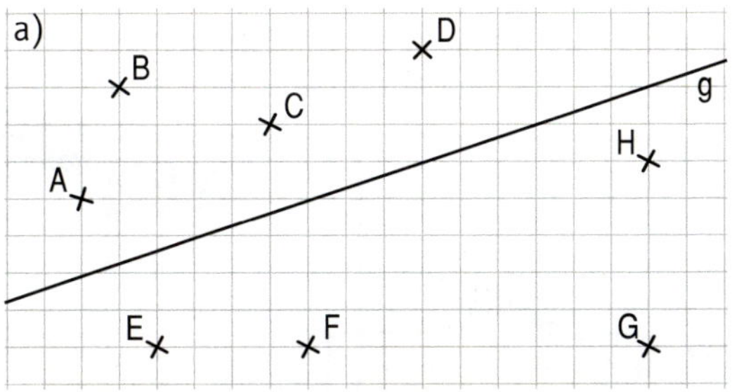

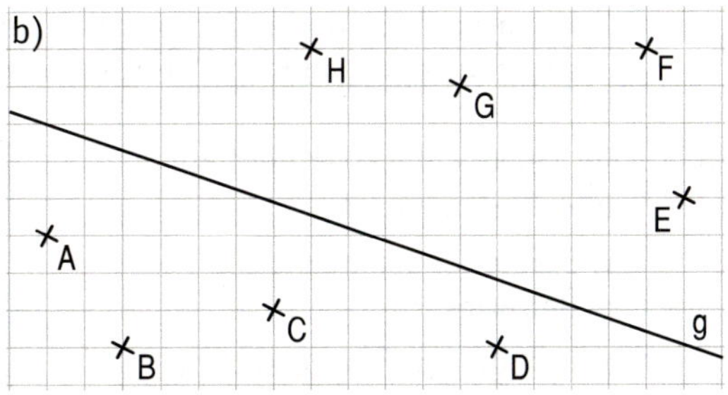

Übertrage ins Heft. Bestimme die Abstände der Punkte von der Geraden g.

2. Übertrage die Schatzkarte ins Heft und finde den Schatz. Er liegt im hellgrünen Feld. „Der Schatz ist in einem Abstand von genau 50 m zum Wanderweg vergraben, zur Waldschneise hat er einen Abstand von genau 100 m."

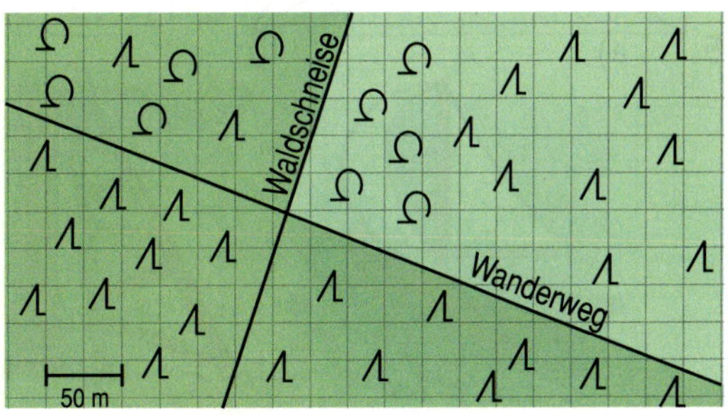

3. Zeichne eine Gerade a und zwei Parallelen zu a im Abstand von 3 cm.

Rechteck und Quadrat

Ein **Rechteck** ist ein Viereck mit vier rechten Winkeln.
In jedem Rechteck sind die gegenüberliegenden Seiten gleich lang und parallel.

Ein **Quadrat** ist ein Rechteck, in dem alle vier Seiten gleich lang sind.

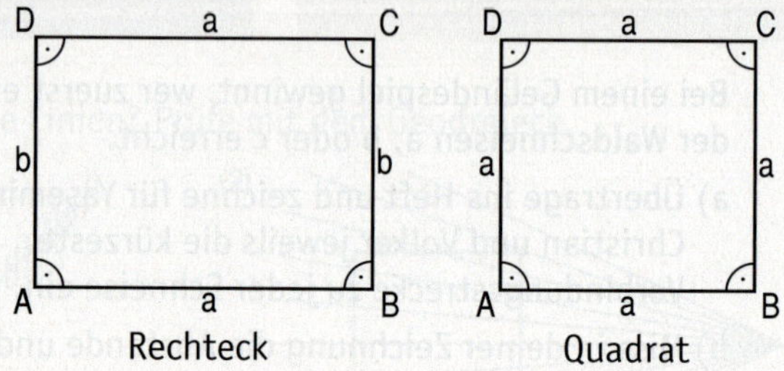

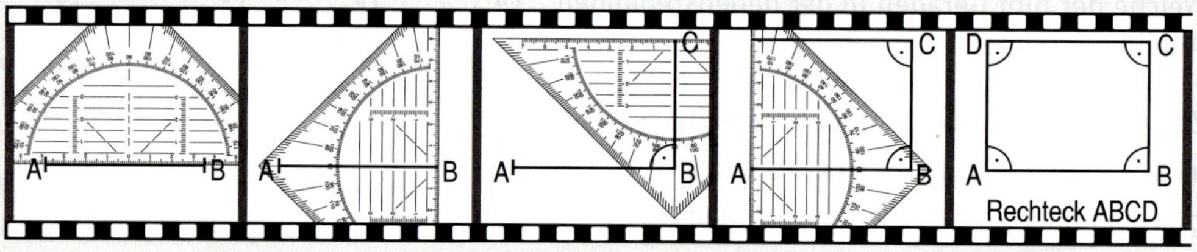

Aufgaben

1. Zeichne mit dem Geodreieck ein Rechteck mit den angegebenen Seitenlängen.

a) a = 4 cm, b = 6 cm
b) a = 7 cm, b = 3 cm
c) a = 5 cm, b = 5 cm
d) a = 5,8 cm, b = 3,9 cm
e) a = 7,2 cm, b = 7,1 cm
f) $\overline{AB}$ = 6 cm, $\overline{BC}$ = 5 cm

2. Zeichne ein Quadrat mit der Seitenlänge: a) a = 4 cm b) a = 5,4 cm c) $\overline{AD}$ = 5,3 cm

3. Nenne fünf Gegenstände: a) mit rechteckigen Flächen b) mit quadratischen Flächen

4. a) Welche Vierecke sind keine Rechtecke? Begründe.
b) Welche Rechtecke sind zugleich Quadrate?

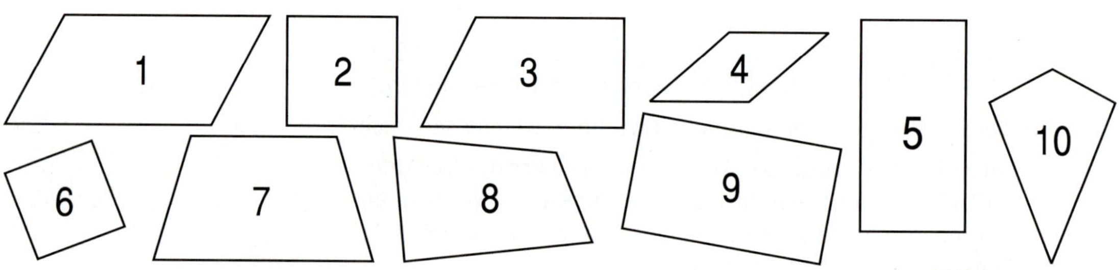

5. Karin bastelt einen Futterplatz für Vögel. Dazu muss sie in der Mitte einer rechteckigen Platte ein Loch bohren. Wie kann sie diesen Punkt finden? Es gibt mehrere Möglichkeiten. Probiere durch Falten eines rechteckigen Papierblattes oder durch Zeichnen.

6. Zeichne ein Quadrat (5 cm Seitenlänge) und ein Rechteck (5 cm lang, 4 cm breit). Zeichne in beide Figuren die *Diagonalen* und *Mittellinien* ein.

a) Miss ihre Längen und vergleiche mit den Seitenlängen.

b) Prüfe in beiden Figuren, wo rechte Winkel sind.

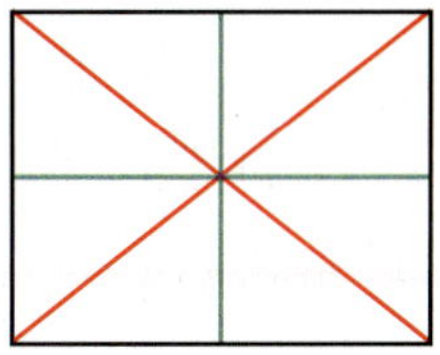

7. Quadrate und Rechtecke wurden entlang der Diagonalen (rot) und entlang der Mittellinien (grün) zerschnitten. Ergänze die Teilfiguren im Heft zur Gesamtfigur.

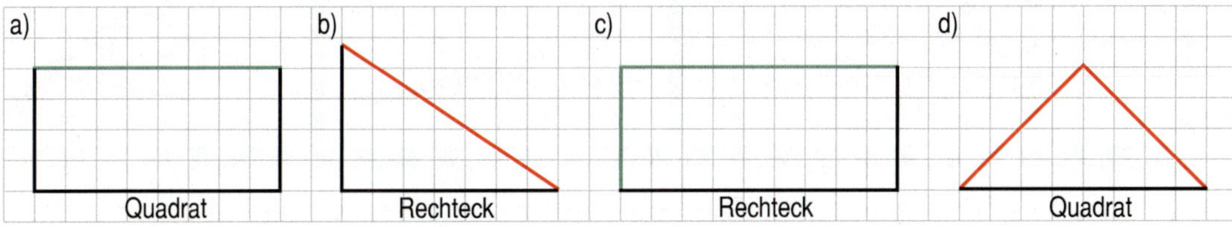

!!!! **8.** Bastele dir Umschläge, z. B. für Briefe und CDs. Du brauchst vier Quadrate, Seitenlänge: 15 cm

a) Falte jedes Quadrat längs einer Mittellinie.

b) Nun stecke die Quadrate ziegelartig ineinander und klebe den Boden des Umschlages zusammen. Arbeite an den Ecken genau, es müssen rechte Winkel entstehen.

c) Jetzt schließe den Umschlag, indem du die gefalteten Laschen wieder ineinander steckst.

d) Zum Schluss knicke die 4 Quadrate des Deckels entlang ihrer Diagonale. Diese Dreiecke stehen hoch und geben der Hülle den richtigen Pfiff.

festes Papier
Lineal
Klebstoff
Schere

a)

b)

c)

d)

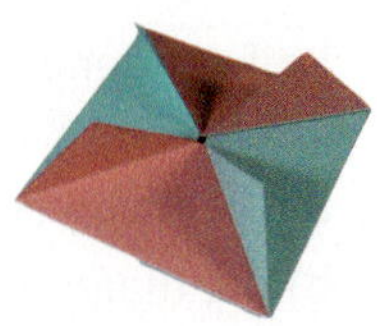

Parallelogramm und Raute

Ein **Parallelogramm** ist ein Viereck, in dem gegenüberliegende Seiten parallel sind. Gegenüberliegende Seiten sind gleich lang.

Eine **Raute** ist ein Parallelogramm, in dem alle vier Seiten gleich lang sind.

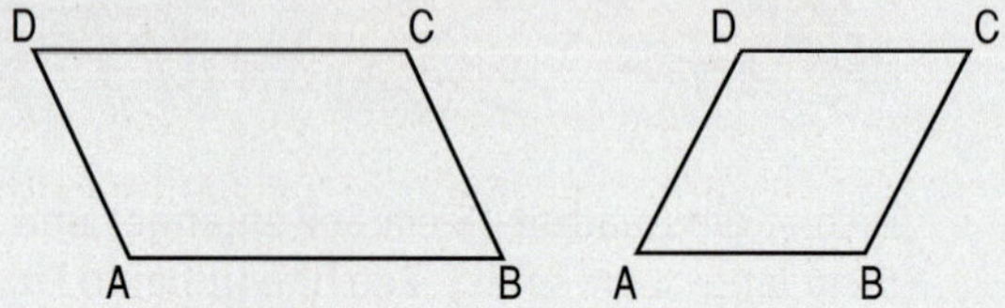

Parallelogramm   Raute

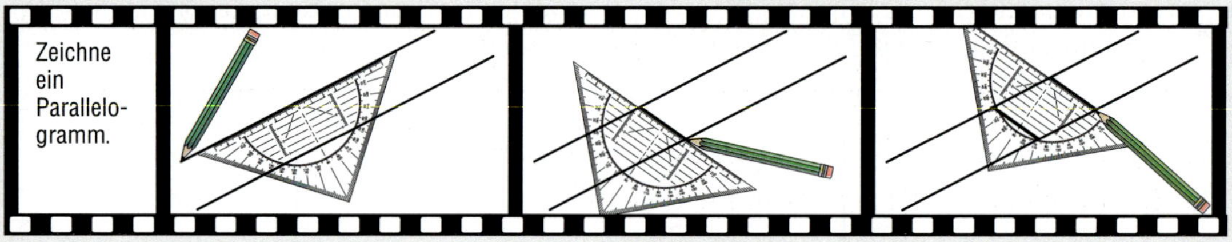

Aufgaben

1. a) Zeichne mit dem Geodreieck zwei Parallelstreifen (Breite 4 cm und 2,5 cm) so, dass sie einmal ein Parallelogramm (kein Rechteck) und einmal ein Rechteck bilden.

b) Zeichne mit zwei gleich breiten Streifen (Breite 5 cm) eine Raute und ein Quadrat.

2. Welche dieser Vierecke sind keine Parallelogramme, welche Parallelogramme sind auch Rauten?

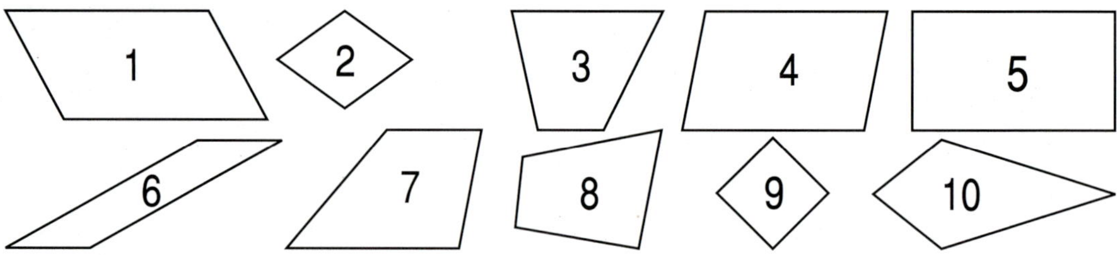

3. Prüfe folgende Behauptungen für Parallelogramm und Raute mit dem Geodreieck.

a) Die Diagonalen sind gleich lang.

b) Die Diagonalen halbieren sich gegenseitig.

c) Die Diagonalen sind senkrecht zueinander.

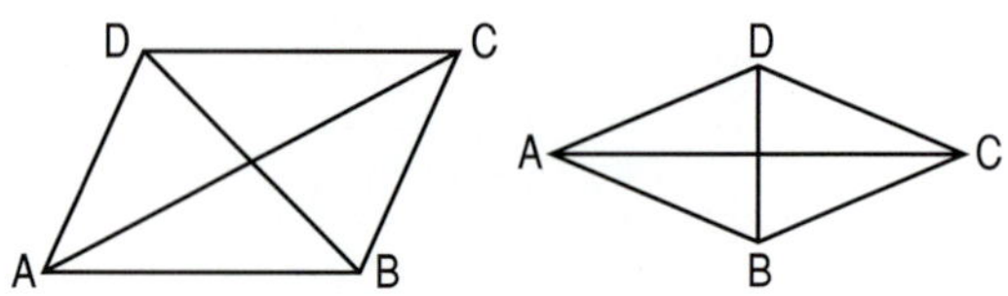

Vermischte Aufgaben

1. Übertrage die Figuren auf ein Blatt Karopapier, schneide sie aus und setze aus ihnen Vierecke zusammen. Welche Vierecke erhältst du?

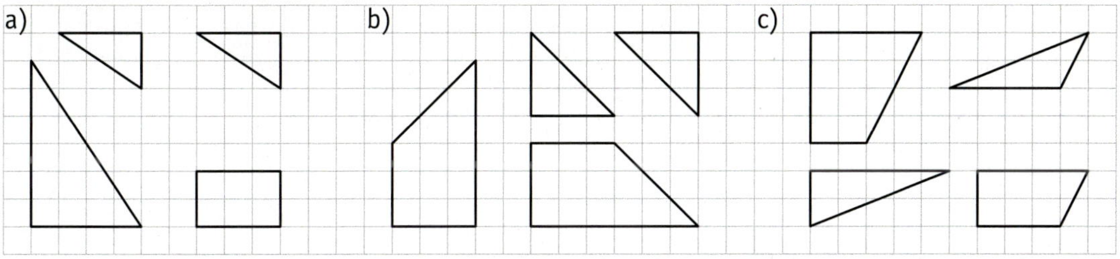

2. Eine Seite eines Rechteckes ist 6 cm lang. Eine der beiden Mittellinien teilt dieses Rechteck in zwei Quadrate. Wie lang kann die andere Seite des Rechteckes sein? Eine Skizze hilft dir, beide Lösungen zu finden.

3. Ordne die Kennkarten dem Quadrat, dem Rechteck, der Raute, dem Parallelogramm zu.

Kennkarte 1	Kennkarte 2	Kennkarte 3	Kennkarte 4
Das Viereck hat vier rechte Winkel.	In dem Viereck sind gegenüberliegende Seiten gleich lang und parallel zueinander.	Das Viereck hat vier gleich lange Seiten, gegenüberliegende Seiten sind parallel zueinander.	Das Viereck hat vier rechte Winkel und vier gleich lange Seiten.

4. a) Zeichne das Dreieck ① in dein Heft. Ergänze zu einem Parallelogramm.
b) Zeichne das Dreieck ② und ergänze zu einer Raute.

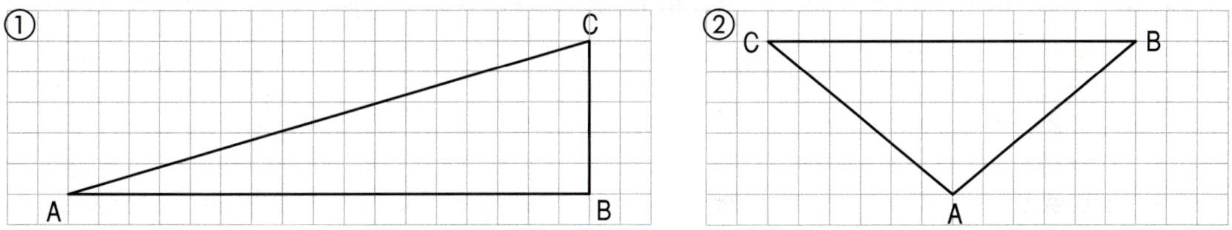

5. Wie viele Rauten entdeckst du? Wie viele Parallelogramme gibt es hier, die keine Rauten sind? Begründe.

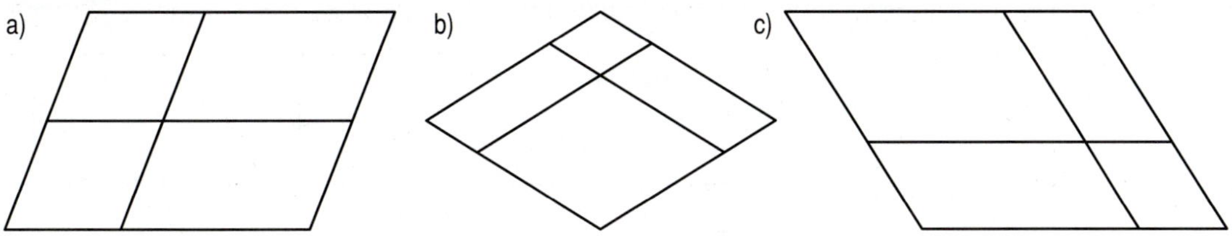

6. Quadrate und Rechtecke wurden entlang der Diagonalen (rot) und entlang der Mittellinien (grün) zerschnitten. Ergänze die Teilfiguren im Heft zur Gesamtfigur.

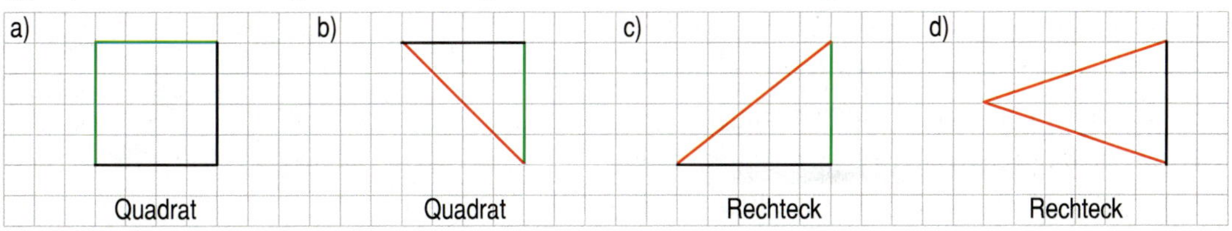

!!!!

Stadtrallye

2. Vom Wasserturm sollen die Kinder durch die Königstraße gehen und ein Gebäude mit vier Säulen suchen.
In welchem Quadrat liegt es? Notiert werden muss der 4. Buchstabe der Sehenswürdigkeit.

3. Schon von weitem ist die Kirche mit den beiden hohen Kirchtürmen zu sehen.
Durch welche Straßen gelangen die Kinder zu der Kirche?
Gesucht ist der 4. Buchstabe des Platzes, auf dem die Kirche steht.

4. Von der Kirche müssen die Kinder 200 m die Braunstraße entlang gehen.
Vor welchem Gebäude stehen sie dann?
Der 1. Buchstabe ist gefragt.

!!!!

5. Das nächste Ziel liegt im Quadrat C1. Der 8. Buchstabe der Sehenswürdigkeit ist zu notieren.

6. Am Ufer des Schlossgrabens (D1/E1/F1/G1/ H1) ist eine Postkarte mit der letzten Aufgabe versteckt. Vor welchem Gebäude kommen die Kinder zur Brücke über den Graben? Der 6. Buchstabe des Gebäudes ist ein weiterer Lösungsbuchstabe.

7. Die Kinder haben die Postkarte gefunden, auf der das Ziel der Rallye abgebildet ist. In welchem Quadrat liegt es? Der Buchstabe des Quadrates ergibt den letzten Lösungsbuchstaben.

8. Richtig geordnet erhält die Gruppe aus den Buchstaben das Lösungswort. Es ist das Schönste an der Schule.

Spiegeln

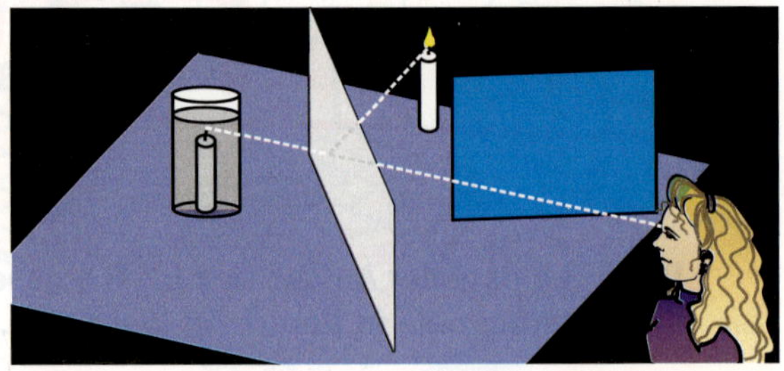

Bei der **Achsenspiegelung** ist die Verbindungsstrecke $\overline{AA'}$ zwischen Original- und Bildpunkt **senkrecht** zur **Spiegelachse** und wird von ihr **halbiert.**

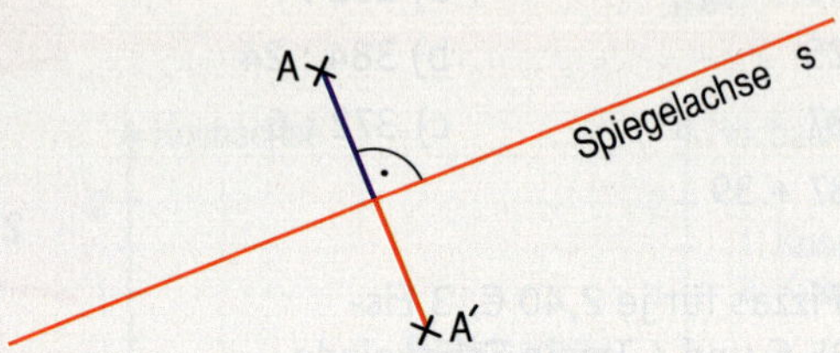

TIPP
Aufpassen:
Die blaue und die rote Strecke müssen gleich lang sein.

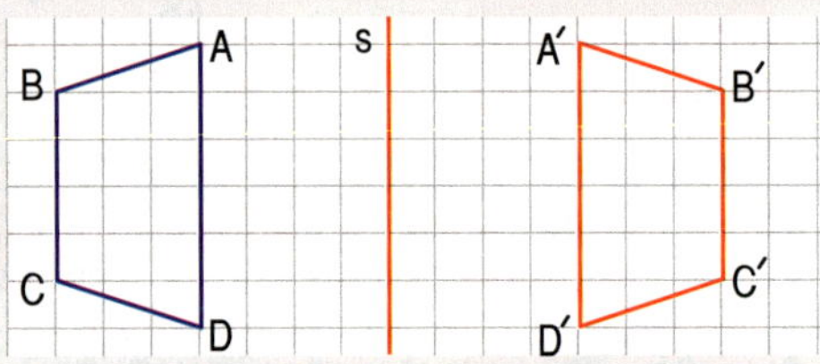

Spiegeln im Quadratgitter

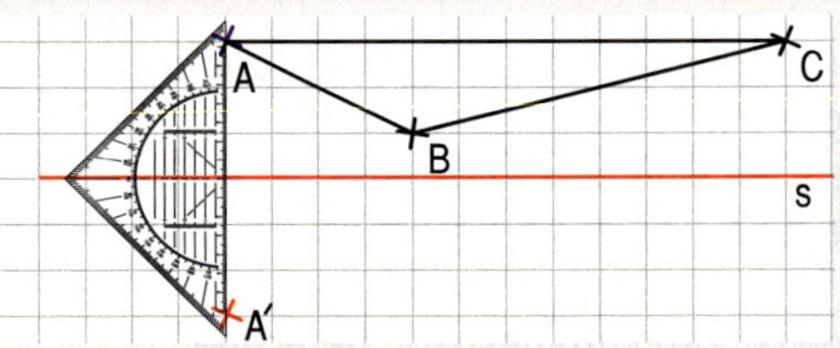

Spiegeln mit dem Geodreieck

Aufgaben

1. Übertrage in ein Quadratgitter und spiegele an der roten Geraden s.

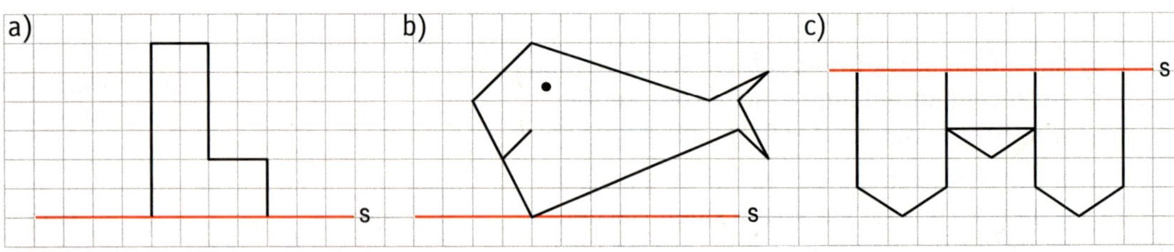

2. Übertrage ins Heft. Zeichne die Gerade ein, an der gespiegelt wurde.

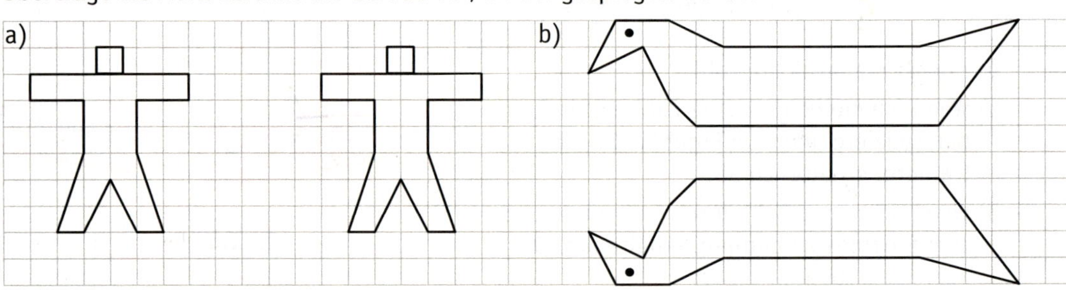

Achsensymmetrische Figuren

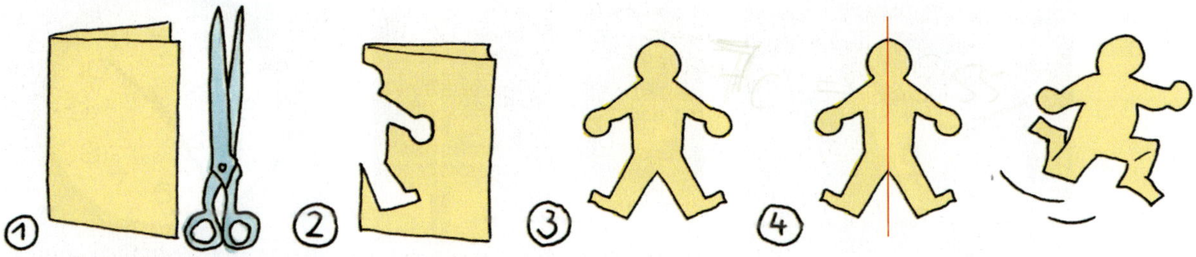

Eine Figur ist **achsensymmetrisch,** wenn man durch sie eine Gerade **(Symmetrieachse)** zeichnen kann, sodass die eine Seite der Figur Spiegelbild der anderen ist.

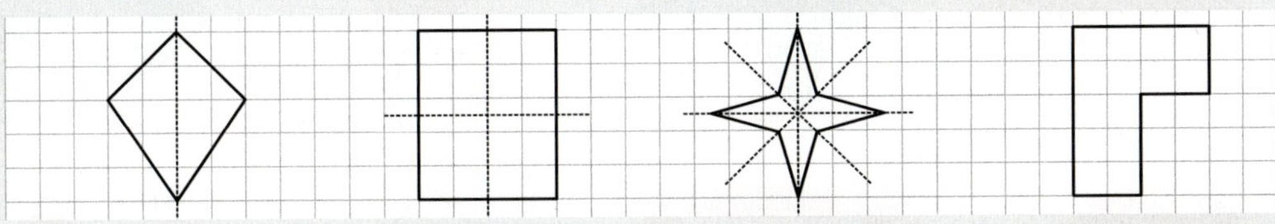

Aufgaben

1. Welche Figur ist achsensymmetrisch? Wie viele Symmetrieachsen hat sie?

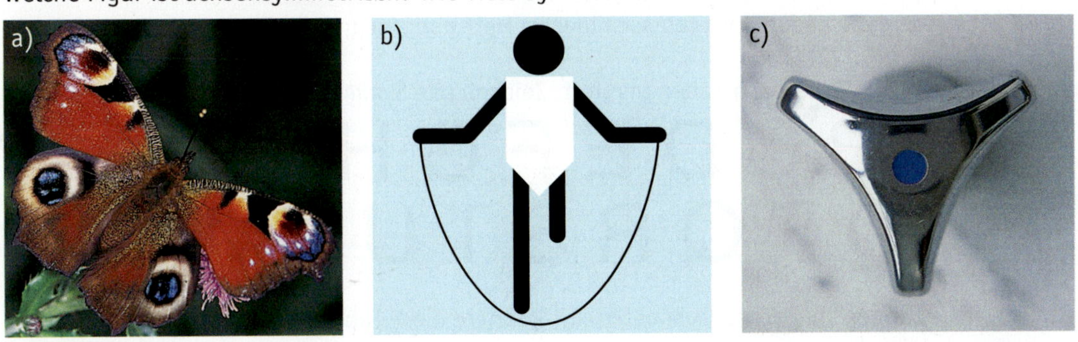

2. Übertrage die Figur ins Heft und ergänze sie zu einer achsensymmetrischen Figur. Die Gerade s ist Symmetrieachse.

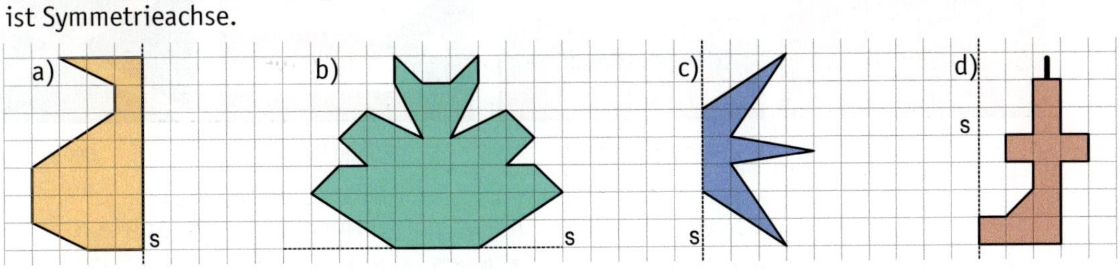

!!!! **3.** Zeichne mit Farben auf Karopapier eine Hälfte einer Figur. Lasse sie von deinem Nachbarn zu einer achsensymmetrischen Figur ergänzen.

4.

a) 
Schießt er mit rechts oder links?

b) 
Rechts - oder Linksabbieger?

c) 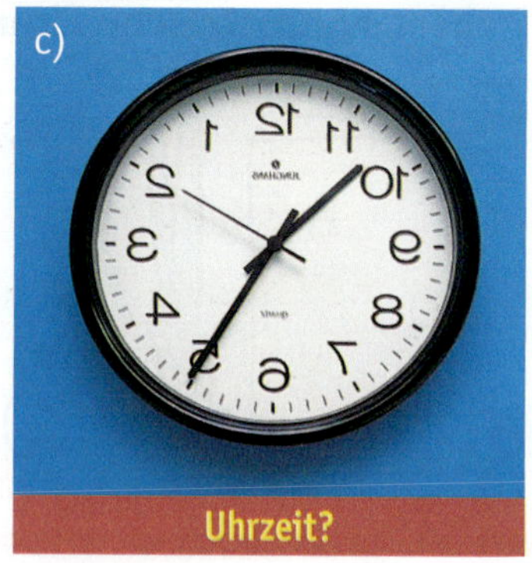
Uhrzeit?

5. Übertrage die Figur ins Heft und zeichne alle Symmetrieachsen ein.

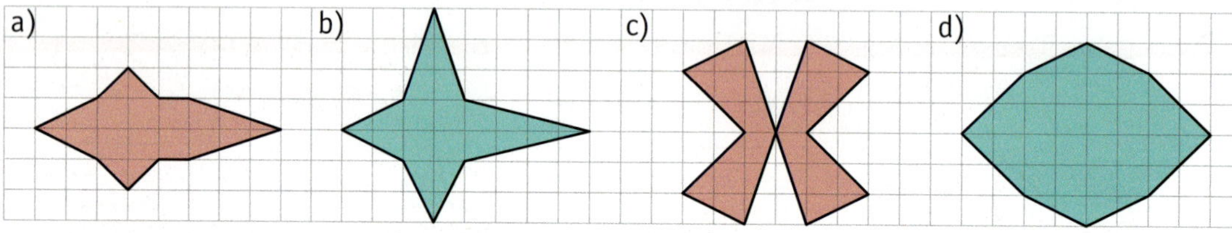

6.

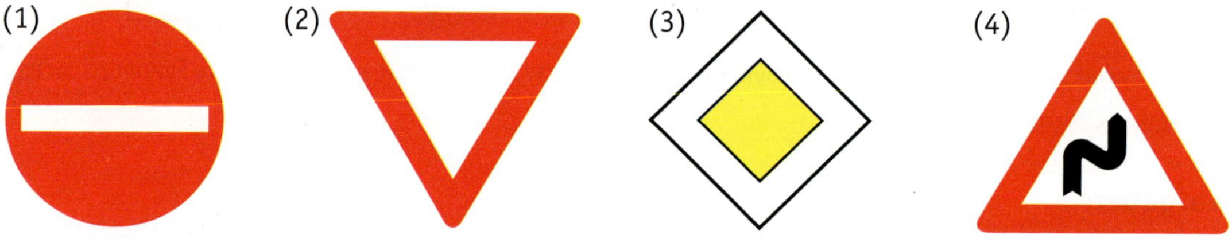

a) Eines der Verkehrsschilder ist *nicht* achsensymmetrisch. Welches?

b) Skizziere die anderen Verkehrsschilder im Heft und zeichne die Symmetrieachsen ein.

7. Übertrage die Druckbuchstaben ins Heft. Zeichne alle Symmetrieachsen ein.

A B C D E F G H I J K L M
N O P Q R S T U V W X Y Z

8. Welche Fahnen sind achsensymmetrisch? Skizziere diese Fahnen im Heft und zeichne die Symmetrieachsen ein.

Trinidad | Venezuela | Puerto Rico | Jamaica

9. Skizziere im Heft mit allen Symmetrieachsen, die es gibt. Erfinde weitere Beispiele.

(1) OTTO (2) MAMA (3) MAOAM (4) AƎBA (5) UHU

(6) 800 (7) 808 (8) 333 (9) 101 (10) 96 (11) 383

Spiegelungen und Symmetrien überall?

1. Warum ist es praktisch, die Frontaufschrift beim Firmenwagen in Spiegel-schrift anzubringen?

2. Entwirf selbst eine Frontaufschrift für ein Auto. Kontrolliere mit einem Taschenspiegel, ob du die Schrift im Spiegel lesen kannst.

3.

Auch hier wurde gespiegelt. Wo liegt die „Spiegelachse"?

4.

a) Wie viele „Symmetrieachsen" haben die Figuren jeweils? Verwende dein Geodreieck als „Spiegel".

b) Suche weitere achsensymmetrische Figuren aus der Umwelt und sortiere nach der Anzahl der Symmetrieachsen.

Symmetrische Figuren basteln

1. Anhänger für Geschenke

2. Girlanden

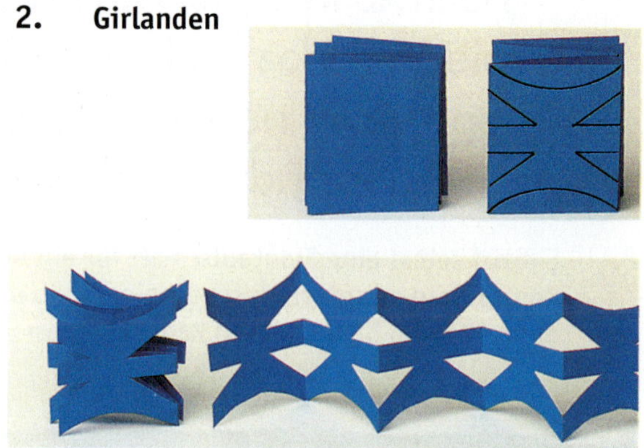

3. Einladungen

4. Tischdekoration

5. Spiel

Bastele ein Domino. Du brauchst mindestens 12 Rechtecke aus Pappe (ca. 8 cm x 4 cm).
Beklebe sie mit symmetrischen Figuren.

a) im Faltschnitt ausschneiden

b) an der Symmetrieachse auseinander schneiden

c) spiegelbildlich an den Rand der Papprechtecke kleben

1.

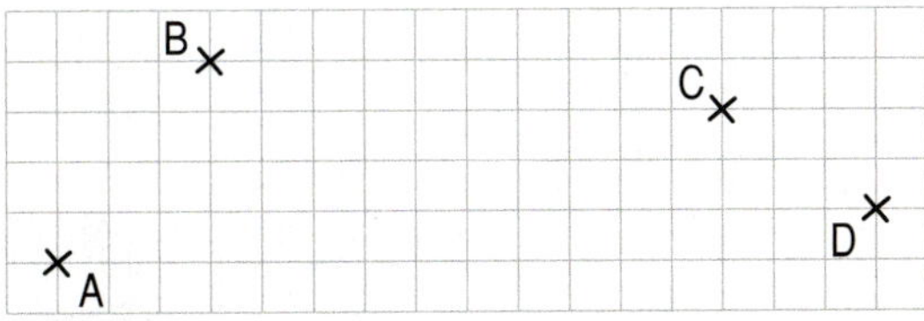

Übertrage ins Heft.

a) Zeichne alle Verbindungsstrecken und ordne sie der Länge nach.

b) Zeichne die Strahlen $\overrightarrow{DB}$, $\overrightarrow{BA}$ und $\overrightarrow{AC}$.

c) Wie viele verschiedene Geraden kannst du zeichnen, wenn jede durch zwei der vier Punkte gehen soll?

2. Übertrage die Punkte von Aufgabe 1.

a) Zeichne die Gerade AB und dann die Senkrechte durch C zu AB.

b) Zeichne die Gerade AD und dann die Parallele durch C zu AD.

c) Bestimme den Abstand des Punktes D von der Geraden AB.

3. a) Zeichne ein Rechteck mit den Seitenlängen a = 7 cm und b = 5 cm.

b) Zeichne seine Diagonalen. Wie lang sind sie?

4. Zeichne ein Quadrat mit a = 5,5 cm.

5. Zeichne mit zwei Streifen (2,5 cm und 5 cm breit) ein Parallelogramm, in dem es keine rechten Winkel gibt.

6. Zeichne mit zwei 4 cm breiten Streifen eine Raute ohne rechte Winkel.

7. Wähle in einem Quadratgitter als Gittereinheit 1 cm, trage die Punkte ein und verbinde sie. Welches Viereck entsteht?

a) A(3|1) B(7|5) C(5|7) D(1|3)

b) A(1|6) B(8|6) C(11|9) D(4|9)

8. Übertrage ins Heft und zeichne Symmetrieachsen ein.

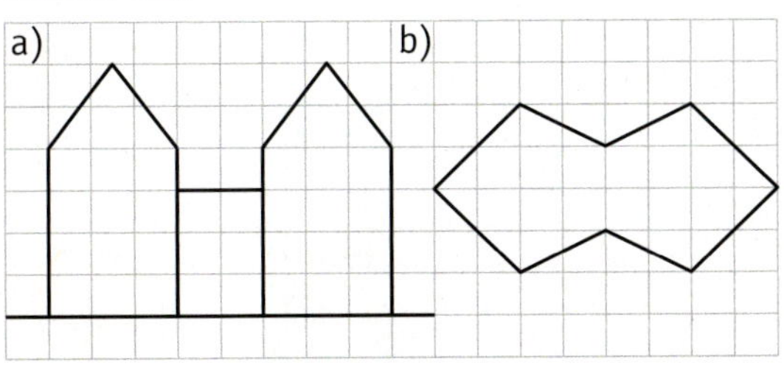

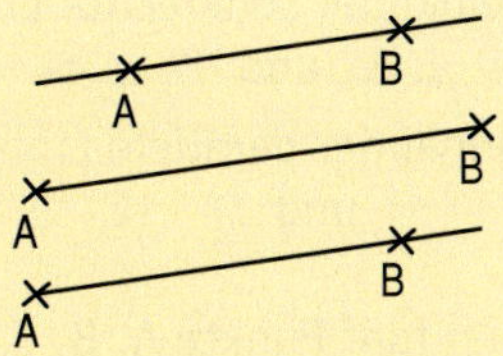

Gerade AB

Strecke $\overline{AB}$

Strahl $\overrightarrow{AB}$

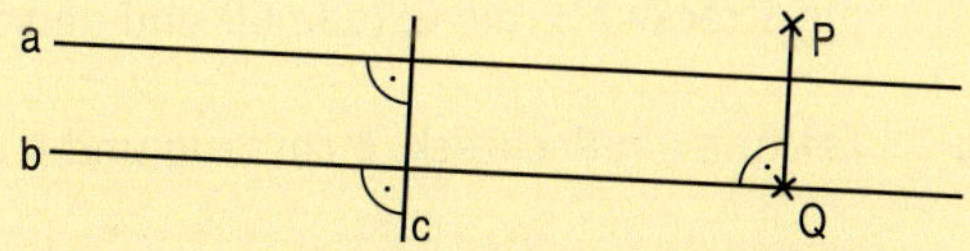

Zwei Geraden a und c, die einen rechten Winkel bilden, sind zueinander **senkrecht** ($a \perp c$).

Zwei Geraden a und b, die beide senkrecht zu einer Geraden c sind, verlaufen zueinander **parallel** ($a \parallel b$).

Die Länge der zu b senkrechten Strecke $\overline{PQ}$ heißt **Abstand** des Punktes P von der Geraden b.

Rechteck:
- vier rechte Winkel
- gegenüberliegende Seiten parallel und gleich lang

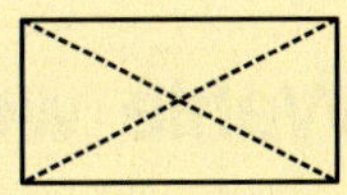

Quadrat:
- Rechteck mit vier gleich langen Seiten

Parallelogramm:
- gegenüberliegende Seiten parallel und gleich lang

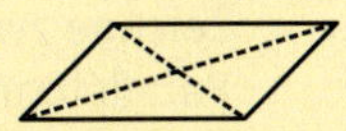

Raute:
- Parallelogramm mit vier gleich langen Seiten

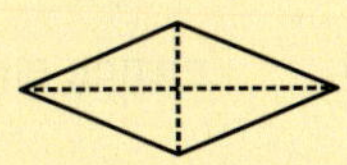

Eine **Diagonale** verbindet gegenüberliegende Eckpunkte.

Der Punkt **P (4|3)** hat die 1. Koordinate 4 und die 2. Koordinate 3.

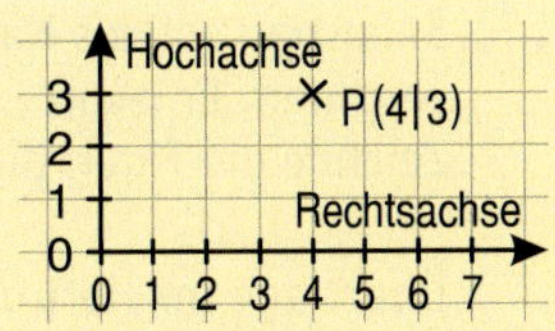

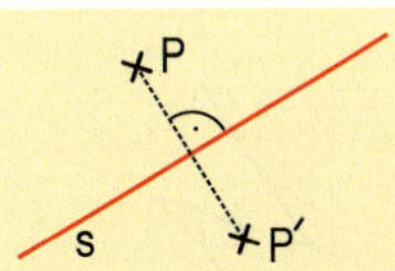

Spiegelachse s

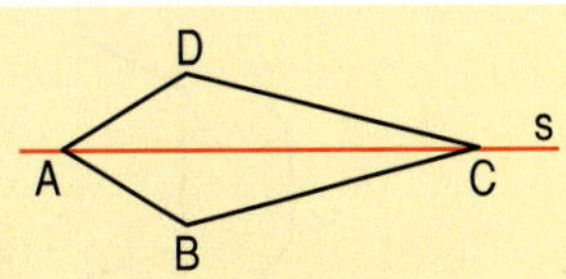

Symmetrieachse s

TESTEN · ÜBEN · VERGLEICHEN

DIAGNOSETEST

1. a) Gib je zwei zueinander senkrechte Linien an. Notiere: ■ ⊥ ■ und ■ ⊥ ■

b) Gib je zwei zueinander parallele Linien an. Notiere: ■ ∥ ■ und ■ ∥ ■

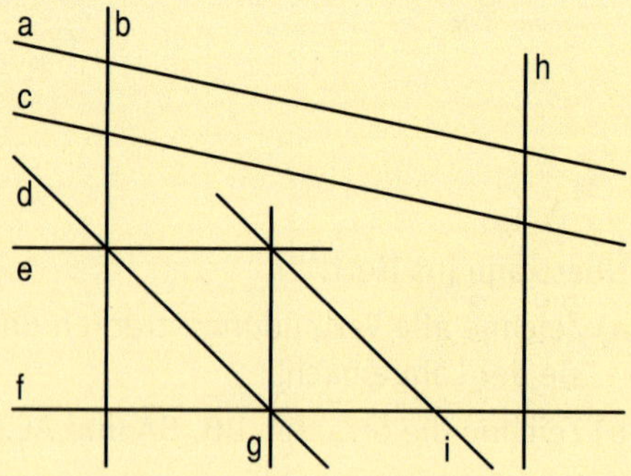

2. Markiere auf Papier fünf Punkte A, B, C, D, E mit einem Kreuz x. Zeichne anschließend die Strecke $\overline{AB}$, die Gerade CD und den Strahl $\overline{BE}$.

3. Zeichne ein Rechteck, 6 cm lang und 4 cm breit.

4. Wie viele Geraden, Strahlen und Strecken erkennst du? Notiere sie.

a) 

b) 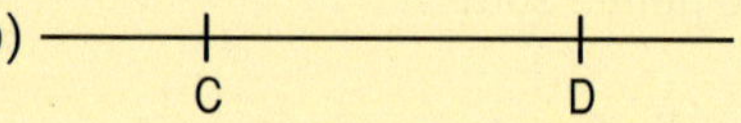

5. Übertrage ins Heft und zeichne alle Symmetrieachsen ein, die es gibt.

a) 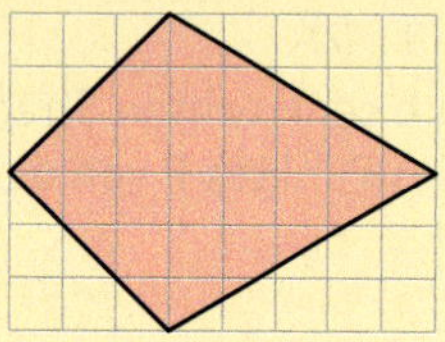

b) 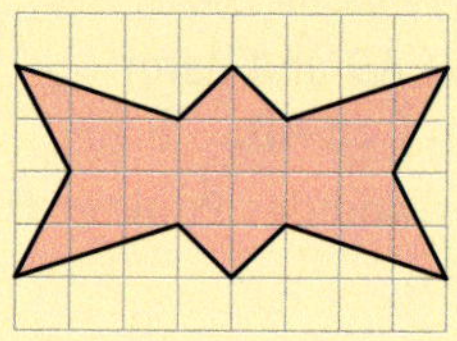

Wähle weitere 5 Aufgaben aus

1. Zeichne und beschrifte drei Geraden a, b, c mit folgenden Eigenschaften:

a) $a \parallel b$ und $a \perp c$ b) $a \perp b$ und $b \parallel c$

2. Zeichne zwei parallele Geraden mit dem Abstand 4 cm. Zeichne in den entstandenen Streifen ein Parallelogramm und eine Raute.

3. Zeichne ein Quadrat, dessen Diagonalen 4 cm lang sind.

4. Trage die Punkte in ein Quadratgitter ein. Zeichne das angegebene Viereck und ergänze die fehlenden Werte.

a) Rechteck: A(3|2) B(9|2) C(9|6) D(|) b) Parallelogramm: A(5|3) B(13|3) C(|) D(1|9)

5. Sebastian soll als Hausaufgabe ein Rechteck, ein Parallelogramm, eine Raute und ein Quadrat zeichnen. Er lacht: „Das schaffe ich mit nur einer Figur!“ Hat Sebastian Recht? Zeichne die Figur, die Sebastian als Hausaufgabe vorlegen kann.

6. Übertrage ins Heft und spiegele an der Geraden s.

a) 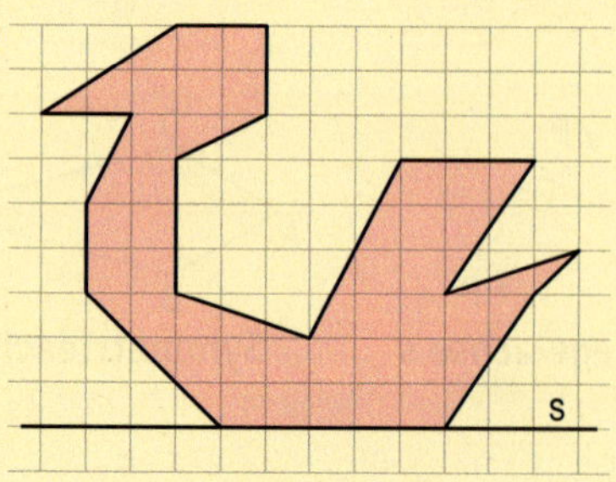

b) 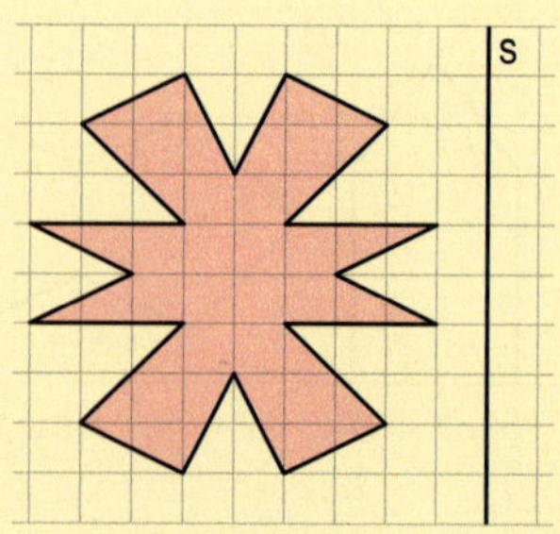

6

Größen

Elle
Spanne
Fingerbreite
Fuß
Klafter

DEUTSCHER REKORD
0307,500 kg
EUROPAREKORD
0320,000 kg
WELTREKORD
0320,000 kg
Stand 2004
Klasse bis 85 kg

Fichtenscheibe. Stammhöhe 3m. Zillis 1818-1992

Geld

Auf

1.

2.

3.

4.

5.

6.

7.

8.

!!!! Neue Trikots für die Schulmannschaft

Flamenco

Trikot	27,– €
Hose	26,– €
Stutzen	6,– €
Handschuhe	24,95 €

Shark

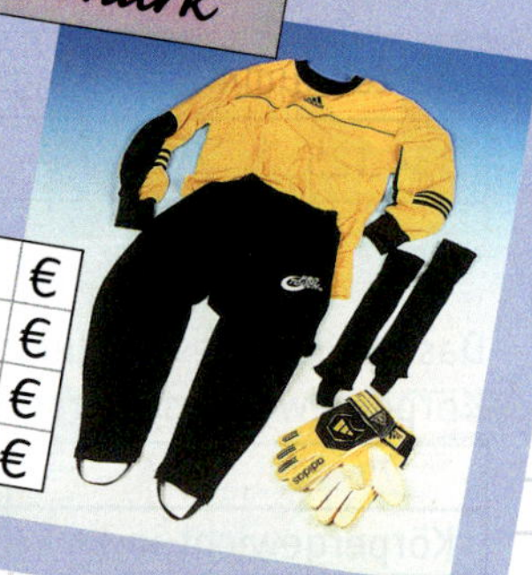

Trikot	29,– €
Hose	40,– €
Stutzen	6,– €
Handschuhe	39,95 €

Madrid

Setpreis 459,– €

Trikot	20,– €
Short	16,– €
Stutzen	5,– €

Set besteht aus:
14 Trikots
14 Shorts
14 Paar Stutzen

Porto

Setpreis 622,– €

Trikot	26,– €
Short	22,– €
Stutzen	7,50 €

Größen

6

Elle
Spanne
Fingerbreite
Fuß
Klafter

DEUTSCHER REKORD
0307,500 kg
EUROPAREKORD
0320,000 kg
WELTREKORD
0320,000 kg
Stand 2004
Klasse bis 85 kg

Fichtenscheibe, Stammhöhe 3m, Zillis 1818-1992
1840
1850
1860
1870
1880
1890
1900
1910
1920
1930
1940
1950
1960
1970
1980
1990
1992

Geld

Aufgaben

1. Wie viel Euro sind das zusammen?

a) 7 Münzen zu 2 € b) 4 Scheine zu 5 € c) 20 Münzen zu 50 Cent
d) 5 Münzen zu 50 Cent e) 13 Münzen zu 2 € f) 15 Münzen zu 10 Cent
g) 3 Scheine zu 500 € h) 6 Scheine zu 20 € i) 3 Scheine zu 20 €

6 Münzen zu 2 €

$6 \cdot 2$ € = 12,00 €
$7 \cdot 50$ Cent = 3,50 €

7 Münzen zu 50 Cent

2. Esther zahlt mit einem 10-€-Schein. Wie viel bekommt sie zurück?

a) 7,50 € b) 4,20 € c) 3,80 € d) 8,68 € e) 7,32 € f) 9,05 €

3. a) Andreas hat 50 €. Was kann er dafür alles kaufen?

b) Er entscheidet sich für das T-Shirt und die Hose. Wie viel muss er zahlen? Wie viel Geld bleibt ihm übrig?

4. Berechne die Summe.

a)	b)	c)	d)
18 €	17 €	25,00 €	105,75 €
89 €	213 €	8,25 €	39,15 €
11 €	429 €	12,65 €	207,50 €

5.

Jan zahlt mit einem 10-€-Schein. Wie viel zahlt er? Wie viel bekommt er zurück?

6. Wie viel Euro sind es ungefähr? Überschlage mit gerundeten Beträgen.

a) 69 € + 19 € + 99 €
b) 123 € + 59 € + 49 €
c) 109,90 € + 17,99 € + 89,80 € + 10,55 €
d) 99,80 € + 58,75 € + 19,90 € + 5,29 €

7. a) $15 \cdot 2$ € + 9 €; $20 \cdot 5$ € + 25 €
b) $6 \cdot 13$ € + $2 \cdot 5$ €; $8 \cdot 12$ € + $6 \cdot 7$ €
c) $2 \cdot 3{,}50$ € + $5 \cdot 1{,}20$ €; $4 \cdot 2{,}25$ € + $8 \cdot 1{,}50$ €

8. Von 1 000 000 € träumt fast jeder einmal. Wie viele Scheine wären es?

a) nur 100-€-Scheine b) nur 50-€-Scheine c) nur 5-€-Scheine

Einkaufen im Supermarkt

!!!!

$2 \cdot 3{,}49\ € =$ [redacted]

$2 \cdot 3{,}50\ € = 7{,}00\ €$
$-\ 2 \cdot 1\ \text{Cent} = 2\ \text{Cent}$
$6{,}98\ €$

Dein Vorteil:
3,49 € gleich 3,50 €
minus 1 Cent.

1. Ulla kauft einen Blumenkohl und zwei Netze Paprika-Mix.
a) Wie viel muss sie bezahlen?
b) Sie zahlt mit einem 10-€-Schein. Wie viel Geld bekommt sie zurück?

2. Wie viel kosten
a) 4 Melonen,
b) 3 Beutel Brokkoli,
c) 6 Blumenkohl?

3. Vergleiche Preis und Menge für
a) Waschpulver,
b) Mineralwasser,
c) Schokolade.

Angebote der Woche:

Waschpulver	
(1 kg):	**3,99 €**
Sparpaket (3 kg):	**11,98 €**
Mineralwasser (ohne Pfand)	
Kasten (12 Flaschen):	**3,38 €**
Einzelflasche:	**0,39 €**
Schokolade	
100-g-Tafel:	**0,49 €**
75-g-Tafel:	**0,39 €**

3 Pakete Butter
4 l Milch
2 Joghurt
1 Netz Paprika-Mix
1 kg Waschpulver

4. Martins Einkaufszettel:
a) Überschlage: Reichen 10 €?
b) Berechne den Preis.
c) Martin zahlt mit einem 20-€-Schein, wie viel erhält er zurück?

5. Arno hat genau 3 €. Wie viel kann er einkaufen?
a) Pakete Butter b) Vollmilch
c) Buttermilch d) Jogurt

6. Überlege, diskutiere mit anderen, begründe: Warum enden so viele Preise mit 9?

Längen schätzen und messen

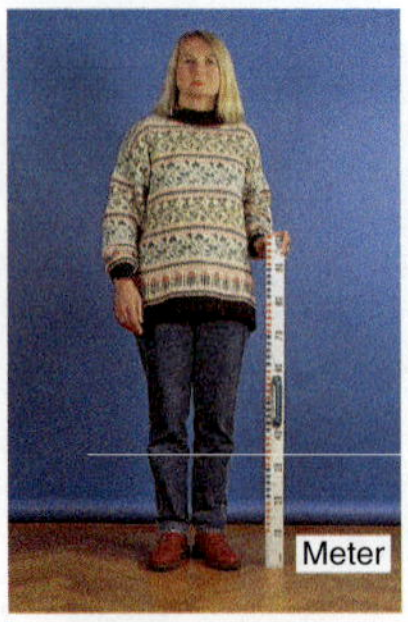

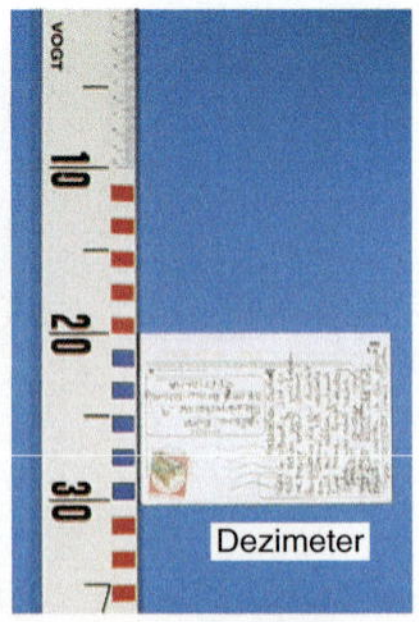

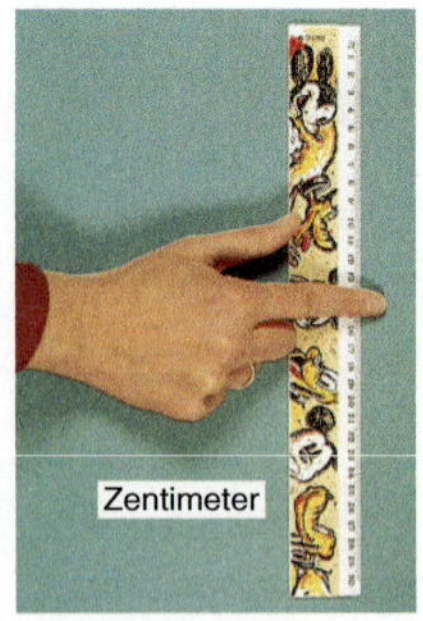

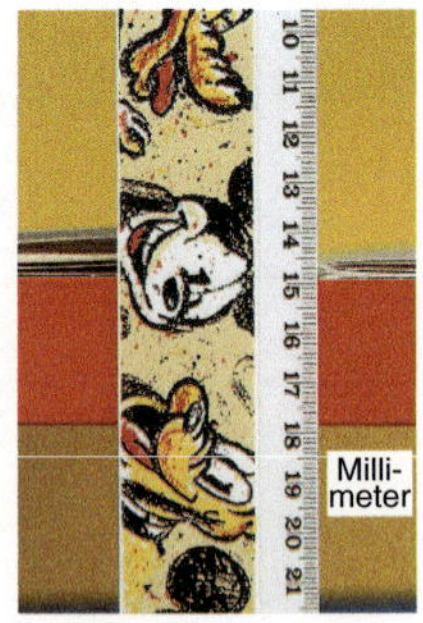

Messen heißt Vergleichen mit einer Einheit.

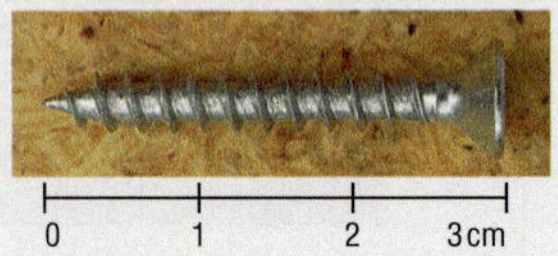

Maßzahl – **3 cm** – Einheit

Aufgaben

1. Früher wurde viel mit den Körpermaßen Spanne und Elle gemessen.
a) Vergleiche deine Spanne mit der Höhe deines Gesichts und mit der Länge deiner Elle.
b) Schätze deine Spanne und Elle in Zentimeter. Miss anschließend mit einem Zentimeterband.

2. a) Marcus Elle ist 33 cm lang. Mit ihr misst er die Höhe der Wand: 12 Ellen. Wie viel cm oder m sind das?
b) Torsten misst dieselbe Länge: 11 Ellen. Wie lang ist seine Elle?

3. a) Monikas Spanne ist 15 cm lang. Mit ihr misst sie die Länge des Tisches: 14 Spannen: Wie viel cm sind das?
b) Yvonne misst dieselbe Länge: 15 Spannen. Wie lang ist ihre Spanne?

!!!! **4.** Olis Vater sagt: „Unsere Straße ist 80 Schritte lang." Oli sagt: „Nein, es sind 120 Schritte." Erkläre, warum beide Recht haben können. Die Straße ist 60 m lang.

5. Ein Stockwerk eines Hauses ist ungefähr 3 m hoch. Schätze die Höhe des Hochhauses und des Baumes.

6. Ein Neubau für eine Bank wird errichtet, insgesamt 50 Stockwerke, das unterste doppelt so hoch (= 6 m) wie die anderen. Wie hoch wird das Gebäude ungefähr?

7. Autos (Pkws) sind ungefähr 5 m lang. Schätze damit:
a) Wie viele Autos stehen in einem 3 km langen Stau auf einer zweispurigen Autobahn?
b) Wie lang ist ein Stau mit 5 000 Autos?

Messen und Umwandeln

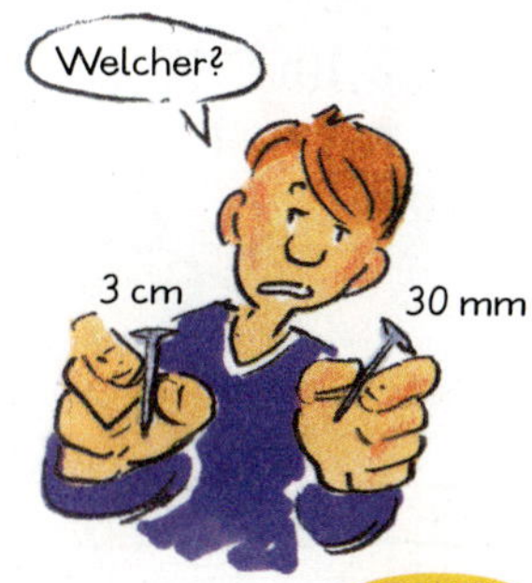

1 km = 1000 m 1 m = 10 dm 1 dm = 10 cm 1 cm = 10 mm

TIPP
Umrechnungszahl 10.

Aufgaben

1. Ordne die passende Länge zu.

a) Türhöhe b) Stuhlbreite c) Handballdurchmesser
d) Türbreite e) Marathonstrecke f) Lokomotivlänge
g) Stadionrunde h) Zündholzlänge i) Wespenstachel
j) Autolänge k) Mt. Everest Höhe l) Triathlon-Schwimmen

42 195 m 45 mm 3 mm
95 cm 5 m 5 dm
23 m 400 m 8 848 m
2 m 17 cm 3 800 m

2. Wie viel Millimeter sind es?

a) 5 cm b) 7 cm c) 2 dm d) 10 cm e) 13 cm f) 20 cm

3. Wie viel Zentimeter und Millimeter sind es? Schreibe so: 12 mm = 1 cm 2 mm.

a) 15 mm b) 43 mm c) 68 mm d) 100 mm e) 175 mm f) 228 mm

4. Wie viel Millimeter sind es?

a) 3 cm 4 mm b) 7 cm 3 mm c) 5 cm 8 mm d) 10 cm 3 mm e) 12 cm 5 mm f) 21 cm 8 mm

5. Wie viel Zentimeter sind es?

a) 2 m b) 6 dm c) 12 m d) 4 m 12 cm e) 6 m 8 dm f) 2 m 75 cm
7 m 3 dm 25 m 6 m 30 cm 12 m 4 dm 6 m 15 cm

TIPP
1 m = 10 dm = 100 cm

6. Wie viel Meter und Zentimeter sind es?

a) 250 cm b) 207 cm c) 317 cm d) 860 cm e) 745 cm f) 1 000 cm
315 cm 412 cm 468 cm 583 cm 103 cm 1 400 cm

7. Wie viel Meter sind es?

a) 3 km b) 7 km c) 15 km d) 3 km 400 m e) 5 km 250 m f) 7 km 355 m

8. Wie viel Kilometer und Meter sind es?

a) 1 500 m b) 3 700 m c) 8 240 m d) 4 025 m e) 12 400 m f) 100 000 m

9. Automaße werden im Verkaufsprospekt in Millimetern angegeben.
Wie viel Meter, Zentimeter und Millimeter ist das Auto
a) lang b) breit c) hoch?

Länge:	4 020 mm
Breite:	1 578 mm
Höhe:	1 441 mm

Kommaschreibweise

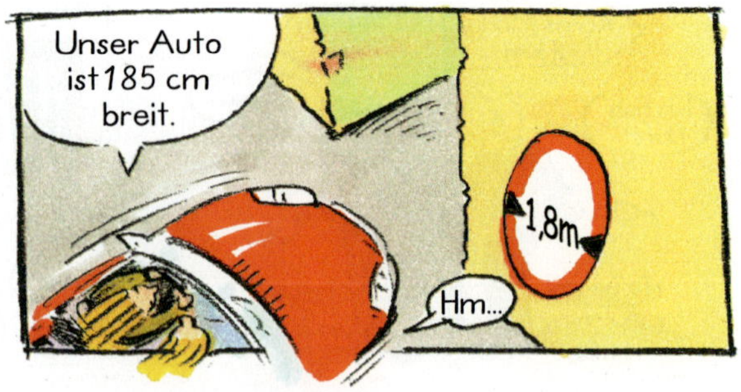

cm	mm
10	5

10,5 cm = 10 cm 5 mm = 105 mm

m	cm	
0	3	5

0,35 m = 0 m 35 cm = 35 cm

km			m
12	5	0	0

12,5 km = 12 km 500 m = 12 500 m

Aufgaben

1. Wie viel Zentimeter sind es? Schreibe mit Komma.
a) 25 mm b) 73 mm c) 56 mm d) 98 mm e) 121 mm f) 3 mm

2. Wie viel Millimeter sind es?
a) 3,2 cm b) 0,7 cm c) 5,3 cm d) 8,6 cm e) 11,2 cm f) 15,3 cm

3. Für Kinder ist die Kleidergröße gleich Körperlänge in cm.
a) Esthers Vater weiß, dass sie 1,46 m groß ist. Er möchte ihr eine Jacke kaufen. Welche Größe muss er wählen?
b) Für Esthers Bruder Jan wird eine Hose in Größe 128 gekauft. Wie groß ist Jan, wenn die Hose genau passt?

4. Wie viel Zentimeter sind es?
a) 1,75 m b) 0,53 m c) 2,35 m d) 3,70 m

5. Wie viel Meter sind es? Schreibe mit Komma.
a) 127 cm b) 168 cm c) 258 cm d) 83 cm

6. Wie viel Meter sind es?
a) 1,8 km b) 1,25 km c) 0,7 km d) 4,5 km e) 10,3 km f) 12,7 km

7. Wie viel Kilometer sind es? Schreibe mit Komma.
a) 3 500 m b) 800 m c) 1 600 m d) 1 750 m e) 8 700 m f) 12 300 m

8. Wie viel ganze Kilometer sind es ungefähr? Runde.
a) 1,3 km; 1,8 km; 4,5 km
b) 3,7 km; 2,9 km; 2,2 km
c) 3,4 km; 1,6 km; 9,9 km
d) 48,3 km; 70,6 km; 119,8 km

TIPP
Bei 0, 1, 2, 3, 4 abrunden, sonst aufrunden.

9. Wie viel ganze Meter sind es ungefähr? Runde.
a) 1,20 m b) 2,85 m c) 2,48 m d) 9,75 m e) 10,83 m f) 8,57 m g) 6,39 m

Rechnen mit Längenmaßen

Rechnen mit Längenmaßen in Kommaschreibweise erfolgt schrittweise:

① Umwandeln in eine kleinere Einheit, ohne Komma ② Rechnen ohne Komma ③ Umwandeln in die ursprüngliche Einheit

3,84 m – 1,73 m	=	384 cm – 173 cm	=	211 cm	=	2,11 m
	①		②		③	
1,6 km · 4	=	1 600 m · 4	=	6 400 m	=	6,4 km

Aufgaben

1. a) 2,60 m + 1,50 m; 1,75 m + 0,80 m b) 4,83 m – 2,58 m; 5,35 m – 1,75 m c) 6,24 m + 2,49 m; 7,27 m – 2,84 m d) 3,34 m – 1,99 m; 5,64 m + 2,58 m

2. a) 1,30 m · 7; 8,45 m · 8 b) 12,75 m · 5; 18,25 m · 9 c) 15,75 m : 3; 18,20 m : 4 d) 38,10 m : 6; 6,35 m · 7

3. a) 15,4 cm + 6,8 cm; 32,7 cm + 8,1 cm b) 42,3 cm + 28,7 cm; 29,4 cm + 38,9 cm c) 48,6 cm – 24,5 cm; 67,2 cm – 21,9 cm d) 35,6 cm – 27,6 cm; 42,3 cm – 18,9 cm

4. a) 12,4 km + 4,8 km; 18,6 km – 4,3 km b) 23,4 km – 9,9 km; 53,2 km + 19,8 km c) 8,4 km : 3; 4,3 km · 5 d) 24,720 km : 6; 13,125 km · 4

5. Ein 3,50 m breites Regal wird durch ein Anbauteil um 75 cm verbreitert. Wie viel Meter ist die neue Regalbreite?

3,50 m + 75 cm
= 350 cm + 75 cm
...

6. Der Radweg von Marlach zum Kloster Schöntal ist 9,4 km lang, davon sind 7,8 km geteert. Wie lang ist die nicht geteerte Strecke?

7. a) 12,7 km + 0,9 km; 9,4 km – 2,7 km b) 24,25 m – 2,75 m; 16,25 m + 7,85 m c) 2,5 km – 0,8 km; 8,3 km + 1,7 km d) 4,65 m + 2,28 m; 7,42 m – 3,91 m

8. Wie viele 75 cm breite Regale passen an eine 6 m lange Wand?

6 m : 75 cm
= 600 cm : 75 cm
= ...

Zuerst alle Längen in derselben Einheit!

9. a) 3,2 m : 80 cm; 4,9 m : 70 cm b) 6,25 m : 125 cm; 1,25 m : 25 cm c) 4,2 km : 600 m; 5,4 km : 450 m

Vermischte Aufgaben

1. An der Kirche in Schwäbisch Hall ist eine „Norm-Elle“ in der Mauer zum Marktplatz.

a) Wozu brauchte man sie? Jeder Mensch hat doch eine Elle am eigenen Körper. Überlege, vertritt und begründe deine Meinung gegenüber anderen.

b) Die Norm-Elle ist 610 mm lang. Wie viel Zentimeter sind das?

c) Wie viel Meter sind 4 Ellen (= 1 Klafter)?

2. Im Alten Testament (1. Moses 7) steht, wie Noah seine Arche bauen sollte: „Dreihundert Ellen sei die Länge, fünfzig Ellen die Breite und dreißig Ellen die Höhe.“ Wie groß sind die Abmessungen der Arche in Meter? Rechne mit dem gerundeten Wert 1 Elle ≈ 0,44 m (1 Elle = 0,444 m im alten Testament).

3. Wandle um: Kilometer in Meter und umgekehrt Meter in Kilometer.

a) 3,5 km b) 9,8 km c) 0,7 km d) 5 700 m e) 8 400 m f) 600 m

4. Wandle um: Meter in Zentimeter und umgekehrt.

a) 1,80 m b) 8,10 m c) 13,9 m d) 390 cm e) 275 cm f) 85 cm

5. Die Länge von Schrauben wird in Millimeter angegeben.
Wandle um: Zentimeter in Millimeter und umgekehrt.

a) 4,5 cm b) 12,7 cm c) 63 mm d) 248 mm

6. Wie viel Zentimeter fehlen am ganzen Meter?

a) 70 cm b) 29 cm c) 63 cm d) 0,47 m e) 0,23 m f) 0,5 m

7. Wie viel Meter fehlen am ganzen Kilometer?

a) 400 m b) 350 m c) 486 m d) 0,7 km e) 0,350 km f) 0,5 km

8. Ordne die Längen nach der Größe, beginne mit der kleinsten.

a) 250 cm 205 cm 199 cm 25 cm

b) 325 m 3,52 m 340 cm 4,1 m

c) 4 km 300 m 4,6 km 3 900 m 4,500 km

d) 6,3 km 3 600 m 6,090 km 6,9 km

9. Runde auf ganze Zentimeter.

a) 8,6 cm b) 12,3 cm c) 38,4 cm d) 24,7 cm e) 14,9 cm f) 19,8 cm

10. Runde auf ganze Meter.

a) 24,70 m b) 7,42 m c) 9,91 m d) 12,92 m e) 19,47 m f) 74,50 m

11. Runde auf ganze Kilometer.

a) 5,290 km b) 2,950 km c) 9,250 km d) 21,5 km e) 15,3 km f) 19,6 km

12.

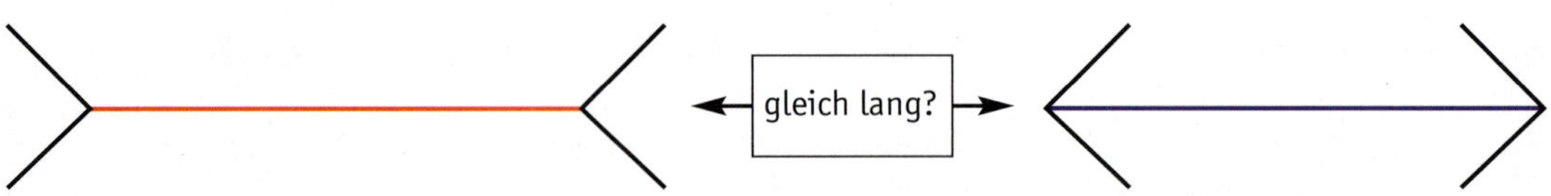

13. 

a) Jeder Wagen des Zuges ist 26,80 m lang, die Lokomotive 16,64 m. Wie lang ist der Zug?
b) Jeder Wagen hat 124 Sitzplätze. Wie viele hat der ganze Zug?
c) Wie viele Pkws mit 5 Sitzplätzen haben ungefähr dieselbe Anzahl Plätze wie der Zug?

14. a) 24,7 m + 18,6 m
24,7 m – 18,6 m
b) 14,25 m + 8,55 m
8,94 m – 4,63 m
c) 56,70 m + 26,20 m
42,80 m – 18,30 m
d) 16,78 m + 19,64 m
22,64 m – 19,49 m

15. Der Flur in Tamaras Schule ist mit Platten ausgelegt. Tamara zählt für die Länge des Flures 32 Platten. Jede Platte ist 4 dm lang. Berechne die Länge in Meter.

16. a) 0,6 m · 24
1,59 m : 3
b) 0,960 km : 8
10,5 km · 6
c) 22,7 cm · 9
50,4 cm : 9
d) 5,40 m · 12
45,60 m : 12

17. Vier gleich hohe Steinquader wurden zu einer Säule aufeinander gesetzt. Diese Säule ist insgesamt 2,48 m hoch. Wie hoch sind die einzelnen Steinquader?

18. Die Marathonstrecke ist 42,195 km lang.
a) Runde die Streckenlänge auf ganze km.
b) Wie viele Stadionrunden (400 m) ergeben ungefähr die Länge des Marathons?
c) Beim Wandern schaffst du 5 km in einer Stunde. Wie lange wärst du ungefähr auf der Marathonstrecke unterwegs?
d) Vergleiche die Marathonstrecke mit der Länge deines Schulweges.

19. Bei einem Radrennen werden 20 Runden gefahren, jede 7,2 km lang.
a) Wie lang ist die Gesamtstrecke des Rennens?
b) Du schaffst etwa 20 km in einer Stunde. Wie lange etwa wärst du auf der Strecke?
c) Rennfahrer fahren etwa 40 km pro Stunde. Wie lange ungefähr dauert das Rennen?

20. Wasser ist aufs Blatt gespritzt und hat einiges verwischt. Kannst du es ergänzen?

a) 7,23 m – [redacted] = 6,08 m
b) [redacted] + 2,73 m = 5,48 m
c) 12,6 m : [redacted] = 0,6 m
d) 3,1[redacted] m + 2,7[redacted] m = 5,88 m
e) 2[redacted] m · 9 = [redacted]1,6 m
f) [redacted],2 m : [redacted]4 = 2,[redacted] m

21. Wie viel Kilometer sind 1 Million Millimeter? Wie lange brauchst du, um so weit zu laufen?

!!!! **22.** Stelle jeweils eine Frage, notiere und präsentiere deinen Lösungsweg.
a) Karsten sprang bei den Bundesjugendspielen 20 cm weiter als Andreas. Ihre beiden Weiten betrugen zusammen 7,40 m.
b) Silke ist 3 cm größer als Carla. Monika ist 3 cm kleiner als Silke. Alle drei zusammen sind 4,44 m groß.

Maßstab

Maßstab 1:5 (gelesen „1 zu 5") verkleinert das Original: 1 cm im Bild ist 5 cm in Wirklichkeit.
Maßstab 5:1 (gelesen „5 zu 1") vergrößert das Original: 5 cm im Bild sind 1 cm in Wirklichkeit.

Aufgaben

1.

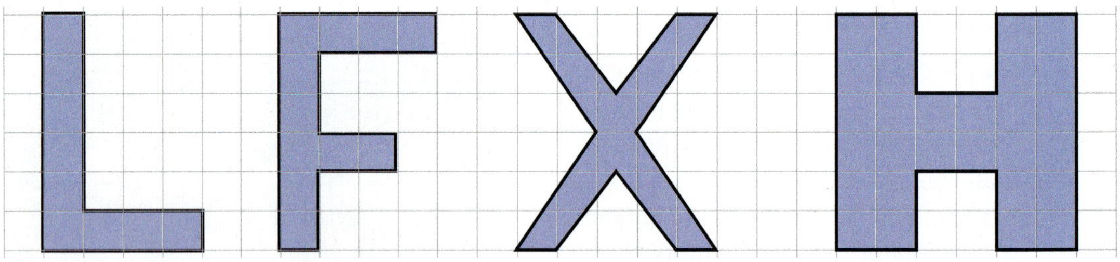

a) Vergrößere im Maßstab 4:1 b) Vergrößere im Maßstab 3:1 c) Vergrößere im Maßstab 2:1 d) Verkleinere im Maßstab 1:2

2.

a) Buchdrucker 8:1

b) Feuerkäfer 3:1

c) Biber 1:25

Miss die Längen im Bild und berechne mit dem angegebenen Maßstab die Längen in der Wirklichkeit.

3. Zeichne von Andreas Zimmer einen Plan im Maßstab 1:50.

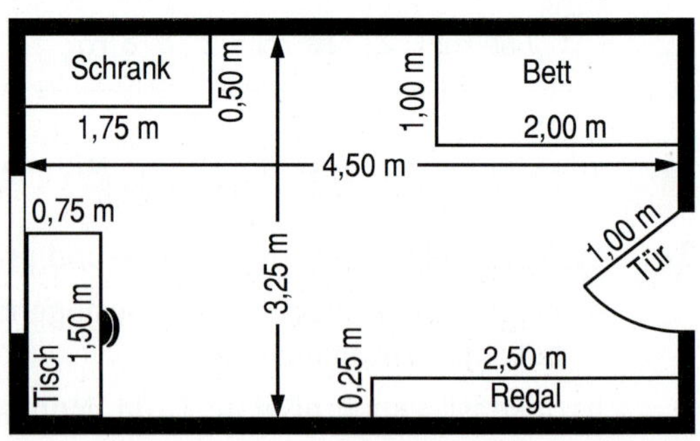

4. Bestimme die fehlende Angabe.

	in Wirklichkeit	Maßstab	im Bild
a)	5 m	1:100	
b)		1:10	15 cm
c)	12 m		6 cm
d)	3,75 m	1:25	

5. Irinas Modell-Segelflugzeug hat folgende Maße:

Rumpflänge:	108 cm
Spannweite:	248 cm
Höhe Leitwerk:	27 cm

Es ist im Maßstab 1:12 die Verkleinerung eines wirklichen Segelflugzeuges. Berechne dessen Maße in Meter.

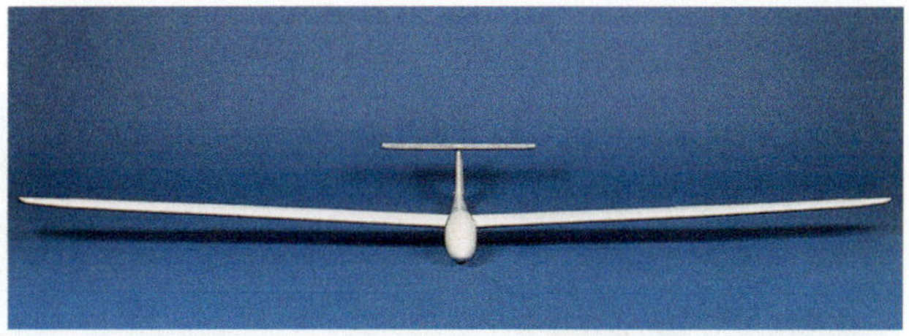

6.

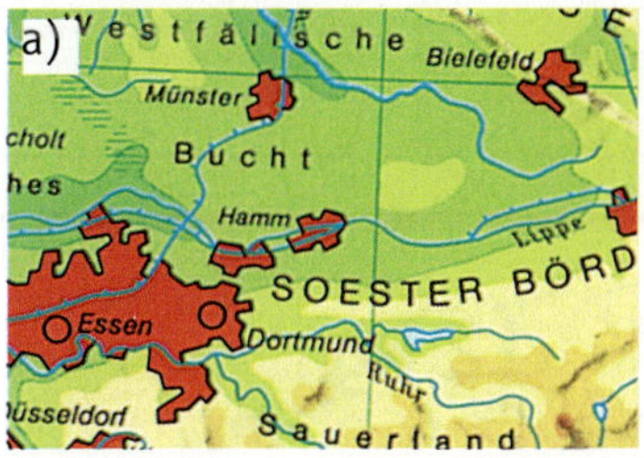

Ordne den passenden Maßstab zu: 1:200 000, 1:75 000 und 1:3 000 000.

7. Wie viel km in Wirklichkeit ist 1 cm auf der Landkarte?

a) 1:100 000 (Wanderkarte) b) 1:300 000 (Straßenkarte)

c) 1:5 000 000 (Atlas, Europa) d) 1:60 000 000 (Atlas, Welt)

Maßstab 1:200 000
1 cm für 200 000 cm
1 cm für 200 0~~00~~ m
1 cm für 2 ~~00 000~~ km

1 m = 100 cm

1 km = 1 000 m

8. Bestimme den Maßstab der Landkarte.

a) 1 cm für 4 km b) 1 cm für 25 km c) 1 cm für 10 km

d) 1 cm für 0,5 km e) 1 cm für 0,25 km f) 1 cm für 0,1 km

9. Bestimme den Maßstab der Landkarte und die schwarz markierte Luftlinienentfernung.

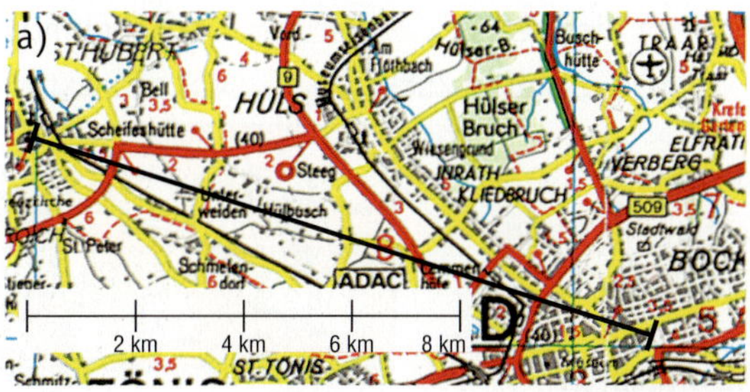

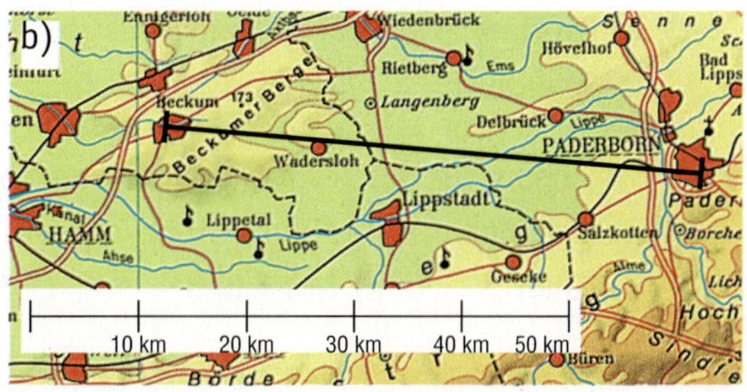

10. Manuela hat auf einer Landkarte mit dem Maßstab 1:5 000 000 Luftlinienentfernungen gemessen. Wie viel km sind es in Wirklichkeit?

a) Stuttgart – Hamburg 11 cm b) Berlin – Warschau 10 cm c) Berlin – Mailand 17 cm

d) Berlin – Budapest 14 cm e) Berlin – Stockholm 16 cm f) Hamburg – Kopenhagen 5 cm

11. Familie Burkhardt plant eine Wanderung. Ihre Landkarte hat den Maßstab 1:50 000.

a) Bis zum Zielort sind es auf der Karte 24 cm. Wie lang ist der Weg mit Rückweg?

b) Sie wandern etwa 5 km in einer Stunde. Wie lang ungefähr wird die Gehzeit sein?

12. a) So genannte Messtischblätter haben den Maßstab 1:25 000. Wie viel km entsprechen 1 cm auf der Karte?

b) Ein Stadtplan hat den Maßstab 1:2 500. Wie lang ist auf ihm eine 100 m lange Straße gezeichnet?

c) Ein 500 km breiter Streifen soll auf eine 20 cm breite Landkarte. Mit welchem Maßstab gelingt das?

Masse*

1 Tonne (1 t)

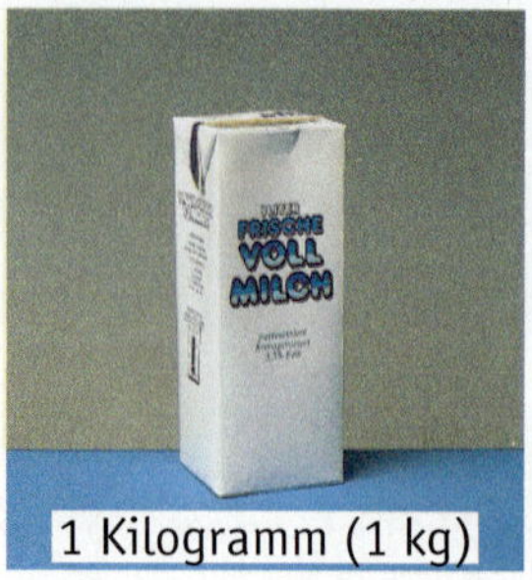
1 Kilogramm (1 kg)

1 Gramm (1 g)

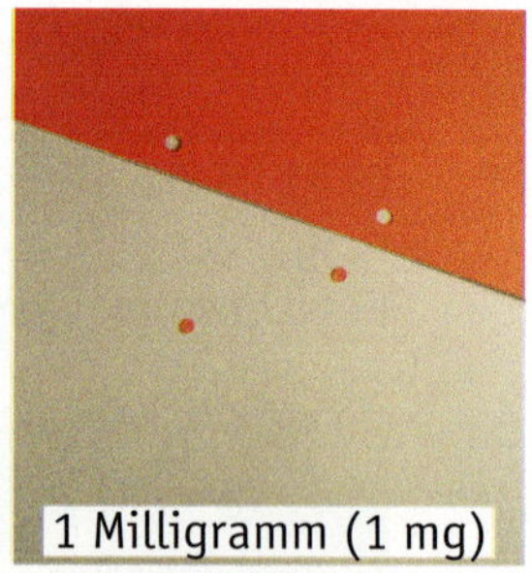
1 Milligramm (1 mg)

1 t = 1 000 kg 1 kg = 1 000 g 1 g = 1 000 mg

Maßzahl **12 kg** Einheit

TIPP
Umrechnungszahl 1 000.

Aufgaben

1.

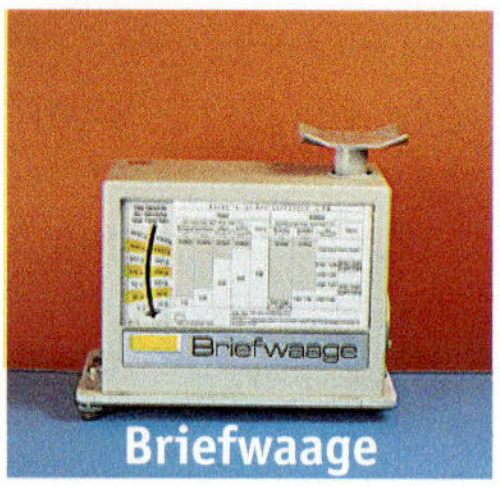
Briefwaage

Küchenwaage

Personenwaage

Großwaage

Mit welcher Waage würdest du das wiegen?

a) Packung Mehl b) Minibus c) dich selbst d) Schulheft
e) Schulbuch f) Waschmaschine g) 1 Esslöffel Zucker h) gepackter Koffer

2. Wie viel wiegt das? Ordne die Massen richtig zu.

a) Brötchen b) 2-Euro-Stück c) Literflasche Sprudel
d) Füller e) Turnschuh f) Staubsauger

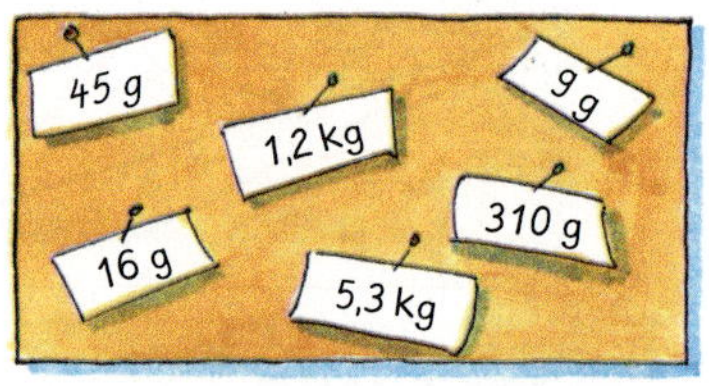

3. Mit welcher Maßeinheit würdest du die Masse angeben?

a) Lkw-Ladung b) Fernsehgerät c) Brotlaib d) Tortenstück

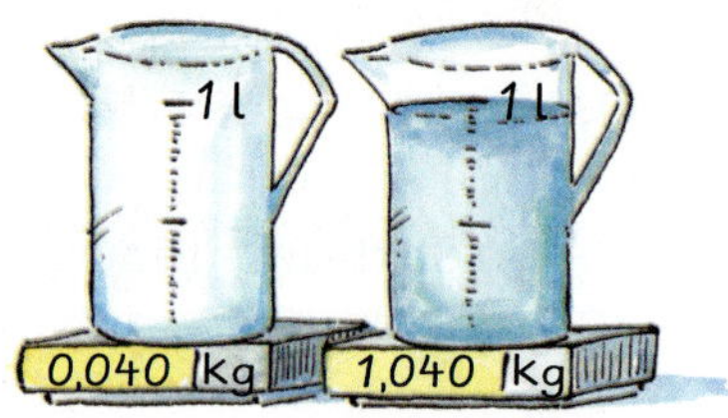

4. 1 Liter Wasser wiegt 1 kg. Erkläre anderen den Messvorgang.

5. Was kannst du leichter tragen: 1 Kilo Blei oder 1 Kilo Styropor?

6.

Ordne danach, wer mehr wiegt, vom Leichtesten zum Schwersten.

*) In der Umgangssprache wird dafür häufig das Wort „Gewicht" verwendet.

7. Wie viel Gramm sind das?

a) 3 kg b) 5 kg c) 10 kg d) 4 kg 800 g e) 2 kg 515 g f) 11 kg 300 g

8. Wie viel Kilogramm und Gramm sind das?

a) 1 300 g b) 2 700 g c) 2 870 g d) 10 700 g e) 3 050 g f) 10 100 g

9. Brote werden gewogen. Wie viel Gramm wiegen sie mehr oder weniger als 1 kg?

a) 1 085 g b) 995 g c) 1 055 g d) 935 g e) 967 g f) 1 034 g

10. a) Wiegen die Zutaten für Teufelsküsse insgesamt mehr oder weniger als 1 kg?

b) Werden die fertigen Teufelsküsse genauso viel wiegen? Überlege und begründe deine Antwort.

Teufelsküsse

250 g Butter
100 g Puderzucker
100 g Schokolade (gerieben)
50 g Mehl
250 g Speisestärke

Butter und Zucker schaumig rühren, Schokolade, Mehl und Speisestärke dazu. Kleine Kugeln auf ein Blech setzen und für 10 min in den 190 °C warmen Backofen schieben.

11. Ergänze zum ganzen Kilogramm.

a) 600 g b) 840 g c) 873 g
790 g 480 g 948 g

12. Wie viel Kilogramm sind es ungefähr? Runde.

a) 2 730 g b) 7 230 g c) 12 470 g d) 5 493 g
3 280 g 8 610 g 12 560 g 6 712 g

2 480 g ≈ 2 000 g ≈ 2 kg
2 503 g ≈ 3 000 g ≈ 3 kg

13. Durch unterschiedliche Ausstattung wiegt dasselbe Automodell unterschiedlich viel. Um wie viel Kilogramm wird 1 Tonne unter- oder überschritten?

a) 945 kg b) 1 055 kg c) 982 kg d) 1 087 kg e) 1 109 kg f) 973 kg

14. Wie viel Kilogramm fehlen für eine ganze Tonne?

a) 800 kg b) 753 kg c) 418 kg d) 707 kg e) 897 kg f) 697 kg

15. Wie viel Kilogramm sind es?

a) 12 t b) 43 t c) 8 t 200 kg d) 9 t 370 kg e) 17 t 500 kg f) 6 t 60 kg

16. Wie viel Tonnen und Kilogramm sind es?

a) 4 320 kg b) 9 430 kg c) 7 510 kg d) 12 080 kg e) 11 910 kg f) 19 640 kg

17. Wie viel Tonnen sind es ungefähr? Runde auf ganze Tonnen.

a) 7 820 kg b) 7 420 kg c) 9 390 kg d) 10 671 kg e) 9 495 kg f) 17 522 kg

18.

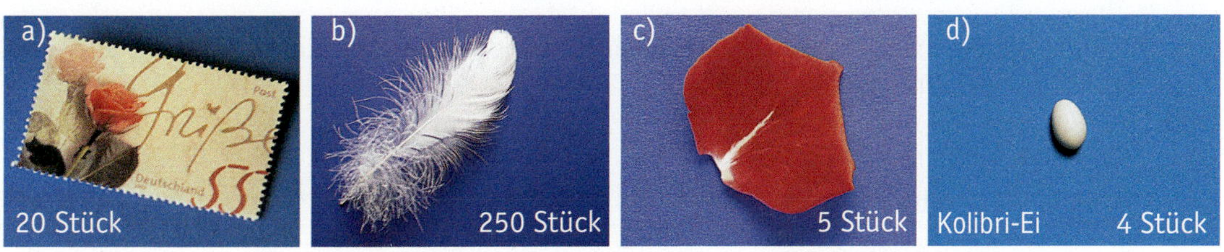

Die angegebene Stückzahl wiegt 1 g. Wie viel Milligramm wiegt jedes einzelne Stück?

19. Ein Ei wiegt 25 g und ein halbes Ei. Wie viel Gramm wiegt das Ei?

20. Die volle Flasche wiegt 1200 g, die leere ist 200 g leichter als der Inhalt. Wie viel wiegt der Inhalt?

Kommaschreibweise

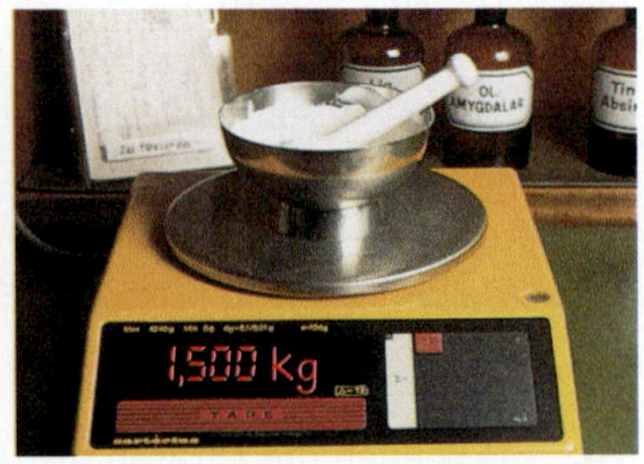

7,5 t = 7 t 500 kg = 7 500 kg

t	kg		
7	5	0	0

2,450 kg = 2 kg 450 g = 2 450 g

kg	g		
2	4	5	0

1,031 g = 1 g 31 mg = 1031 mg

g	mg		
1	0	3	1

Aufgaben

1. Bei ihrer Geburt wog Annika 3,1 kg. Wie viel Gramm sind es mehr als 3 Kilogramm?

2. Wie viel Gramm sind es?
a) 2,700 kg b) 4,900 kg c) 3,250 kg d) 2,843 kg e) 5,5 kg f) 12,4 kg

3. Wie viel Kilogramm sind es? Schreibe mit Komma.
a) 4 300 g b) 6 700 g c) 6 070 g d) 4 273 g e) 5 645 g f) 980 g

4. Wie viel Gramm fehlen zum nächsten vollen Kilogramm?
a) 4,300 kg b) 2,750 kg c) 6,850 kg d) 3,125 kg e) 6,4 kg f) 2,8 kg

5. Wie viel Kilogramm sind es ungefähr? Runde auf ganze kg.
a) 2,7 kg, 1,2 kg b) 4,350 kg, 0,782 kg c) 4,4 kg, 3,8 kg d) 12,580 kg, 10,490 kg e) 5,730 kg, 3,295 kg

3,488 kg ≈ 3 kg
3,5 kg ≈ 4 kg

6. Ordne die Massenangaben nach der Größe, beginne mit der Kleinsten. Wie heißt das Lösungswort?

1,5 kg	2,5 kg	2,050 kg	1 950 g	0,270 kg	2,1 kg	2 900 g
E	E	T	N	Z	N	R

7. Wie viel Kilogramm darf ein Fahrzeug höchstens wiegen, wenn es über dieses Schild hinaus fahren will?

8. Wie viel Kilogramm sind es?
a) 7,5 t b) 13,4 t c) 6,725 t d) 7,480 t e) 15,8 t

9. Wie viel Tonnen sind es? Schreibe mit Komma.
a) 5 300 kg b) 7 450 kg c) 8 764 kg d) 14 300 kg e) 21 500 kg f) 3 650 kg

10. Wie viel Tonnen sind es ungefähr? Runde auf ganze Tonnen.
a) 6,7 t b) 7,3 t c) 4,250 t d) 3 400 kg e) 4 650 kg f) 7 480 kg

Rechnen mit Massen

1,8 kg + 0,5 kg	=	1 800 g + 500 g	=	2 300 g	=	2,3 kg
	①		②		③	
1,8 kg · 4	=	1 800 g · 4	=	7 200 g	=	7,2 kg

TIPP

① Umrechnen in kleinere Einheit
② Rechnen ohne Komma
③ Umrechnen in ursprüngliche Einheit

Aufgaben

1. Bei ihrer Geburt wog Judith 2,9 kg, drei Monate später 5,2 kg. Wie viel hat sie zugenommen?

2. a) 4,3 kg + 2,5 kg b) 3,4 kg + 8,7 kg c) 5,1 kg – 3,6 kg d) 7,4 kg – 5,2 kg
e) 2,450 kg + 3,570 kg f) 4,250 kg – 2,559 kg g) 1,783 kg + 0,460 kg h) 2,570 kg – 1,380 kg

3. a) 2,8 kg + 400 g b) 7,3 kg – 800 g c) 4,6 kg + 750 g d) 3,5 kg – 700 g
e) 2,370 kg + 850 g f) 1,520 kg – 670 g g) 0,920 kg – 450 g h) 3,280 kg + 640 g

4. Ein Tierpark hat vier Löwen. Jeder erhält täglich 7,5 kg Fleisch als Futter.
a) Wie viel ist das täglich für alle vier?
b) Wie viel kg sind es im Monat (= 30 Tage)?
c) Wie viel Tonnen sind es im Jahr?

5. a) 7,2 kg · 12 b) 12,3 kg · 8
c) 4,8 kg : 8 d) 18,2 kg : 14

6. a) 7,3 kg · 4 b) 31,6 kg · 9 c) 24,6 kg · 10 d) 7,350 kg · 8
e) 2,4 kg : 6 f) 16,8 kg : 7 g) 1,016 kg : 8 h) 10,8 kg : 12

7. Kerstin kauft im Supermarkt 12 Dosen, jede wiegt 300 g. Wie viel Kilogramm hat Kerstin zu tragen?

!!!! **8.** Die Samstagszeitung wiegt 370 g. Bernd muss 147 Zeitungen austragen. Soll er das Fahrrad mitnehmen? Überlege auch mit anderen, begründe deine Antwort.

9. Wie viele 125-g-Schokoladenhasen lassen sich aus 10 kg Schokomasse herstellen?

10. Mit 40 g ist der Zwergfalke der leichteste Raubvogel und der Condor mit 10 kg der schwerste. Wie viele Zwergfalken wiegen zusammen so viel wie ein Condor?

11. Eine Kiste mit sechs gefüllten Saftflaschen wiegt 8,3 kg. Die Kiste allein wiegt 800 g. Wie viel wiegt eine einzelne (volle) Saftflasche?

12. Eine Flasche Mineralwasser wiegt 1,3 kg, in einem Kasten sind 12 Flaschen. Der Kasten alleine wiegt 700 g. Passen zwei Kisten auf einen Fahrradanhänger für max. 40 kg?

13. Erik packt den Schulranzen. Mit Inhalt sollte er höchstens den zehnten Teil von Eriks Körpergewicht (42 kg) wiegen.

Zeit: Tag, Stunde, Minute, Sekunde

1 Tag = 24 Stunden (h) 1 Stunde = 60 Minuten (min) 1 Minute = 60 Sekunden (s)

Aufgaben

1. Schätze, wie lange es dauert. Ordne die Zeitangaben richtig zu.

ein Ei kochen, ein Fußballspiel, Klingelton, Sommerferien, Marathonlauf, ein Jahr	3 s, 365 Tage, 2 h 10 min, 45 Tage, 5 min, 1 h 30 min

2. Dominik zählt seinen Pulsschlag: in einer Minute 75 Schläge. Wie oft schlägt dein Herz in 1 min?

3. Versuche, genau 1 min lang die Augen zu schließen. Stoppe die Zeit. Wie viele Sekunden hast du zu kurz oder zu lange die Augen geschlossen? Vergleiche mit anderen.

4. Wie viele Stunden sind es? a) 2 Tage b) 4 Tage c) 5 Tage d) ein Tag und ein halber

5. Wandle in Minuten um.
a) 2 h b) 3 h c) 5 h d) 10 h e) 12 h f) eine Viertelstunde

6. Wie viele Sekunden sind es? a) 2 min b) 10 min c) 30 min d) eine drittel Minute

7. Rechne um in die angegebene Zeiteinheit.
a) 3 Tage 8 h (in h) b) 2 h 15 min (in min) c) 105 s (in min und s)
d) 1 min 45 s (in s) e) 4 Tage 4 h (in h) f) 135 min (in h und min)

2 Tage 7 h
$= 2 \cdot 24\ h + 7\ h$
$= 55\ h$

8. Ordne, beginne mit der kürzesten Dauer. Wie heißt das Lösungswort?

a) 20 min R; 1 h U; $\frac{1}{2}$ h D; 45 min N; 85 min G; 1 h 15 min N; 1000 s O

b) 36 h Z; 4 Tage 5 h T; 50 h I; 2 Tage E; 100 Tage G; 10 Tage U; 1000 h N

9. In einer Eieruhr läuft der Sand 5 min lang. Wie oft musst du sie umdrehen in
a) 5 min; b) 25 min; c) 1 h; d) einer halben Stunde; e) 3 Viertelstunden?

10. Überlege auch mit anderen, ob das stimmt: 1 Jahr, das sind viel mehr als 2 Millionen Sekunden.

Anfang, Dauer, Ende

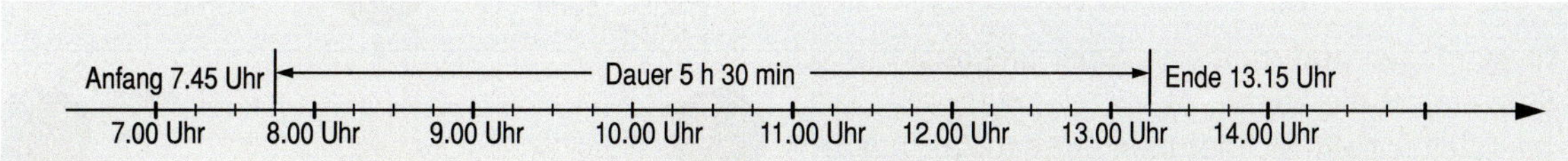

Aufgaben

1. Vanessa hört die Zeitansage: „Es ist sieben Uhr zwanzig." Um 8 Uhr muss sie in der Schule sein.

2. Wie viele Minuten sind es bis zur nächsten vollen Stunde?
a) 7.35 Uhr b) 10.42 Uhr c) 11.08 Uhr d) 25 Minuten nach 10 Uhr e) Viertel vor 9 Uhr

3. Eine Unterrichtsstunde dauert 45 Minuten. Wann endet sie beim angegebenen Anfang?
a) 8.00 Uhr b) 8.10 Uhr c) 7.55 Uhr d) 11.35 Uhr e) 12.20 Uhr f) 11.45 Uhr

4. Vom Hauptbahnhof fährt die Straßenbahn von 7.10 Uhr bis 9.10 Uhr alle 20 Minuten.
a) Wann fahren die Bahnen in dieser Zeit? b) Wie viele Bahnen fahren in dieser Zeit?

5. Wann endet die Veranstaltung?

Beginn	a) 15.00	b) 9.00 Uhr	c) 15.30 Uhr	d) 17.45 Uhr	e) 20.10 Uhr
Dauer	90 min	2 h 15 min	3 h 45 min	2 h 50 min	$3\frac{1}{2}$ h

6. Ein Film endet um 17.30 Uhr. Er dauerte 70 Minuten. Wann hat er angefangen?

7. Antonio ist 3 h 50 min mit dem Fahrrad gefahren. Wann ist er gestartet bei Ankunft um
a) 16 Uhr; b) 12.55 Uhr; c) 9.15 Uhr; d) Viertel vor 10 Uhr; e) Viertel nach 11 Uhr?

8. Wie lange dauert die Fahrt?
a) 7.10 Uhr bis 10.00 Uhr b) 8.20 Uhr bis 12.10 Uhr
c) 8.50 Uhr bis 17.25 Uhr d) 9.35 Uhr bis 22.35 Uhr
e) 10.25 Uhr bis 14.10 Uhr f) 6.20 Uhr bis 9.55 Uhr

7.10 Uhr bis 21.45 Uhr		
7.10 bis 8.00		50 min
8.00 bis 21.00	13 h	
21.00 bis 21.45		45 min
7.10 bis 21.45		14 h 35 min

9. Berechne die fehlenden Werte

Anfang	a) 8.15 Uhr	b)	c) 9.25 Uhr	d)	e) 12.05 Uhr	f) 0.12 Uhr
Dauer	1 h 20 min	2 h 10 min		100 min	10 h 55 min	
Ende		10.00 Uhr	11.45 Uhr	13.10 Uhr		23.50 Uhr

10. Am 20. Mai 1927 startete Charles A. Lindbergh um 8 Uhr in New York zum ersten Flug über den Atlantik, am 21. Mai landete er in Paris.
Die Pariser Zeitungen berichteten:
„... landete nach 34 Stunden Flug um 22 Uhr in Paris."
Wie passen die Angaben über Flugdauer und Zeitpunkt der Landung zusammen?

Tag, Monat, Jahr

In 365 Tagen und rund 6 Stunden umkreist die Erde einmal die Sonne.
Im Kalenderjahr rechnet man mit ganzen Tagen:
1 Jahr = 365 Tage   1 Schaltjahr = 366 Tage
1 Jahr = 12 Monate

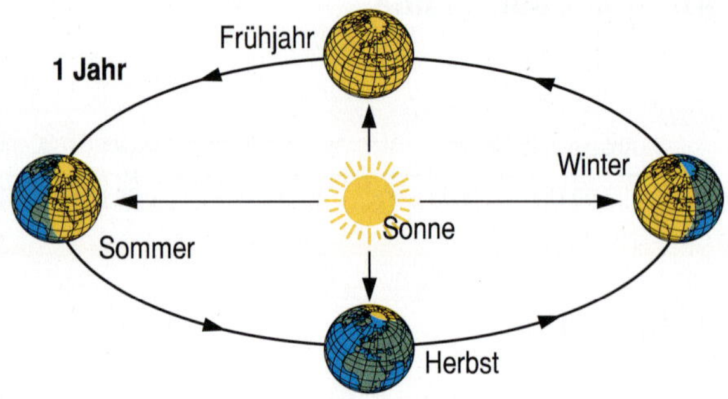

Aufgaben

1. Säugetiere brauchen unterschiedlich lange, bis sie erwachsen sind. Wie viele Monate sind es?
a) Orang-Utan: 7 Jahre   b) Schimpanse: 10 Jahre   c) Rind: $1\frac{1}{2}$ Jahre

2. Andrea feiert ihren 12. Geburtstag.
a) Wie viele Monate ist sie alt?   b) Wie viele Monate dauert es noch, bis sie 18 ist?

3. Wie viele Monate sind es? a) 4 Jahre b) 4 J. 10 M. c) 5 J. 5 M. d) zwei Jahre und ein halbes

4. Wandle um in Jahre und Monate. a) 60 Monate b) 100 Monate c) 1000 Monate

5. Das Bild zeigt, wie lange die Planeten unserer Sonne für einen Umlauf brauchen.
a) Der Merkur dreht sich in einem Jahr viermal um die Sonne. Wie viele Tage bleiben übrig?
b) Wie oft umrundet die Venus in einem Jahr die Sonne? Wie viele Tage bleiben übrig?
c) Der Mars braucht fast 2 Jahre für einen Umlauf. Wie viele Tage fehlen an 2 Jahren?

6. Eine Woche hat 7 Tage. Wie viele Wochen hat ein Jahr? Wie viele Wochen hat ein Schaltjahr?

7. Der nebenstehende Kalender gilt für das Jahr 2006. Auf welchen Wochentag fällt der 1. Januar im Jahr 2006, im Jahr 2007, im Jahr 2008?

8. Manche Monate haben nur 30 Tage. Welche sind es?

9. Wie viele Tage liegen dazwischen?
a) 1. Jan. – 20. Feb.   b) 13. März – 12 Juni
c) 25. Mai – 6. Juli   d) 2. Aug. – 22. Nov.
e) 10. Sept. – 24. Dez.   f) 19. Juni – 3. Nov.

10. Berühmte Frauen: In welchem Alter sind sie gestorben? Erkläre deine Ergebnisse.
① Clara Schumann * 13. 9.1819 † 20. 5.1896
② Marie Curie * 7.11.1867 † 4. 7.1934
③ Lise Meitner * 7.11.1878 † 27.10.1968

	Januar	Februar	März
MO	2 9 16 23 30	6 13 20 27	6 13 20 27
DI	3 10 17 24 31	7 14 21 28	7 14 21 28
MI	4 11 18 25	1 8 15 22	1 8 15 22 29
DO	5 12 19 26	2 9 16 23	2 9 16 23 30
FR	6 13 20 27	3 10 17 24	3 10 17 24 31
SA	7 14 21 28	4 11 18 25	4 11 18 25
SO	1 8 15 22 29	5 12 19 26	5 12 19 26

	April	Mai	Juni
MO	3 10 17 24	1 8 15 22 29	5 12 19 26
DI	4 11 18 25	2 9 16 23 30	6 13 20 27
MI	5 12 19 26	3 10 17 24 31	7 14 21 28
DO	6 13 20 27	4 11 18 25	1 8 15 22 29
FR	7 14 21 28	5 12 19 26	2 9 16 23 30
SA	1 8 15 22 29	6 13 20 27	3 10 17 24
SO	2 9 16 23 30	7 14 21 28	4 11 18 25

	Juli	August	September
MO	3 10 17 24 31	7 14 21 28	4 11 18 25
DI	4 11 18 25	1 8 15 22 29	5 12 19 26
MI	5 12 19 26	2 9 16 23 30	6 13 20 27
DO	6 13 20 27	3 10 17 24 31	7 14 21 28
FR	7 14 21 28	4 11 18 25	1 8 15 22 29
SA	1 8 15 22 29	5 12 19 26	2 9 16 23 30
SO	2 9 16 23 30	6 13 20 27	3 10 17 24

	Oktober	November	Dezember
MO	2 9 16 23 30	6 13 20 27	4 11 18 25
DI	3 10 17 24 31	7 14 21 28	5 12 19 26
MI	4 11 18 25	1 8 15 22 29	6 13 20 27
DO	5 12 19 26	2 9 16 23 30	7 14 21 28
FR	6 13 20 27	3 10 17 24	1 8 15 22 29
SA	7 14 21 28	4 11 18 25	2 9 16 23 30
SO	1 8 15 22 29	5 12 19 26	3 10 17 24 31

Vermischte Aufgaben

1. Welche Zeitspanne dauert ungefähr so lange?
Ordne der genauen Zeitspanne den gerundeten Wert zu.

1 h 35 min ≈ $1\frac{1}{2}$ h

genaue Zeitspanne	gerundete Dauer
2 h 37 min 125 s 1 000 Tage	2 min 17 min $\frac{1}{2}$ h
100 Wochen 100 Tage 1 h 55 min	2 h $2\frac{1}{2}$ h 3 Monate
33 min 10 s 1 000 s	2 Jahre 3 Jahre

2. Patrick ist 10 Jahre und 10 Monate alt. Wie viele Monate sind das?

3. Sind 12 Jahre mehr als 3 600 Tage oder sogar mehr als 4 800 Tage?

4. Die Vorräte einer Höhlenexpedition reichen noch für 60 Stunden. Wie viele Tage und Stunden kann die Expedition noch ohne Hilfe von außen auskommen?

5. Petra ist 12 Jahre alt, ihr Bruder 15 Jahre und ihre Eltern 42 Jahre. Wie oft hat bisher schon ihr Herz geschlagen? Rechne mit einem Pulsschlag pro Sekunde, also 60 Schläge pro Minute.

6. a) 3 Jahre 8 Monate = ▒ Monate
b) 1000 Tage = ▒ Jahre ▒ Tage
c) 3 Tage 12 Stunden = ▒ Stunden
d) 150 Stunden = ▒ Tage ▒ Stunden
e) 5 Stunden 25 Minuten = ▒ Minuten
f) 4000 Sekunden = ▒ Stunden ▒ Minuten ▒ Sekunden

7. Frau Schmitz arbeitet von montags bis freitags. Sie hat 30 freie Arbeitstage. Wie viel Wochen hat sie frei?

8. Arbeite mit dem Auszug aus dem Städtefahrplan Berlin – Bonn.

a) Wann fährt der erste Zug am Nachmittag, wann ist er in Bonn?

b) Bei vier der angegebenen Züge muss man nicht umsteigen. Wann fahren diese ab?

c) Herr Schulz nimmt den Zug um 14.45 Uhr. Wo muss er umsteigen? Wie viel Minuten Aufenthalt hat er insgesamt? Wie lange dauert die Fahrt?

d) Stelle selbst drei weitere Fragen und beantworte sie.

Berlin Zoolg. Garten → Bonn Hbf

ab	Zug	Umsteigen	an	ab	Zug	an	Verkehrstage
9.55	ICE 952 ✕	Köln Hbf	14.14	14.18	IC 432 ☕	**14.35**	täglich
10.45	IC 2546 ☕	Münster (Westf)	14.23	14.30	IC 430 ☕	**16.35**	02
10.45	IC 2546 ☕	Münster (Westf)	14.23	14.30	IC 330 ☕	**16.35**	03
10.55	ICE 650 ✕					**15.43**	Fr, So 04
11.55	ICE 950 ✕	Köln Hbf	16.14	16.18	IC 430 ☕	**16.35**	02
11.55	ICE 950 ✕	Köln Hbf	16.14	16.18	IC 330 ☕	**16.35**	03
12.45	IC 142 ☕	Osnabrück Hbf	15.49	16.38	IC 2503 ☕	**19.11**	täglich
12.55	ICE 558 ✕					**17.36**	Mo - Do, Sa 05
12.55	ICE 558 ✕					**17.43**	Fr, So 06
13.55	ICE 858 ✕	Köln Hbf	18.14	18.18	IC 2334 ☕	**18.35**	täglich
14.45	IC 2544 ☕	Münster (Westf)	18.25	18.30	IC 2332 ☕	**20.35**	Mo - Fr, So 07
14.45	IC 2544 ☕	Münster (Westf)	18.25	18.30	IC 2332 ☕		täglich
		Köln Hbf	20.15	20.35	RE 11131	**20.58**	
14.55	ICE 556 ✕					**19.35**	Mo - Fr 08
14.55	ICE 556 ✕	Köln Hbf	19.14	19.35	RE 11129	**19.58**	täglich
15.55	ICE 856 ✕	Köln Hbf	20.14	20.18	IC 2332 ☕	**20.35**	Mo - Fr, So 07
15.55	ICE 856 ✕	Köln Hbf	20.14	20.35	RE 11131	**20.58**	täglich

9. 22. Dezember, 12 Uhr: Die Ferien haben begonnen und Inga freut sich auf Heiligabend.
Wie viele Stunden sind es noch bis zum 24. Dezember 18.00 Uhr?

10. Mark ist am 2. April 1995 geboren. Wie alt ist er am 5.3.2006 (1.5.2007, 31.12.2007, 1.1.2008)?
a) Berechne das Alter in vollen Jahren.
b) Berechne das Alter in Jahren und vollen Monaten.

11. Der 1.1.2004 war ein Donnerstag. In welchem der folgenden Jahre fällt der Neujahrstag auf einen Sonntag? Wann ist der 1. Januar wieder ein Donnerstag?

Bleib FIT!

Die Ergebnisse der Aufgaben 1 bis 8 ergeben zwei Sehenswürdigkeiten in Düsseldorf.

1. Berechne.

a) 145,29 € + 23,59 € = ▒ €

b) 27,98 € + 13,69 € – 8,82 € = ▒ €

c) 35,25 € + 23,75 € – 13,97 € = ▒ €

2. Berechne.

a) 112 · 36

b) 96 · 21

c) 48 · 37

3. Berechne.

a) 1 239 : 3

b) 1 636 : 4

c) 5 472 : 12

4. Beim Fußballspiel wurden 648 Karten zu 8,60 € und 324 Schülerkarten zum halben Preis verkauft.

a) Wie viele Karten wurden verkauft?

b) Wie viel Euro wurden dabei eingenommen?

5. Welche Fläche besitzt zwei gleich lange Diagonalen, die zueinander senkrecht sind?
Quadrat (10)
Rechteck (20)

6. Lässt sich aus diesem Netz ein Würfel falten?

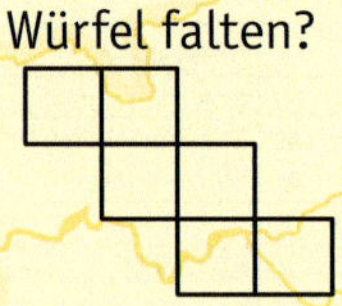

ja (30) nein (40)

7. Was stimmt?

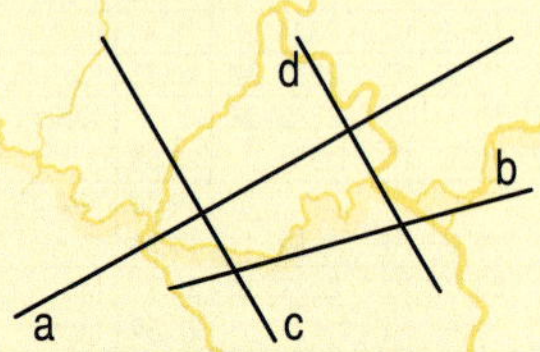

a ⊥ b (12) a ⊥ c (22) c ∥ d (32) b ∥ a (42)

8. Runde.

a) 2 398 auf Zehner

b) 44 560 auf Tausender

c) 5 649 auf Hunderter

d) 6 550 auf Tausender

10 I
12 C
20 H
22 S
32 A
30 G
40 O
32,85 L
45,03 T
42 F
178,88 O
168,88 A
413 D
409 T
972 Ö
456 K
1 115 G
1 470 R
1 776 A
2 016 T
2 390 K
2 400 L
2 842 F
4 032 S
5 600 E
5 700 B
6 966 N
7 000 E
45 000 L

Sport

1. Bei großen Fußballspielen, die frühzeitig ausverkauft sind, bezahlen Fans stark erhöhte Preise für Eintrittskarten. Herr Bastian hat im Vorverkauf 6 Karten für je 38 € gekauft. Welchen Verdienst hat er, wenn sich genug Käufer auf seine Anzeige melden?

2. Die bisher meisten Zuschauer in der Fußballbundesliga hatte das Spiel Hertha BSC gegen den 1. FC Köln (1:0). 88 074 Menschen kamen am 26. September 1969 ins Berliner Olympiastadion. Die wenigsten Zuschauer hatte das Spiel Rot-Weiß Oberhausen gegen Kickers Offenbach mit 1 352 in der Saison 1972/73. Berechne den Unterschied.

3. Bei der Fußballweltmeisterschaft 2002 in Korea/Japan sahen durchschnittlich 42 680 Zuschauer jedes der 64 Spiele. Wie viele waren es in allen Spielen zusammen?

4. Kurz nach dem Start eines Triathlons sind noch alle Starter dicht zusammen. Zuerst werden 3,8 km geschwommen, dann 180 km mit dem Rad gefahren und am Schluss 42,195 km gelaufen. Berechne die Gesamtstrecke.

5. 25 Chemnitzer verbesserten 1992 den acht Jahre alten Rekord im 100-km-Flossenschwimmen gleich um eine Stunde, 42 Minuten und 54 Sekunden und schwammen 14 Stunden, 12 Minuten und 47 Sekunden. Wie lautete der alte Rekord?

6. Der älteste Olympiasieger war der amerikanische Bobfahrer Jay O'Brian mit 48 Jahren und 357 Tagen. Er gewann 1932 in Lake Placid. 35 Jahre und 272 Tage jünger war Kim Yoon-Mi, die 1994 in Lillehammer der erfolgreichen südkoreanischen 3 000-m-Shorttrack-Staffel, einem Eisschnelllaufwettbewerb, angehörte. Wie alt war Kim Yoon-Mi, die jüngste Olympiasiegerin?

7. Beim Boxen dauert eine Runde 3 Minuten, die Pause dazwischen dauert eine Minute. Am 21. Juni 1932 boxte Max Schmeling gegen Jack Sharkey in New York um die Weltmeisterschaft. Der Boxkampf begann um 22.09 Uhr. Er ging über die volle Zahl von 15 Runden.

8. In der Zeit um 1900 dauerten Boxkämpfe so lange, bis ein Kämpfer nicht mehr weiterboxen konnte. Der längste Kampf begann am 6.4.1893 um 21.15 Uhr. Eine Meldung im Guinness-Buch der Rekorde von 1993 besagt, dass dieser Kampf mit Pausen 449 Minuten dauerte.

Merkwürdige Rekorde

1.

Das ist das längste Auto der Welt. Es ist 30,48 m lang und rollt auf 26 Rädern durch Kalifornien (USA). Das Auto hat sogar einen Hubschrauberlandeplatz und einen Swimmingpool.

a) Das Auto kann in zwei gleich lange Teile zerlegt werden. Wie lang ist dann jedes der beiden Autos?

b) Das Auto ist genau so lang wie 8 Kleinwagen derselben Marke. Wie lang ist jeder?

2. 1991 wurde in Erfurt eine 1 638 m lange Thüringer Bratwurst hergestellt. Eine „normale" Bratwurst ist ungefähr 24 cm lang.
Schätze zunächst, in wie viele normale Bratwürste die „Erfurter Bratwurst" hätte zerlegt werden können.
Rechne dann genau.

3. Diese Burg wurde 1991 in Bocholt aus 162 000 Bierdeckeln erbaut. Stelle dir vor, man hätte alle Bierdeckel (Dicke 2 mm) zu einem Turm übereinander gestapelt.

a) Schätze zunächst, ob der Turm ungefähr die Höhe eines Klassenzimmers (3,25 m), die Höhe eines Leuchtturmes (33 m) oder die Höhe des Pariser Eiffelturmes (321 m) hätte.

b) Berechne genau die Höhe des Turms.

Rechnen mit Tabellen

1. Svenja hat mir ihren Eltern entlang der Donau eine 5-tägige Fahrradtour unternommen, dabei hat sie fast jeden Tag den Tachostand notiert.

a) Übertrage die Tabelle in dein Heft und berechne für jeden Tag die gefahrenen Kilometer.

b) Wie lang war die Radtour insgesamt?

	Kilometerstand bei		Tagesstrecke in km
	Abfahrt	Ankunft	
Montag	295 km	333 km	
Dienstag	333 km		
Mittwoch	375 km	420 km	
Donnerstag			
Freitag	466 km	518 km	

2.

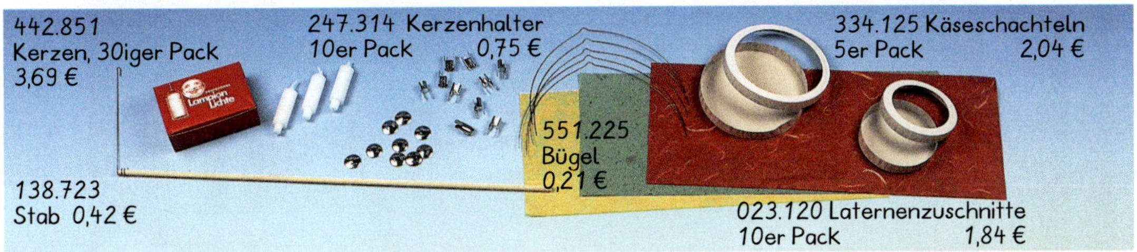

Frau Solms möchte mit ihrer Klasse, 30 Schülerinnen und Schülern, Laternen basteln.

a) Übertrage die angefangene Tabelle in dein Heft.

b) Trage ein, wie viel Stück bzw. Packungen sie von den einzelnen Artikeln bestellen muss.

c) Berechne jeweils den Gesamtpreis und vervollständige die Tabelle.

d) Wie hoch ist der Rechnungsbetrag?

Bestellnummer	Menge	Einheit	Artikelname	Einzelpreis	Gesamtpreis
334.125	6	Pack	Käseschachtel	2,04 €	

3. Das Gewicht des Schulranzens von Schülerinnen und Schülern soll höchstens den 10ten Teil ihres Körpergewichtes betragen. Sechs Freunde haben folgende Werte gemessen:

	Sina	Max	Tim	Marlyn	Sead	Fynn
Körpergewicht in kg	44	38	46	41	39	45
Gewicht Ranzen in kg	5,3	4,6	4,2	3,9	5,1	5,1

a) Erstelle eine Tabelle nach folgendem Muster.

Name	Körpergewicht in		10ter Teil	Gewicht Ranzen	„Übergewicht"	„Untergewicht"
	kg	g	in g	in g	in g	in g
Sina	44	44 000	4 400	5 300		

b) Führt Untersuchungen in eurer Klasse durch und stellt die Ergebnisse in einer Tabelle übersichtlich dar.

4.

Janis hat in der vergangenen Woche notiert, wann er jeweils seine Hausaufgaben erledigt hat. Lege eine Tabelle an und berechne Janis Arbeitszeit für die einzelnen Wochentage und seine Wochenarbeitszeit.

!!!! Neue Trikots für die Schulmannschaft

Flamenco

Trikot	27,-	€
Hose	26,-	€
Stutzen	6,-	€
Handschuhe	24,95	€

Shark

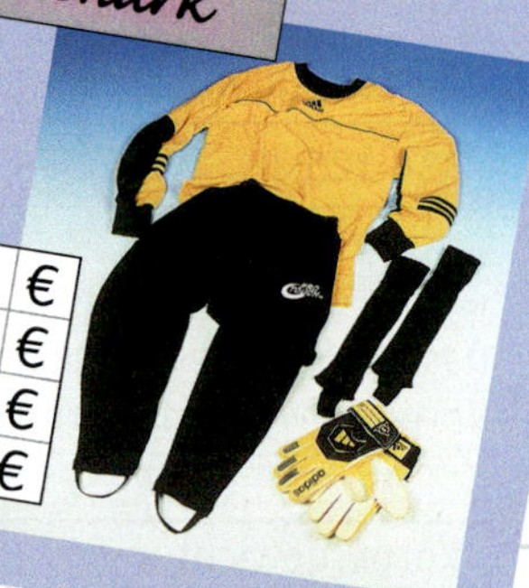

Trikot	29,-	€
Hose	40,-	€
Stutzen	6,-	€
Handschuhe	39,95	€

Madrid

Setpreis 459,– €

Trikot	20,-	€
Short	16,-	€
Stutzen	5,-	€

Set
besteht aus:
14 Trikots
14 Shorts
14 Paar Stutzen

Porto

Setpreis 622,– €

Trikot	26,-	€
Short	22,-	€
Stutzen	7,50	€

1. Wie viel sind es in der kleineren Einheit?

a) 7 cm 3 mm b) 2 m 72 cm c) 4 km 820 m

2. Schreibe mit Komma in der größeren Einheit.

a) 64 mm; 123 mm b) 175 cm; 238 cm c) 8700 m; 1140 m

3. Schreibe ohne Komma in der kleineren Einheit.

a) 4,2 cm; 8,7 cm b) 4,58 m; 10,70 m c) 3,7 km; 4,250 km

4. a) Von 6,40 m Geländer sind 2,70 m montiert.

b) 5,70 m Zaun werden um 3,50 m verlängert.

5. Franz fährt eine 7,4 km lange Strecke 6-mal.

6. Bei einem 50-km-Lauf ist die Rundstrecke 8-mal zu laufen. Wie lang ist eine Runde?

7. Wie viele der kleineren Einheiten sind es?

a) 4 kg 250 g b) 2 kg 50 g c) 3 t 400 kg

8. Schreibe mit Komma in der größeren Einheit.

a) 3720 g b) 5180 g c) 12700 kg

9. Schreibe ohne Komma in der kleineren Einheit.

a) 4,630 kg b) 1,5 kg c) 5,8 t

10. a) Udos Fahrrad wiegt 14,8 kg, das Gepäck wiegt 5,4 kg. Wie schwer ist alles zusammen?

b) Mit Inhalt wiegt der Koffer 19,2 kg, ohne Inhalt wiegt er 3,4 kg.

11. a) Wie schwer sind 12 Platten, jede mit 3,6 kg?

b) 8 Personen teilen sich 5 kg Honig.

12. a) 5 Jahre = ■ Monate b) 4 Tage 6 h = ■ h

c) 2 h = ■ min d) 3 h 15 min = ■ min

e) 4 min = ■ s f) 2 min 45 s = ■ s

g) 720 min = ■ h h) 480 s = ■ min

13.

	a)	b)	c)	d)
Anfang	8.15 Uhr	12.30 Uhr	9.45 Uhr	
Dauer			2 h 10 min	4 h 30 min
Ende	10.30 Uhr	17.15 Uhr		18.15 Uhr

14. a) In einem Bauplan im Maßstab 1:50 ist eine Wand 12 cm lang. Wie lang ist sie wirklich?

b) Eine Kleiderlaus ist im Maßstab 20:1 vergrößert 6 cm lang. Wie lang ist sie wirklich?

Längen, Einheiten

1 km = 1000 m 1 m = 10 dm = 100 cm

1 dm = 10 cm 1 cm = 10 mm

Kommaschreibweise bei Längen

km	m		
12	5	0	0

12,5 km = 12 km 500 m = 12 500 m

m	cm	
2	3	5

2,35 m = 2 m 35 cm = 235 cm

Rechnen in drei Schritten

① Umwandeln in eine kleinere Einheit

② Rechnen ohne Komma

③ Umwandeln in die ursprüngliche Einheit

3,84 m + 1,73 m = 384 cm + 173 cm = 557 cm = 5,57 m

1,6 km · 4 = 1600 m · 4 = 6400 m = 6,4 km

Massen, Einheiten

1 t = 1000 kg 1 kg = 1000 g 1 g = 1000 mg

Kommaschreibweise bei Massen

kg	g		
2	4	5	0

2,450 kg = 2 kg 450 g = 2450 g

Rechnen in drei Schritten: ① ② ③

1,8 kg + 0,5 kg $\overset{①}{=}$ 1800 g + 500 g $\overset{②}{=}$ 2300 g $\overset{③}{=}$ 2,3 kg

1,8 kg · 4 $\overset{①}{=}$ 1800 g · 4 $\overset{②}{=}$ 7200 g $\overset{③}{=}$ 7,2 kg

Zeiten, Einheiten 1 Jahr = 365 Tage

1 Tag = 24 h 1 h = 60 min 1 min = 60 s

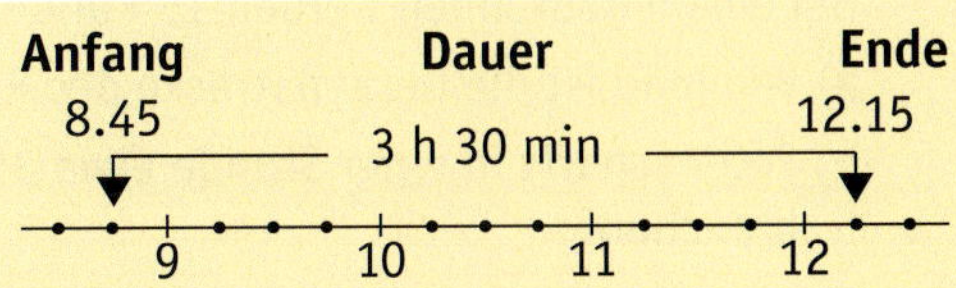

Maßstab

1:5 verkleinert: 1 cm im Bild für 5 cm wirklich.

5:1 vergrößert: 5 cm im Bild für 1 cm wirklich.

DIAGNOSETEST

1. Frau Sprint kauft eine Packung Cornflakes zu 3,15 € und eine Flasche Spülmittel zu 1,97 €. Wie viel Euro muss sie bezahlen?

2. Schreibe mit Komma in der größeren Einheit. a) 3 cm 7 mm b) 1 km 130 m

3. Schreibe ohne Komma in der nächstkleineren Einheit. a) 7,350 kg b) 2,050 t

4. Rechne in die angegebene Einheit um. a) 4 h = ▢ min b) 3 Tage 4 h = ▢ h

5. a) Wie viel Kilogramm wiegt der Hund? b) Wie viel Kilometer ist Jan gefahren?

Wähle weitere 5 Aufgaben aus

1. Eine Dose Hundefutter kostet normalerweise 1,78 €. Im Sonderangebot wird die Dose für 1,59 € angeboten.

a) Wie viel Euro zahlt man beim Normalpreis beim Einkauf von 6 Dosen?

b) Wie viel Euro spart man, wenn man die gleiche Menge im Sonderangebot einkauft?

2. Berechne. a) 77,2 kg : 4 b) 0,257 t · 8

3. Ein Pkw ist 1,48 m hoch. Es wird ein Fahrradträger montiert, der das Auto mit Fahrrädern um 88 cm erhöht. Darf man mit Fahrrädern auf dem Dach in ein Parkhaus einfahren, bei dem die Einfahrt auf 2,10 m begrenzt ist?

4. Timos Schultag beginnt um 7.40 Uhr und endet um 13.05 Uhr.

a) Wie viel Zeit verbringt er täglich in der Schule?

b) Wie viele Stunden sind das in einer Woche (Mo. – Fr.)?

5. In einem Autoatlas sind Karten im Maßstab 1:400 000 abgedruckt. Dort ist die Entfernung zwischen Stuttgart und Ulm etwa 18 cm groß. Wie viel km beträgt sie in Wirklichkeit?

6. Bei einem Radrennen werden 15 Runden gefahren, jede 9,4 km lang.

a) Wie lang ist die Gesamtstrecke des Rennens?

b) Peter schafft in einer Stunde etwa 35 km. Wie lange würde er ungefähr für das Rennen brauchen?

7. Schreibe die wichtigen Informationen auf und löse die Aufgabe:
Peter ist 12 Jahre alt. Seine Schule ist 1,3 km von seiner Wohnung entfernt. Morgens verlässt er pünktlich um 7.30 Uhr das Haus. Im letzten Schuljahr ist Peter an 190 Tagen zur Schule geradelt. Wie viel Kilometer hat er dabei zurückgelegt?

7

Umfang und Flächeninhalt

Zerlegen und Vergleichen von Flächen

Lisa zerschneidet ein rechteckiges Stück Papier und legt es anschließend so zusammen, dass sie den Anfangsbuchstaben ihres Namens erhält. Vergleiche die Fläche des Buchstabens mit der Fläche des Rechtecks.

Flächen von unterschiedlicher Form sind gleich groß, wenn man sie aus gleich großen Teilflächen zusammensetzen kann.

Lege aus allen Teilflächen des Rechtecks ein Quadrat, sodass Rechteck und Quadrat dieselbe Größe haben.

Aufgaben

1. Zeichne ein Rechteck mit den Maßen 8 cm und 4 cm auf Karopapier. Zerschneide es so geschickt in Teilflächen, dass du mit ihnen den Buchstaben **F** legen kannst.

2. a) Jan bastelt im Werkunterricht eine Schachtel und möchte den Deckel mit Moosgummi bekleben. Die Lehrerin gibt ihm zwei gleich große rechteckige Stücke in grün und blau mit den Maßen 4 cm und 8 cm. Kann Jan daraus sein Muster herstellen? Zeichne dazu die zwei Rechtecke in dein Heft oder auf Tonpapier und zerlege sie. Überprüfe dann mithilfe von Jans Musterzeichnung.

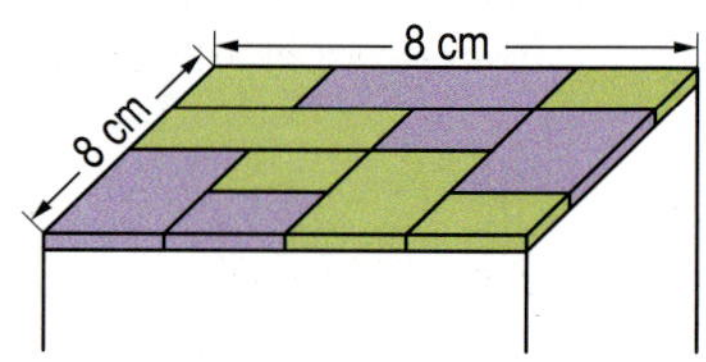

!!!! b) Gibt es noch andere Muster, die sich aus den beiden rechteckigen Stücken zu einem Quadrat legen lassen? Überlege, zerlege und präsentiere dein Ergebnis den anderen.

!!!! **3.** Welche Druckbuchstaben kannst du in deinem Heft mithilfe der Kästchen zeichnen und zerlegen, sodass sie sich zu einem gleich großen Rechteck neu zusammensetzen lassen?

Parkettieren

1. Familie Schmidt hat die Fußbodenbeläge in den Kinderzimmern erneuert. Die Zimmer von Stefan, Sabine und Hella sind mit Korkfliesen ausgelegt worden. Stefan sagt: „Sabine hat es gut. Sie hat am meisten Platz in ihrem Zimmer." Sprich mit deinem Tischnachbarn über Stefans Äußerung und begründe deine Stellungnahme.

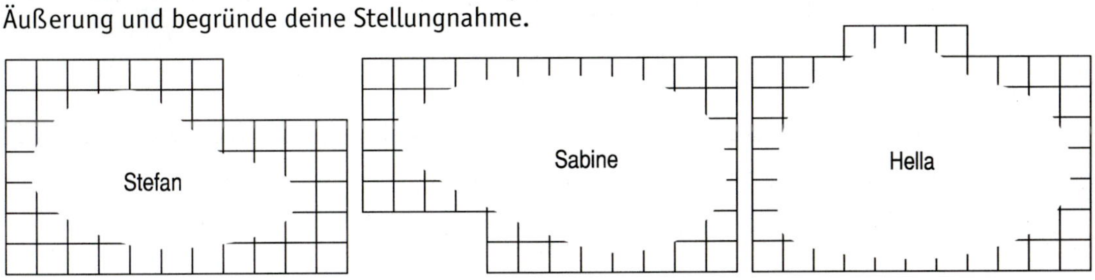

2. Zeichne das angefangene Muster in dein Heft und setze es bis zum Heftrand fort. Vergleiche jeweils die rote und die grüne Fläche miteinander.

3. Familie Fischer hat damit begonnen, ihren Balkon zu fliesen. Der Balkon ist 2 m breit und 4 m lang. Die Fliesen sind quadratisch (50 cm x 50 cm).

a) Zeichne den Balkon im Maßstab 1 : 100 (1 cm für 1 m).

b) Zeichne die Fliesen im selben Maßstab ein. Wie viele Fliesen braucht man?

c) Wie viele Fliesen braucht man für einen Balkon, der doppelt so lang und doppelt so breit ist?

4. Mittlerweile hat die Sophie-Scholl-Schule 16 Klassen. Dafür ist der bisherige Schulhof zu klein. Für einen neuen Schulhof werden die Grundstücke I und II angeboten.

a) Entnimm die Maße aus der Zeichnung und zeichne das Gelände genauso in dein Heft.

b) Unten rechts ist eingezeichnet, wie viel Platz eine Klasse benötigt. Zerlege den bisherigen Schulhof und die beiden Grundstücke in Quadrate dieser Größe.

c) Welches Grundstück sollte man kaufen? Begründe deine Meinung.

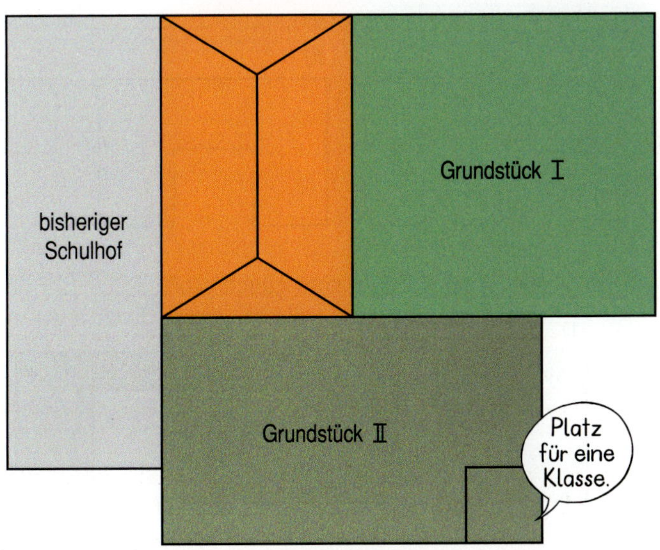

Parkettieren mit Quadratzentimetern

Ein Quadrat mit einer Seitenlänge von 1 cm hat
den Flächeninhalt 1 cm² (1 Quadratzentimeter).
Es wird als Maßquadrat für die Flächenmessung benutzt.

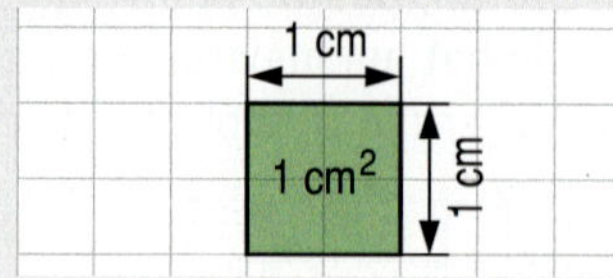

Gib den Flächeninhalt in cm² an.

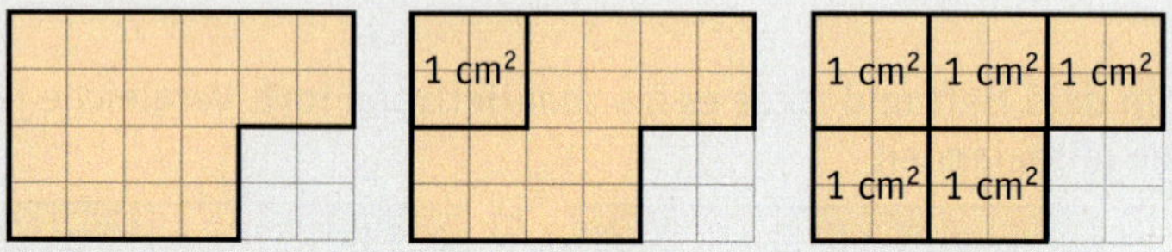

Der Flächeninhalt ist 5 cm².

Aufgaben

1. Gib den Inhalt der Fläche in cm² an.

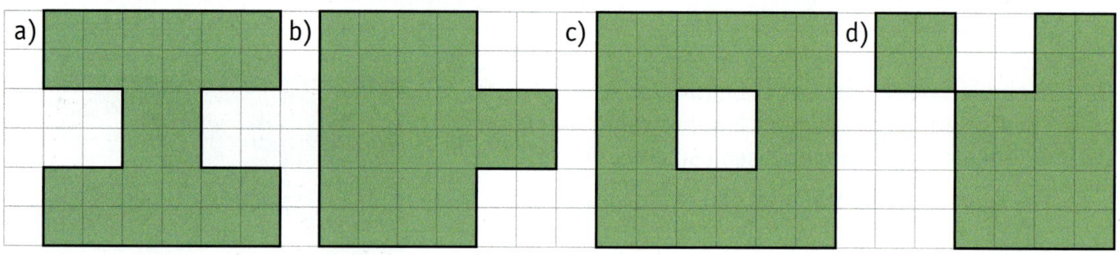

2. Zeichne jedes Mal ein Quadrat mit 10 cm Seitenlänge und färbe die angegebene Fläche ein.

a) 70 cm² b) 30 cm² c) 10 cm² d) $25\frac{1}{2}$ cm² e) $65\frac{3}{4}$ cm²

3. Zeichne die Figur ab und fülle sie mit Maßquadraten (1 cm²) aus. Vergleiche und diskutiere verschiedene Lösungswege.

a) b) c)

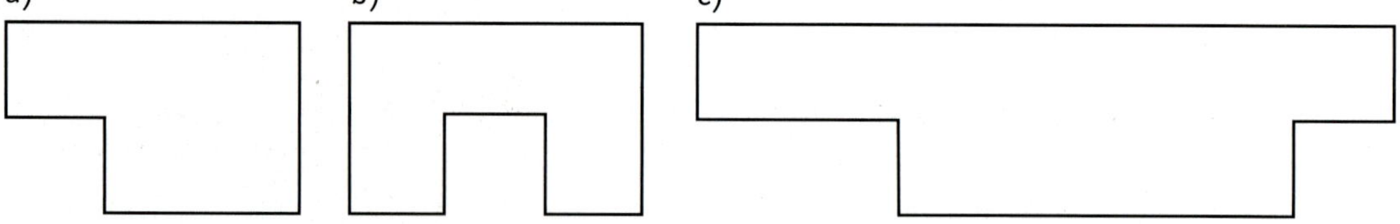

4. Welche Flächeninhalte sind gleich groß?

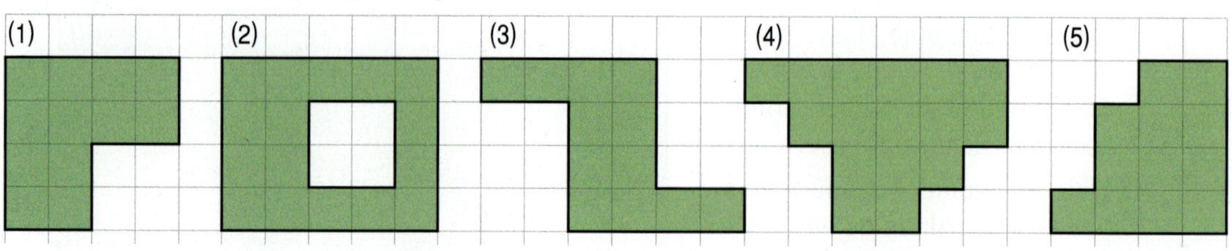

Flächeninhalt des Rechtecks

Flächeninhalt (A) des Rechtecks: Länge · Breite

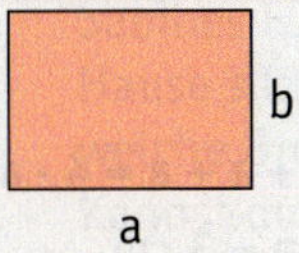

$A = a \cdot b$

Beispiel: $a = 4$ cm
$b = 3$ cm
$A = 4\text{ cm} \cdot 3\text{ cm} = 12\text{ cm}^2$

Flächeninhalt des Quadrats

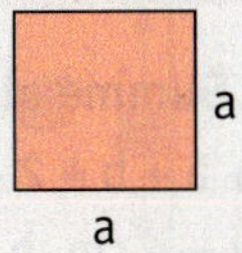

$A = a \cdot a$

Beispiel: $a = 3$ cm
$A = 3\text{ cm} \cdot 3\text{ cm} = 9\text{ cm}^2$

Aufgaben

1. Zeichne das Rechteck und berechne seinen Flächeninhalt. Unterteile die Fläche zur Kontrolle in Quadratzentimeter.

a) 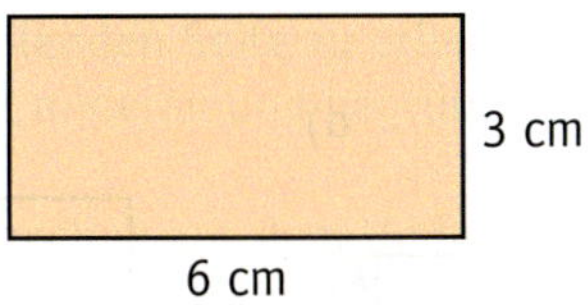

b) 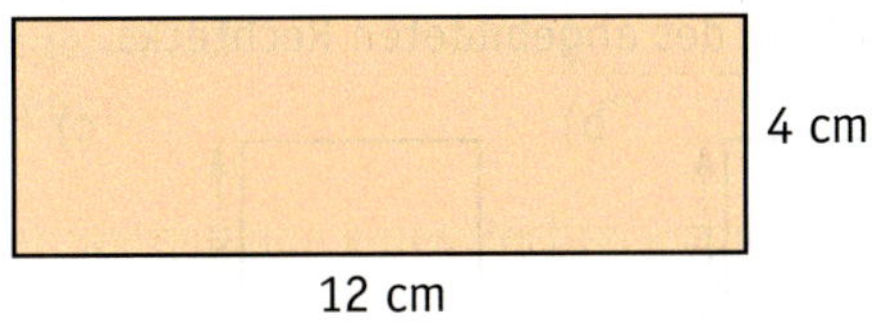

c) 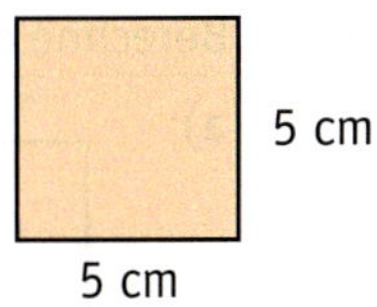

2. Berechne den Flächeninhalt des Rechtecks. Wenn es dir hilft, fertige eine Zeichnung an.

a) Länge 7 cm und Breite 3 cm b) Länge 8 cm und Breite 4 cm c) Länge 2 cm und Breite 10 cm
d) Länge 6 cm und Breite 5 cm e) Länge 9 cm und Breite 1 cm f) Länge 4 cm und Breite 5 cm

3. Berechne den Flächeninhalt des Rechtecks.

	a)	b)	c)	d)	e)	f)
Länge	12 cm	34 cm	19 cm	25 cm	86 cm	54 cm
Breite	7 cm	27 cm	48 cm	17 cm	9 cm	31 cm

!!!! **4.** Peter: „Mein Rechteck hat zwei Seiten von 11 cm und zwei Seiten von 8 cm. Leider weiß ich nicht, was die Länge und was die Breite ist. Dann kann ich den Flächeninhalt nicht berechnen." – Was sagst du dazu?

5. Berechne den Flächeninhalt des Quadrats mit der angegebenen Seitenlänge. Auch hier kannst du dir eine Zeichnung als Hilfe anfertigen.

a) 6 cm b) 3 cm c) 10 cm d) 5 cm e) 8 cm
f) 18 cm g) 27 cm h) 14 cm i) 34 cm j) 67 cm

6. Berechne den Flächeninhalt des Rechtecks mit den angegebenen Seitenlängen.

a) $a = 5$ cm, $b = 4$ cm b) $a = 6$ cm, $b = 6$ cm c) $a = 9$ cm, $b = 7$ cm d) $a = 14$ cm, $b = 11$ cm e) $a = 24$ cm, $b = 18$ cm f) $a = 20$ cm, $b = 20$ cm

Bleib FIT!

Die Ergebnisse der Aufgaben 1 bis 8 ergeben drei Landschaften in Nordrhein-Westfalen.

1. Rechne in die angegebene Einheit um.

a) 4 Tage 6 Std = ■ h (Stunden)

b) 3 Std 35 min = ■ min (Minuten)

c) 1 875 g = ■ kg (Kilogramm)

d) 3 m 4 dm = ■ cm (Zentimeter)

2. Berechne.

a) 2,87 m + 0,95 m = ■ m

b) 12,75 m − 8,87 m = ■ m

c) 725 m + 1,3 km = ■ m

3. Berechne.

a) $332 \cdot 27$

b) $167 \cdot 23$

c) $235 \cdot 58$

4. Ein Sportgeschäft kauft 30 Paar Turnschuhe zum Gesamtpreis von 2 340 €. Wie viel Euro kostet ein Paar Turnschuhe für das Sportgeschäft?

5. Berechne die fehlenden Werte.

Anfang	8.30 Uhr	7.45 Uhr	■.■ Uhr
Dauer	■ h ■ min	■ h ■ min	3 h 15 min
Ende	11.45 Uhr	12.05 Uhr	18.00 Uhr

6. Wie oft gibt es die Note 2, wie oft die Note 4?

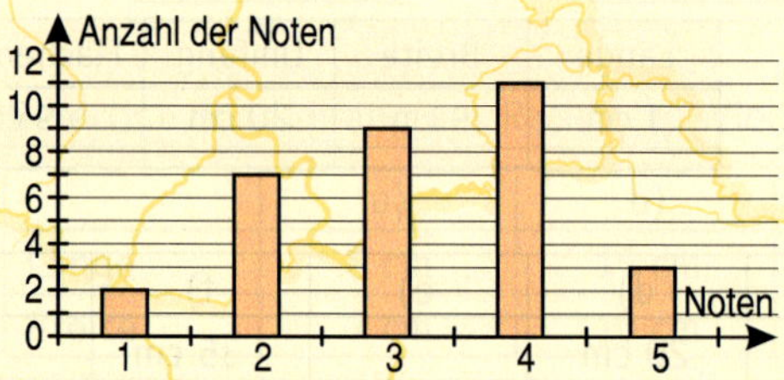

7. Überschlage. Runde die Ergebnisse auf Tausender.

a) 157 000 : 78

b) $215 \cdot 58$

8. Berechne die fehlende Zahl.

a) 442 : ■ = 17

b) ■ : 26 = 38

- 1,875 S
- 3 F
- 3,82 F
- 3,88 A
- 4 L
- 7 E
- 10 B
- 11 R
- 13 U
- 14 A
- 15 E
- 18,75 G
- 20 S
- 26 N
- 35 K
- 45 U
- 78 I
- 102 W
- 215 E
- 250 G
- 340 T
- 988 D
- 2 000 L
- 2 025 L
- 3 841 N
- 8 964 E
- 12 000 A
- 13 630 E
- 13 670 T

Flächenmaße dm^2, cm^2, mm^2

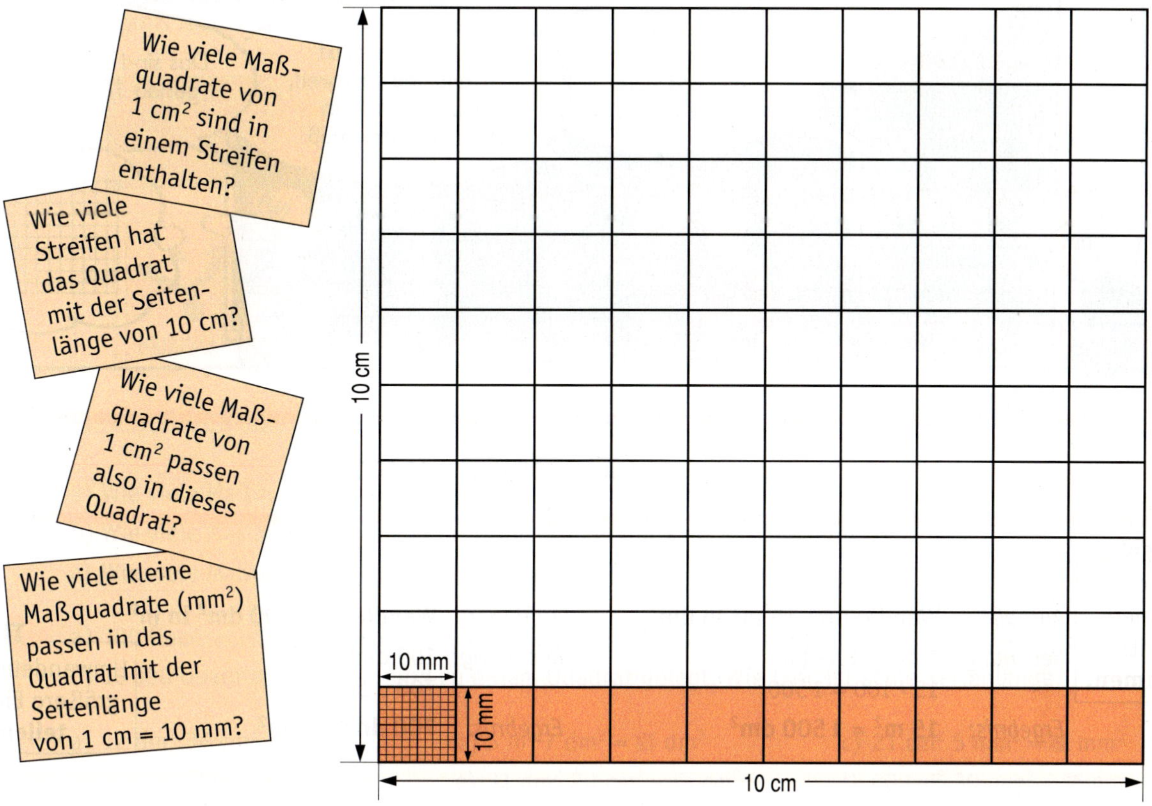

$1\ dm^2 = 100\ cm^2$ (Quadratdezimeter) (Quadratzentimeter) **$1\ cm^2 = 100\ mm^2$** (Quadratmillimeter) **$1\ dm^2 = 10\,000\ mm^2$**

TIPP Vom Größeren zum Kleineren: **malnehmen.**

Aufgabe: **Wandle um: $13\ dm^2$ in cm^2**
Rechnung: $1\ dm^2 = 100\ cm^2$
$13 \cdot 100 = 1\,300$
Ergebnis: **$13\ dm^2 = 1\,300\ cm^2$**

Aufgabe: **Wandle um: $24\,000\ mm^2$ in cm^2**
Rechnung: $100\ mm^2 = 1\ cm^2$
$24\,000 : 100 = 240$
Ergebnis: **$24\,000\ mm^2 = 240\ cm^2$**

TIPP Vom Kleineren zum Größeren: **teilen.**

Aufgaben

1. Welche Einheit erscheint für die folgenden Flächen jeweils am geeignetsten: dm^2, cm^2 oder mm^2? Überlege und präsentiere deine Meinung den anderen.

Atlas | Postkarte | Stecknadelkopf | Briefmarke | Mücke | Telefonbuch

2.
a) $6\ dm^2 = \square\ cm^2$; $12\ dm^2 = \square\ cm^2$
b) $5\ cm^2 = \square\ mm^2$; $82\ cm^2 = \square\ mm^2$
c) $67\ dm^2 = \square\ cm^2$; $78\ cm^2 = \square\ mm^2$
d) $7\ cm^2 = \square\ mm^2$; $11\ dm^2 = \square\ cm^2$
e) $200\ cm^2 = \square\ dm^2$; $7\,500\ cm^2 = \square\ dm^2$
f) $600\ mm^2 = \square\ cm^2$; $2\,800\ mm^2 = \square\ cm^2$
g) $300\ mm^2 = \square\ cm^2$; $900\ cm^2 = \square\ dm^2$
h) $9\,800\ cm^2 = \square\ dm^2$; $6\,400\ mm^2 = \square\ cm^2$

Maßquadrate für große Flächen

Bildausschnitt
1 m²
(Quadratmeter)
Ein Mann
ruht sich aus.

Bildausschnitt
1 a
(Ar)
1 a = 100 m²

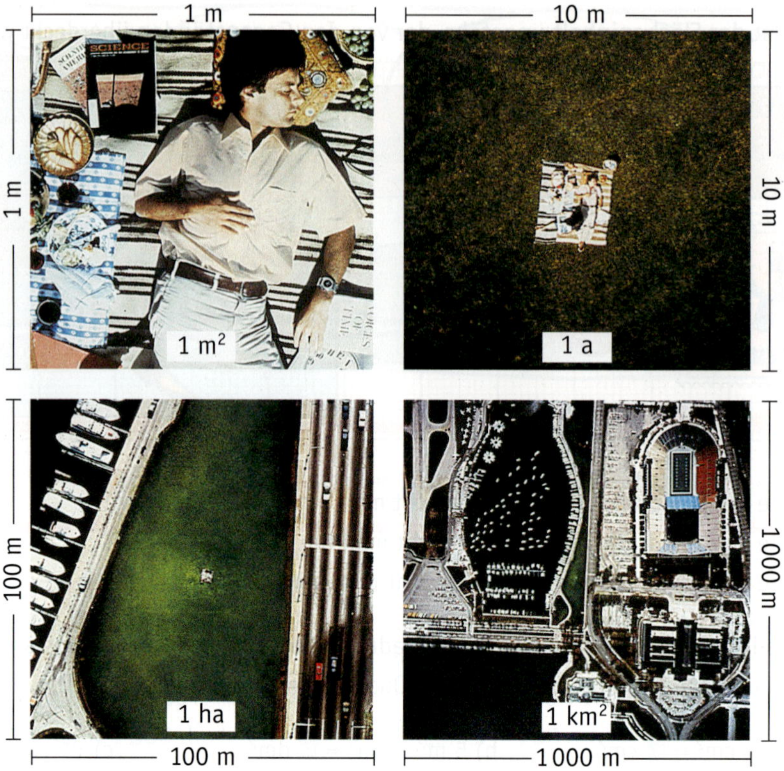

Bildausschnitt
1 ha
(Hektar)
1 ha = 100 a

Bildausschnitt
1 km²
(Quadratkilometer)
1 km² = 100 ha

Aufgaben

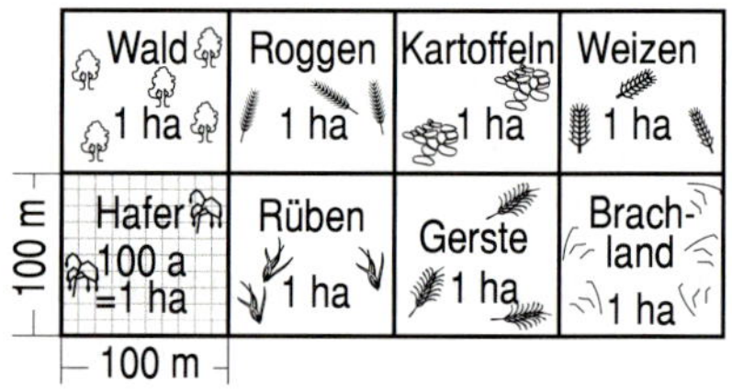

1. a) Wie viel Ar (a) beträgt die Größe des Ackers mit Hafer?
b) Wie groß ist die Gesamtfläche aller abgebildeten Flurstücke? Gib in Hektar und Ar an.
c) Wie viel m² ist das Weizenfeld groß?
!!!! d) Überlege dir weitere Fragen und gib die Lösung an.

2. a) Rechne in Ar um: 5 ha 9 ha 3 ha 12 ha 26 ha 7 ha 325 ha 37 ha 580 ha 9,5 ha
b) Rechne in Hektar um: 300 a 500 a 4 000 a 2 700 a 800 a 30 000 a 300 000 a

3. Übertrage die Tabelle ins Heft und fülle sie aus.

	a)	b)	c)	d)	e)	f)	g)
km²	3 km²		17 km²				
ha		500 ha			2 500 ha		
a				40 000 a		320 000 a	600 000 a

4. a) 3 a = ▪ m² b) 7 000 a = ▪ ha c) 13 km² = ▪ ha
d) 800 a = ▪ ha e) 20 000 m² = ▪ a f) 4 300 ha = ▪ km²

5. Schreibe wie im Beispiel.
a) 4 970 m², 851 m² b) 909 m², 7 143 m² c) 41 620 m², 5 005 m² d) 369 m², 4 100 m²

4 680 m²
= 4 600 m² + 80 m²
= 46 a 80 m²

Umwandeln

1. Gib den Inhalt der Fläche in Quadratmillimeter und Quadratzentimeter an.

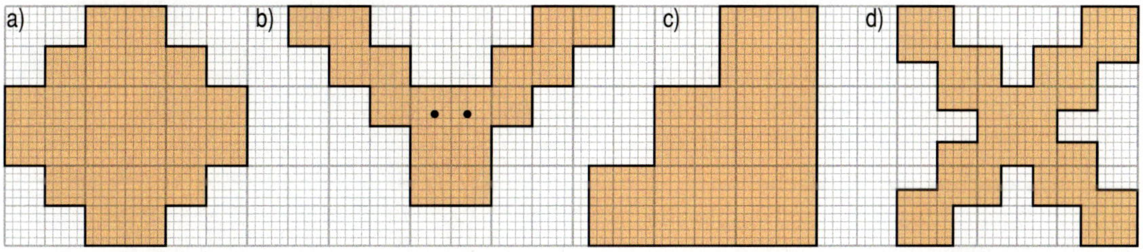

2. Wandle in Quadratmillimeter um.

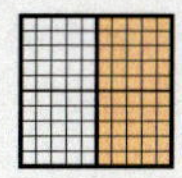

a) $1\ cm^2$ b) $12\ cm^2$ c) $76\ cm^2$ d) $\frac{1}{2}\ cm^2$ e) $15\frac{1}{2}\ cm^2$
$9\ cm^2$ $15\ cm^2$ $69\ cm^2$ $2\frac{1}{2}\ cm^2$ $87\frac{1}{2}\ cm^2$

3. Wandle in die angegebene Einheit um.

a) $4\ dm^2 =$ ■ cm^2 b) $25\frac{1}{2}\ m^2 =$ ■ dm^2 c) $65\,000\ cm^2 =$ ■ dm^2 d) $250\ mm^2 =$ ■ cm^2
$7\ cm^2 =$ ■ mm^2 $55\frac{1}{2}\ cm^2 =$ ■ mm^2 $58\,000\ mm^2 =$ ■ cm^2 $2\,450\ dm^2 =$ ■ m^2

4. Wandle in die angegebene Einheit um.

a) 2 ha = ■ a b) $2\frac{1}{2}$ ha = ■ a c) $6\,500\ m^2 =$ ■ a d) $650\ m^2 =$ ■ a
$8\ km^2 =$ ■ ha $9\frac{1}{2}\ km^2 =$ ■ ha 7 800 a = ■ ha 2 850 ha = ■ km^2

5.

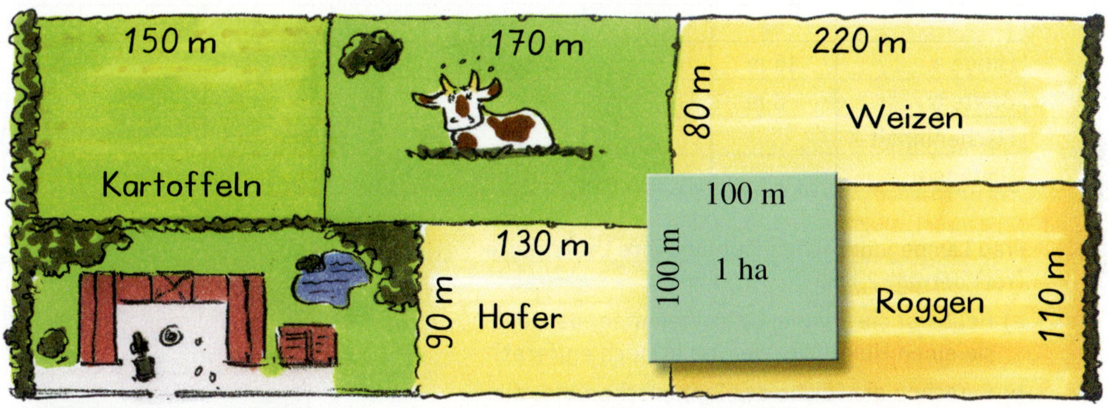

a) Der Hof von Bauer Sievers liegt nahe bei seinen Feldern. Das Grundstück, auf dem er sein Haus gebaut hat, ist 190 m lang. Erkläre. Gib die Maße aller Felder an.
b) Berechne den Flächeninhalt des Grundstücks mit dem Haus. Gib ihn auch in Ar an.
c) Ermittle die Gesamtfläche der drei Getreideäcker in Quadratmeter und Ar.
d) Wie groß ist der Flächeninhalt des Kartoffelfeldes? Gib in Ar und Hektar an.
e) Welche Fläche haben die Kühe auf ihrer Weide zur Verfügung? Rechne in Ar um.
f) Bestimme die gesamte Nutzfläche in Quadratmeter und Ar. Wie viel Hektar sind das ungefähr?
g) Wie viel Hektar fehlen Bauer Sievers noch zu einem Quadratkilometer? Gib auch in Ar an.
h) Wie viele Fußballfelder hätten auf Bauer Sievers Feldern Platz? (Fußballfeld: ≈ 110 m x 60 m).

6. Ein Quadrat hat einen Flächeninhalt von $49\,000\,000\ mm^2$.
a) Zeichne dieses Quadrat in dein Heft (1 cm für 1 m in der Wirklichkeit).
b) Ist dein Klassenraum größer oder kleiner als dieses Quadrat (in Wirklichkeit)?

Vermischte Aufgaben

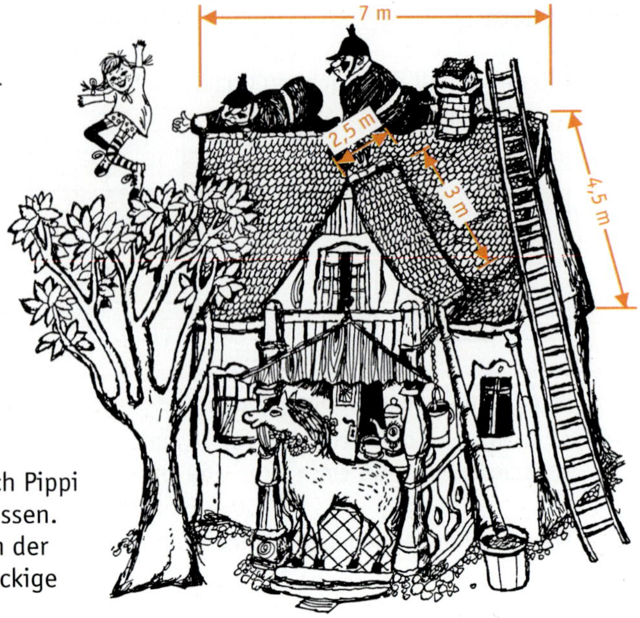

1. Die Villa Kunterbunt hat sechs verschiedene Fenstertypen. Dies sind die Maße für Länge und Breite:
80 cm x 90 cm; 80 cm x 190 cm
160 cm x 90 cm; 40 cm x 100 cm
100 cm x 150 cm; 120 cm x 130 cm

a) Berechne die Glasflächen in Quadratdezimeter und vergleiche sie hinsichtlich der Größe.

b) Berechne den Umfang des Holzrahmens in m für jeden Fenstertyp.

2. Nach dem letzten Regen entschließt sich Pippi Langstrumpf das Dach neu decken zu lassen. Wie viel m^2 ist es groß? Ziehe dabei von der gesamten Dachfläche 4 m^2 für die dreieckige Gaube ab.

3. Der Balkon hat eine Fläche von 5 m^2 und eine Breite von 2 m. Passt das Pferd mit einer Länge von 2,20 m unter den Balkon?

4. Berechne die fehlende Größe des Rechtecks. Rechne um, wenn die Einheiten nicht übereinstimmen.

	a)	b)	c)	d)	e)	f)	g)
Länge a	16 m	6,5 cm	28 mm		47 dm		
Breite b	8 m	3 cm		35 cm		4 m	2 km
Flächeninhalt A					940 dm^2	1 a	700 ha
Umfang u			126 mm	17 dm			

5. Frau Lampe joggt jeden Morgen. Ihre Laufstrecke (rot) beträgt 2 km.

a) Heute ist sie gerade 400 m gelaufen, da sieht sie einen Hund. Wie weit ist er noch entfernt?

b) Berechne die Fläche der Tannenschonung, die Frau Lampe jeden Morgen umrundet. Gib die Fläche in a und ha an.

6. Die Länge des Dünndarms im menschlichen Körper beträgt etwa 2 m. Denke dir den Dünndarm zu einem Rechteck ausgelegt. Zeichne zwei verschiedene Möglichkeiten. Dabei ist 1 cm in der Zeichnung 10 cm in der Wirklichkeit. Welche Fläche würde ein rechteckig ausgelegter Dünndarm in beiden Fällen einnehmen? Warum hat der Dünndarm so viele Windungen?

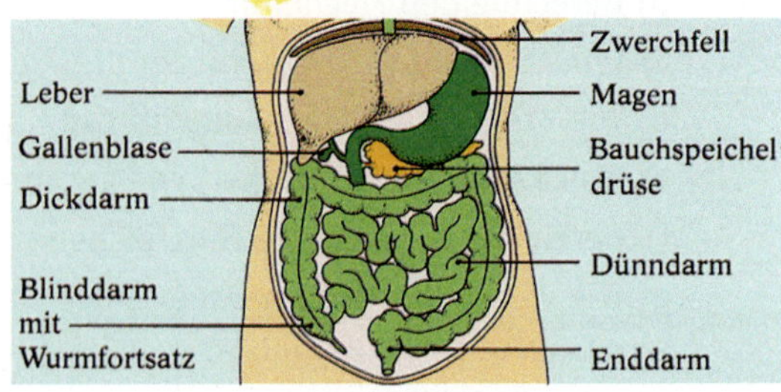

7. Die Rasenfläche in Sinas Garten ist 9 m^2 groß. Reichen alle Blätter ihres Mathebuches „Maßstab" aus, um die Rasenfläche damit auszulegen? Präsentiere deine Überlegungen und Ergebnisse den anderen.

Die Klasse 5d gestaltet ihren Klassenraum neu

!!!!

Die Schülerinnen und Schüler der Klasse 5d möchten mithilfe ihrer Eltern und ihrer Klassenlehrerin den Klassenraum renovieren.

1. Die Wände sollen neu gestrichen werden. Dazu muss die Gesamtfläche ermittelt werden. Bedenke, dass Türen und Fenster nicht gestrichen werden. Auch die Tafel wird nicht abgebaut. Die Heizkörper sind neu, aber die Wand hinter ihnen wird gestrichen. Übertrage die Tabelle in dein Heft und berechne die einzelnen Flächeninhalte. Überlege dann, welche Flächen addiert und welche subtrahiert werden müssen.

	1. Wand	Tafel	2. Wand	Fenster	3. Wand	Tür	4. Wand
Länge	6 m						
Breite	3 m						
Flächeninhalt							

2. Nun wird ermittelt, wie viel Farbe eingekauft werden muss und wie teuer die Farbe ist.

TIPP

Weiter geht's!
1. Wandfläche – Tafelfläche
+ 2. Wandfläche – 4 · ___
+ ___ – ___ + ___ = Gesamtfläche

3. Um dem Klassenraum etwas mehr Farbe zu geben, sollen bunte Leisten an den Deckenkanten angebracht werden. Wie viel m Leisten werden gebraucht?

4. Für die geplante Leseecke, die 3 m x 2 m groß werden soll, wollen Julias Eltern einen Teppichrest zur Verfügung stellen. Zwei Reste stehen zur Auswahl: ein 7 m² großes rechteckiges Stück (eine Seite 3,50 m) und ein 7,5 m² großes rechteckiges Stück (eine Seite 4 m). Welcher Rest wäre geeignet?

!!!!

Tierhaltung

Aus der Gesetzesvorschrift für Hundehalter:

> Die Grundfläche des Zwingers muss der Zahl und Art der gehaltenen Hunde angepasst sein. Die Mindestbreite des Zwingers muss der Körperlänge des Hundes entsprechen.
> Für einen mittelgroßen, über 20 kg schweren Hund ist eine Grundfläche von mindestens 6 m^2 erforderlich; für jeden weiteren in demselben Zwinger gehaltenen Hund sind der Grundfläche 3 m^2 hinzuzurechnen.

1. Bevor du die Fragen a) bis d) beantwortest, lege dir eine Tabelle an, wie du es auf Seite 71 gelernt hast. Dann beantworte die Fragen.

a) Wie breit muss der Zwinger für einen 1 m langen Hund mindestens sein?

b) Wie viel Quadratmeter Grundfläche muss der Zwinger für einen 25 kg schweren Hund mindestens haben?

c) Wie viel Quadratmeter Grundfläche muss der Zwinger für zwei Hunde (beide schwerer als 20 kg) mindestens haben?

d) Wie viel Quadratmeter Grundfläche muss der Zwinger für drei über 20 kg schwere Hunde mindestens haben?

Wichtig für Frage a)	Wichtig für Frage b)	Wichtig für Frage ...
Die Mindestbreite des Zwingers muss der Körperlänge des Hundes entsprechen, ...	Für einen mittelgroßen, ...	

2. a) Zeichne zwei Möglichkeiten auf, wie der Zwinger für einen 1 m langen Hund aussehen könnte. (Maßstab 1 : 100, d. h. 1 cm entspricht 1 m).

b) Zeichne zwei Möglichkeiten auf, wie der Zwinger für drei Hunde aussehen könnte.

c) Überschlage, wie viel Platz in deinem Klassenzimmer für einen Schüler zur Verfügung steht. Vergleiche mit der „Hundezwingerverordnung" und diskutiere mit deinem Nachbarn.

3. Jannik hat ein Kaninchen geschenkt bekommen. Er weiß, dass ein Kaninchen mindestens 20 dm^2, besser aber 40 dm^2 Platz im Käfig haben sollte.

a) Welche der angebotenen Käfige kommen in Frage?

b) In seinem Zimmer hat Jannik zwischen dem Schreibtisch und dem Schrank genau 65 cm Platz für einen Käfig. Welche Käfige könnte er kaufen?

c) Für welchen Käfig soll er sich entscheiden? Begründe deine Meinung.

1. Nenne Gegenstände, die ungefähr 1 m² groß sind (z. B. Schreibtischplatte).

2. Gib den Inhalt der Fläche in cm² an.

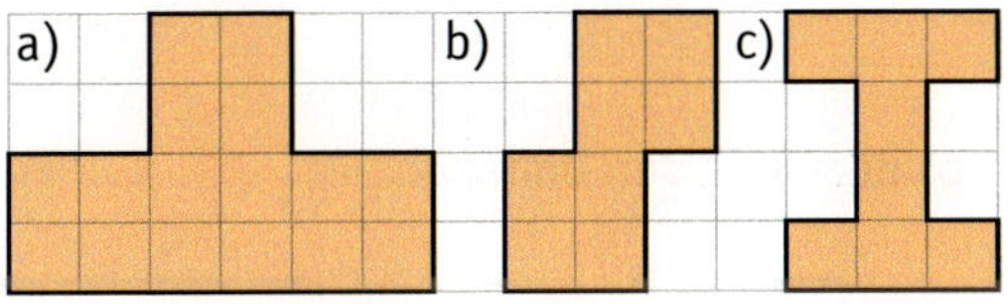

3. Gib die Flächeninhalte in cm² an.

a) 1 dm²; 21 dm²; $7\frac{1}{2}$ dm²

b) 300 mm²; 2 500 mm²; 50 mm²

c) 56 dm²; 200 mm²; $25\frac{1}{2}$ dm²

4. a) Ein Quadrat hat eine Seitenlänge von 1 cm. Wie viele mm² passen dort hinein?

b) Welche Seitenlänge hat ein Quadrat, das mit 100 dm² ausgelegt ist?

5. a) 9 ha = ▪ a; 37 m² = ▪ dm²

b) 450 km² = ▪ ha; 625 a = ▪ m²

c) 2 900 a = ▪ ha; 800 ha = ▪ km²

d) 56 700 m² = ▪ a; 350 dm² = ▪ m²

6. Berechne den Flächeninhalt des Rechtecks.

a) Länge 15 cm, Breite 12 cm

b) Länge 28 cm, Breite 56 cm

7. Berechne die fehlende Seitenlänge des Rechtecks.

a) A = 36 cm², Länge 6 cm

b) A = 135 cm², Breite 5 cm

8. Ein rechteckiger Handspiegel hat die Maße 12 cm und 9 cm. Wie groß ist die Fläche?

9. Ein Grundstück ist 30 m lang und 20 m breit. Gib den Flächeninhalt auch in Ar an.

10. Berechne den Umfang der beiden Rechtecke.

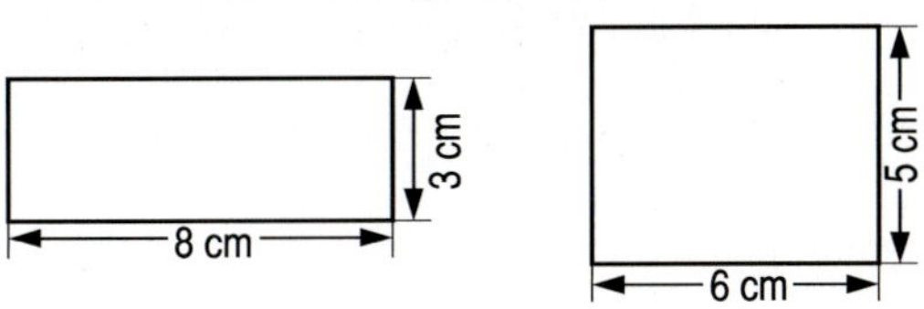

11. Wie groß ist die fehlende Seitenlänge des Rechtecks mit den angegebenen Maßen?

a) u = 38 cm, Länge 12 cm

b) u = 95 cm, Breite 13 cm

Ein Quadrat mit einer Seitenlänge von 1 m hat den Flächeninhalt 1 m² **(1 Quadratmeter).**

Flächenmaße für kleine Flächen

1 m² = 100 dm²

1 dm² = 100 cm²

1 cm² = 100 mm²

1 mm².

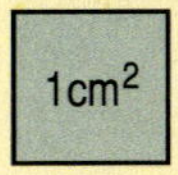

Flächenmaße für große Flächen

1 km² = 100 ha (Hektar)

1 ha = 100 a (Ar)

1 a = 100 m²

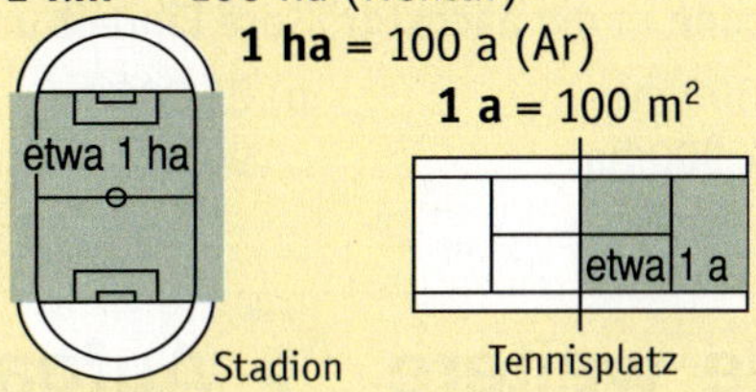

Flächeninhalt A eines Rechtecks:

A = Länge · Breite A = a · b

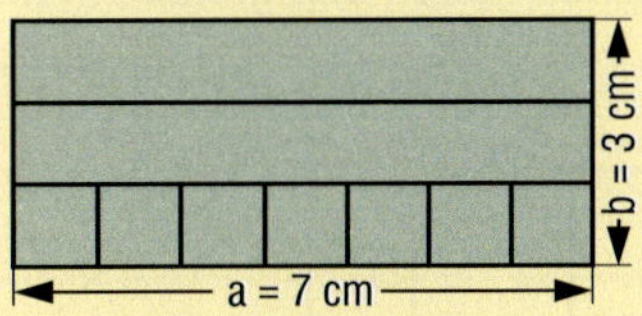

A = 7 cm · 3 cm

A = 21 cm²

Flächeninhalt eines Quadrates:

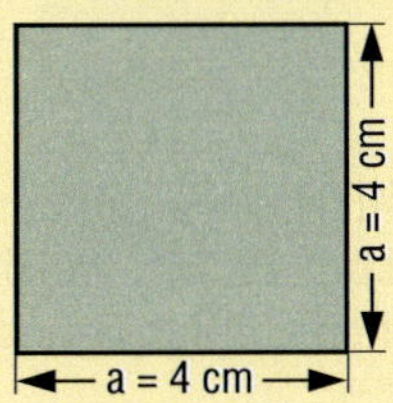

A = a · a

A = 4 cm · 4 cm

A = 16 cm²

Umfang u eines Rechtecks:

u = Summe aller Seitenlängen

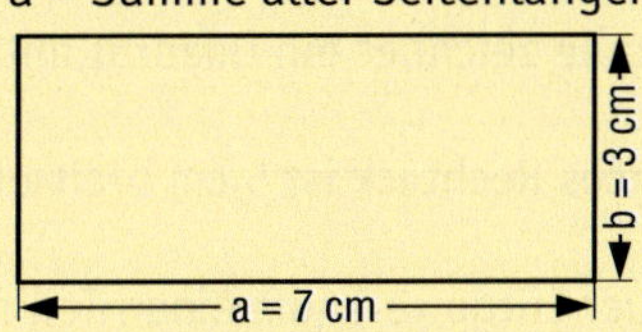

u = a + b + a + b

u = 7 cm + 3 cm + 7 cm + 3 cm

u = 20 cm

DIAGNOSETEST

1. Ordne den Gegenständen den passenden Flächeninhalt zu:
Englischbuch – Sportplatz – Badetuch – Briefmarke – Bauplatz für ein Einfamilienhaus
6 cm^2 – 340 cm^2 – 6 a – 2 m^2 – 1 ha

2. Ein Rechteck ist 6 cm lang und 4 cm breit.
a) Berechne den Flächeninhalt. b) Berechne den Umfang.

3. Bestimme den Flächeninhalt der abgebildeten Figur in cm^2.

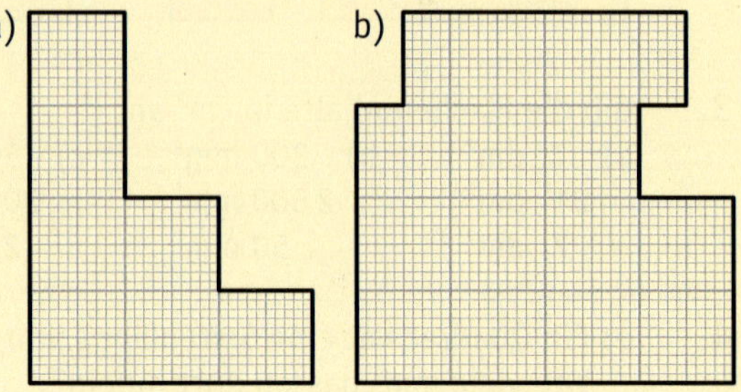

4. Rechne um:
a) 20 cm^2 = ■ mm^2
2,5 dm^2 = ■ mm^2
b) 1 m^2 = ■ cm^2
0,5 m^2 = ■ cm^2

5. Rechne in die nächstgrößere Einheit um:
a) 300 m^2
4 900 ha
b) 25 000 ha
90 a

Wähle weitere 5 Aufgaben aus

1. Zeichne zwei verschiedene Rechtecke, die beide einen Flächeninhalt von 18 cm^2 haben.

2. Welche Flächen haben den gleichen Flächeninhalt?

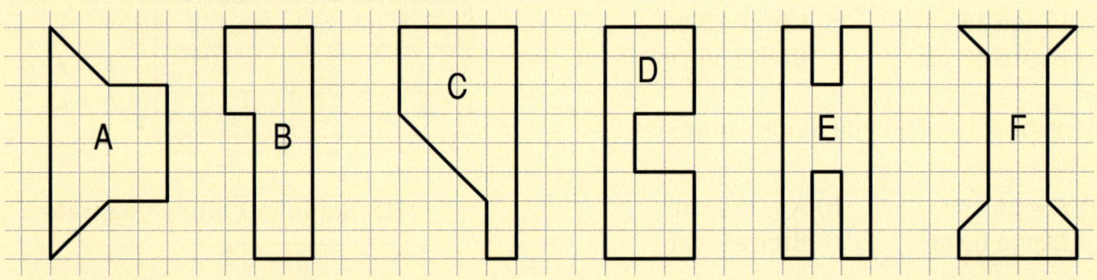

3. Zeichne die Grundfläche (den Boden) des Kaninchenkäfigs. (Maßstab 1 : 10). Welche Fläche soll laut Gesetz ein Kaninchen zur Verfügung haben?

4. Wie viel Gitterdraht braucht man für die 4 Seiten des Kaninchenkäfigs? Wie viel Quadratmeter Sperrholz braucht man für den Deckel des Käfigs?

Aus einer Tierzeitschrift:
Kaninchen haben einen starken Bewegungsdrang. Deshalb ist für zwei Zwergkaninchen eine Mindestgröße des Käfigs von 120 cm x 80 cm vorgeschrieben. Die Höhe darf nicht unter 50 cm sein. Außerdem muss der Käfig einen Deckel haben, da Kaninchen problemlos 70 cm hohe Hindernisse überspringen können.

5. Natalie zeichnet ein Quadrat mit einem Umfang von 32 cm. Berechne den Flächeninhalt.

6. Marcos Rechteck ist 5 cm breit und hat einen Umfang von 34 cm. Berechne A.

7. Bauer Lütge verkauft einen Teil seines Ackers als Bauland. Wie viele Grundstücke zu je 900 m^2 kann er verkaufen, wenn 3 ha 60 a als Bauland ausgewiesen werden?

8. Sinas Eltern stiften für eine Pinnwand Korkplatten, 30 cm lang und 25 cm breit. Wie viele Platten werden für eine 1 m hohe und 1,50 m breite Pinnwand gebraucht?

8 Brüche

Stamm-brüche!
1/6
Die Hälfte rot, ein Drittel grün ...
Viertel und Achtel sind leicht!
Ich schaffe auch Drittel und Sechstel!
Fünftel und Zehntel ...?

Bleib FIT!

Die Ergebnisse der Aufgaben 1 bis 8 ergeben zwei Sehenswürdigkeiten im Sauerland.

1. Berechne.

a) $\begin{array}{r} 123 \\ +\ \ 79 \\ \hline \end{array}$ b) $\begin{array}{r} 12\,345 \\ +\ \ 678 \\ \hline \end{array}$ c) $\begin{array}{r} 1\,602 \\ -\ \ 789 \\ \hline \end{array}$

2. a) 7 cm = ■ mm b) 16 dm = ■ cm
c) 4,5 m = ■ cm d) 180 cm = ■ m

3. Bestimme
a) den Umfang in cm und
b) den Flächeninhalt des Rechtecks in cm^2.

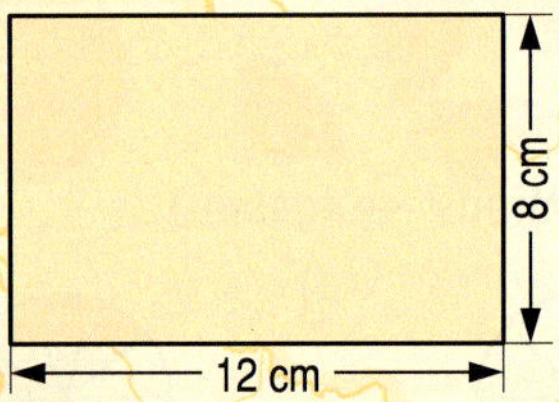

4. a) 2 m^2 = ■ dm^2 b) 12 kg = ■ g
c) 8 100 Sekunden = ■ h ■ min

5. Trage in ein Quadratgitter die Punkte ein und verbinde sie. A(2|1), B(3|3), C(2|5), D(1|3).
Welches Viereck entsteht dabei?
Rechteck (20), Raute (35), Quadrat (45)

6. Berechne.
a) 15 258 m : 6 = ■ m b) 282,5 kg · 4 = ■ kg
c) 112, 50 € + 344,25 € + 24 € = ■ €
d) 15,50 € − 12,29 € = ■ €

7. Den neuen Film sahen 246 Schüler und Schülerinnen. Ein Drittel davon war 12 Jahre alt oder jünger. Die Hälfte der Zuschauer war weiblich.
a) Wie viele Jungen sahen den Film?
b) Wie viele Zuschauer waren 12 Jahre oder jünger?
c) Wie viele waren älter als 12 Jahre?

1,80 B
2 A
3,21 S
15 H
18 Q
20 W
35 L
40 E
45 P
70 T
82 E
96 R
120 M
123 T
160 E
164 N
200 G
202 W
450 R
480,75 A
800 A
813 N
1 130 R
2 543 E
4 000 B
13 023 I
12 000 K

Brüche mit dem Nenner 10, 100 oder 1 000

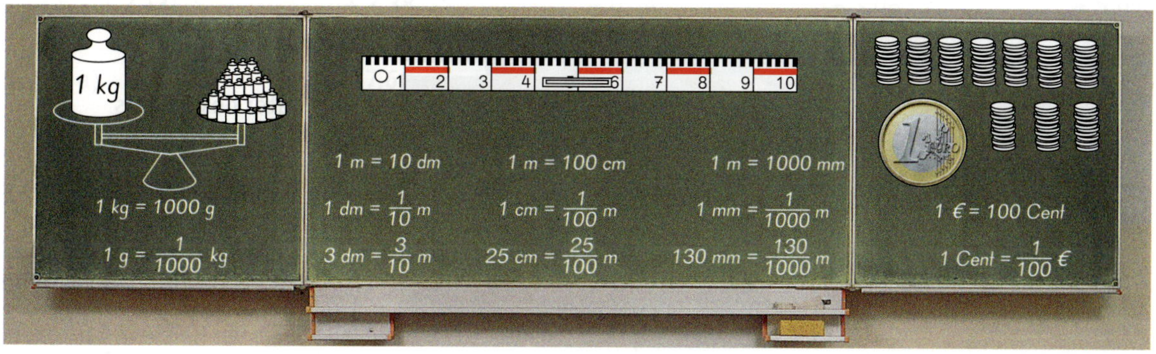

Aufgaben

1. a) 7 dm = ■ m; 8 dm = ■ m b) 15 cm = ■ m; 70 cm = ■ m c) 9 mm = ■ m; 250 mm = ■ m d) 5 Cent = ■ €; 70 Cent = ■ € e) 3 g = ■ kg; 500 g = ■ kg

2. a) $\frac{3}{10}$ m = ■ dm; $\frac{9}{10}$ m = ■ dm b) $\frac{7}{100}$ m = ■ cm; $\frac{86}{100}$ m = ■ cm c) $\frac{10}{1000}$ m = ■ mm; $\frac{360}{1000}$ m = ■ mm d) $\frac{8}{100}$ € = ■ Cent; $\frac{99}{100}$ € = ■ Cent e) $\frac{50}{1000}$ kg = ■ g; $\frac{100}{1000}$ kg = ■ g

3. Schreibe als Bruch mit dem angegebenen Nenner.
a) $1 = \frac{■}{10}$, $1 = \frac{■}{100}$, $1 = \frac{■}{1000}$ b) $2 = \frac{■}{10}$, $2 = \frac{■}{100}$, $2 = \frac{■}{1000}$ c) $7 = \frac{■}{10}$, $7 = \frac{■}{100}$, $7 = \frac{■}{1000}$

4. Addiere die Brüche.
a) $\frac{3}{10} + \frac{4}{10}$ b) $\frac{7}{100} + \frac{9}{100}$ c) $\frac{2}{10} + \frac{7}{10}$ d) $\frac{11}{100} + \frac{6}{100}$ e) $\frac{20}{100} + \frac{13}{100}$ f) $\frac{3}{10} + \frac{3}{10}$
g) $\frac{12}{100} + \frac{7}{100}$ h) $\frac{8}{1000} + \frac{3}{1000}$ i) $\frac{42}{1000} + \frac{5}{1000}$ j) $\frac{60}{100} + \frac{23}{100}$ k) $\frac{205}{1000} + \frac{9}{1000}$ j) $\frac{33}{100} + \frac{26}{100}$

5. Addiere die Brüche wie im Beispiel.
a) $\frac{48}{100} + \frac{16}{100}$ b) $\frac{27}{100} + \frac{34}{100}$ c) $\frac{29}{100} + \frac{44}{100}$ d) $\frac{56}{100} + \frac{19}{100}$
e) $\frac{43}{1000} + \frac{78}{1000}$ f) $\frac{59}{1000} + \frac{79}{1000}$ g) $\frac{141}{1000} + \frac{153}{1000}$ h) $\frac{216}{1000} + \frac{348}{1000}$

$\frac{37}{100} + \frac{28}{100} = \frac{65}{100}$ | Nebenrechnung: 37 + 28 = 65

6. Addiere die Brüche. Notiere das Ergebnis als gemischte Zahl.
a) $\frac{8}{10} + \frac{5}{10}$ b) $\frac{9}{10} + \frac{7}{10}$ c) $\frac{4}{10} + \frac{8}{10}$ d) $\frac{7}{10} + \frac{6}{10}$
e) $\frac{70}{100} + \frac{44}{100}$ f) $\frac{63}{100} + \frac{90}{100}$ g) $\frac{61}{100} + \frac{82}{100}$ h) $\frac{69}{100} + \frac{44}{100}$

$\frac{80}{100} + \frac{33}{100} = \frac{113}{100} = 1\frac{13}{100}$ | $\frac{100}{100} + \frac{13}{100}$

7. Subtrahiere die Brüche.
a) $\frac{5}{10} - \frac{3}{10}$ b) $\frac{9}{10} - \frac{2}{10}$ c) $\frac{8}{10} - \frac{5}{10}$ d) $\frac{12}{10} - \frac{9}{10}$ e) $\frac{11}{100} - \frac{4}{100}$ f) $\frac{68}{100} - \frac{21}{100}$
g) $\frac{157}{100} - \frac{43}{100}$ h) $\frac{108}{100} - \frac{71}{100}$ i) $\frac{16}{1000} - \frac{14}{1000}$ j) $\frac{27}{1000} - \frac{16}{1000}$ k) $\frac{168}{1000} - \frac{161}{1000}$ l) $\frac{276}{1000} - \frac{73}{1000}$

8. Petra befindet sich auf Klassenfahrt und hat unter ihrem Bett alle mitgebrachten Getränke gesammelt: Die Packung Orangensaft enthält $\frac{25}{100}$ *l*. In der Kirschsaft-Flasche sind $\frac{50}{100}$ *l*. Die Flasche Apfelsaft ist mit $\frac{70}{100}$ *l* gefüllt. Vom Mineralwasser sind $\frac{75}{100}$ *l* vorhanden. Stelle mehrere Fragen hierzu. Schreibe deine Antworten auf.

TESTEN · ÜBEN · VERGLEICHEN

1. Welcher Bruchteil ist hier gefärbt?

a) b) c)

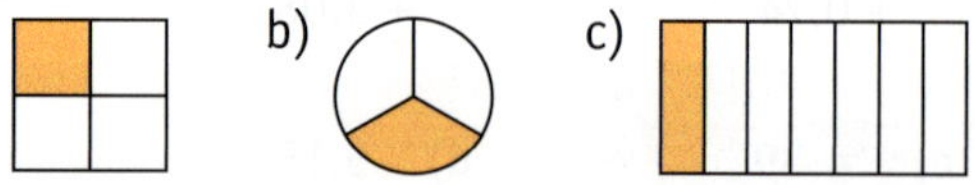

2. Berechne.

a) $\frac{1}{3}$ von 24 € b) $\frac{1}{5}$ von 30 Tagen

c) $\frac{1}{4}$ von 80 kg d) $\frac{1}{2}$ von 60 Minuten

3. Welcher Bruchteil ist hier gefärbt?

a) b) c)

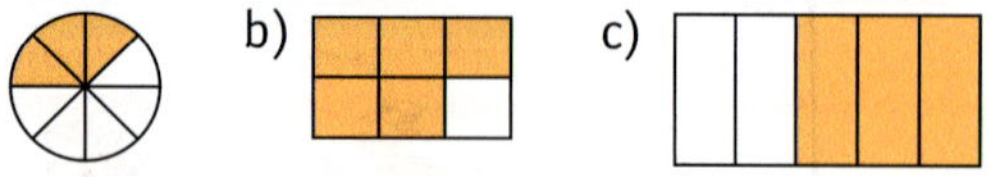

4. Berechne.

a) $\frac{3}{4}$ von 16 € b) $\frac{2}{3}$ von 24 Flaschen

c) $\frac{2}{5}$ von 40 kg d) $\frac{5}{8}$ von 32 Kindern

5. a) $25\,l \xrightarrow{\cdot \frac{3}{5}} \blacksquare$ b) $60 \text{ min} \xrightarrow{\cdot \frac{7}{10}} \blacksquare$

6. Schreibe als gemischte Zahl.

a) $\frac{7}{5}$ b) $\frac{9}{4}$ c) $\frac{8}{7}$ d) $\frac{11}{5}$ e) $\frac{13}{8}$

7. Schreibe als Bruch.

a) $1\frac{2}{3}$ b) $1\frac{1}{8}$ c) $1\frac{3}{10}$ d) $2\frac{2}{5}$ e) $2\frac{6}{7}$

f) $2\frac{1}{4}$ g) $9\frac{1}{2}$ h) $3\frac{3}{5}$ i) $4\frac{2}{3}$ j) $1\frac{5}{9}$

8. a) $\frac{2}{7} + \frac{3}{7}$ b) $\frac{3}{10} + \frac{4}{10}$ c) $\frac{5}{9} + \frac{2}{9}$ d) $\frac{3}{8} + \frac{5}{8}$

9. a) $\frac{5}{6} + \frac{5}{6}$ b) $\frac{4}{5} + \frac{3}{5}$ c) $\frac{8}{9} + \frac{4}{9}$ d) $\frac{6}{7} + \frac{4}{7}$

10. a) $\frac{9}{10} - \frac{3}{10}$ b) $\frac{7}{8} - \frac{3}{8}$ c) $\frac{5}{6} - \frac{1}{6}$ d) $\frac{7}{9} - \frac{2}{9}$

11. a) $\frac{6}{8} + \frac{5}{8}$ b) $\frac{11}{15} - \frac{7}{15}$ c) $\frac{3}{10} + \frac{7}{10}$ d) $\frac{5}{6} - \frac{2}{6}$

e) $\frac{4}{7} + \frac{6}{7}$ f) $\frac{7}{12} - \frac{5}{12}$ g) $\frac{3}{8} + \frac{6}{8}$ h) $\frac{5}{7} - \frac{1}{7}$

12. Schreibe den Bruch als Dezimalbruch.

a) $\frac{3}{10}$ b) $\frac{7}{10}$ c) $\frac{5}{100}$ d) $\frac{9}{100}$

e) $\frac{11}{10}$ f) $\frac{17}{10}$ g) $\frac{31}{100}$ h) $\frac{165}{100}$

13. a) 0,6 + 0,3 b) 0,38 + 0,52 c) 0,67 + 0,19

d) 0,84 + 0,67 e) 0,96 + 1,44 f) 2,85 + 3,09

g) 0,9 − 0,5 h) 0,63 − 0,41 i) 1,84 − 0,76

j) 4,1 − 3,8 k) 5,14 − 2,76 l) 3,04 − 1,71

$\frac{1}{2}$ (ein halb), $\frac{1}{3}$ (ein Drittel), $\frac{1}{4}$ (ein Viertel) usw. heißen **Stammbrüche.**

$\frac{1}{2}$ von einem Ganzen ist die Hälfte.

$\frac{1}{3}$ von einem Ganzen ist der dritte Teil.

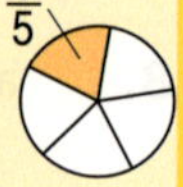

Man erhält einen Bruchteil einer Größe so:

(1) Man **teilt** die Größe **durch** den **Nenner.**

(2) Man **multipliziert** das Ergebnis **mit** dem **Zähler.**

$\frac{3}{5}$ von 20 € = 3 · 4 € = 12 €

Nebenrechnung: 20 € : 5 = 4 €

Brüche größer als 1 kann man als Bruch oder als **gemischte Zahl** notieren.

$\frac{7}{5} = 1\frac{2}{5}$

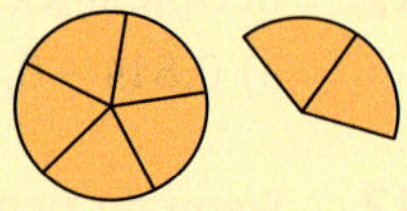

Man addiert zwei Brüche mit gleichem Nenner, indem man die Zähler addiert.

$$\frac{4}{7} + \frac{5}{7} = \frac{4+5}{7} = \frac{9}{7} = 1\frac{2}{7}$$

Man subtrahiert zwei Brüche mit gleichem Nenner, indem man die Zähler subtrahiert.

$$\frac{3}{5} - \frac{2}{5} = \frac{3-2}{5} = \frac{1}{5}$$

Brüche mit den Nennern 10, 100, 1000 usw. kann man als **Dezimalbrüche** schreiben.

$\frac{3}{10} = 0{,}3$ $\frac{7}{100} = 0{,}07$ $\frac{61}{100} = 0{,}61$

Für Dezimalbrüche gibt es eine einfache Form der Addition und Subtraktion.

0,48	0,63
+ 0,83	− 0,47
1 1	1
1,31	0,16

1. Ordne die dargestellten Stammbrüche der Größe nach

a) 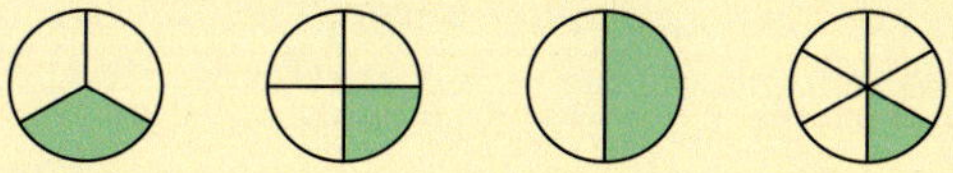

b) 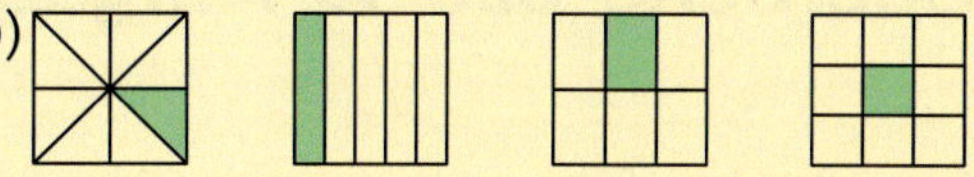

2. Berechne $\frac{1}{4}$ und $\frac{3}{4}$ a) von 36 Nüssen; b) von 48 €; c) von 120 kg; d) von 280 m.

3. a) 15 kg $\xrightarrow{\cdot \frac{3}{5}}$ ■ b) 24 cm $\xrightarrow{\cdot \frac{5}{6}}$ ■ c) 160 € $\xrightarrow{\cdot \frac{3}{8}}$ ■ d) 3,60 € $\xrightarrow{\cdot \frac{4}{6}}$ ■

4. a) $\frac{1}{3}$ von ■ = 7 € b) $\frac{3}{10}$ von ■ = 12 *l* c) ■ $\xrightarrow{\cdot \frac{3}{5}}$ 12 m d) ■ $\xrightarrow{\cdot \frac{7}{10}}$ 14 kg

5. a) $\frac{3}{7} + \frac{2}{7}$; $\frac{5}{7} - \frac{1}{7}$ b) $\frac{5}{8} - \frac{2}{8}$; $\frac{4}{8} + \frac{4}{8}$ c) $1 + \frac{3}{5}$; $1 - \frac{2}{5}$ d) $\frac{7}{10} + \frac{8}{10}$; $1 - \frac{97}{100}$

Wähle weitere 5 Aufgaben aus

1. Berechne das Ergebnis in beiden Maßeinheiten a) 1,2 kg + 700 g b) $\frac{1}{2}$ m + 30 cm

2. Berechne und vergleiche. Was ist mehr?

a) 25 cm oder $\frac{5}{10}$ m b) $\frac{7}{10}$ cm oder 10 mm c) $1\frac{1}{2}$ h oder 100 min d) 1000 oder $\frac{1}{10}$ Mio.

3. Bei einem Würfel ist die Hälfte aller Seitenflächen rot. Eine Fläche ist blau. Die übrigen Flächen sind grün.

a) Wie viele rote Seitenflächen hat der Würfel?

b) Welcher Bruchteil der Würfeloberfläche ist blau?

c) Wie viele grüne Flächen hat der Würfel? Gib auch den Bruchteil an.

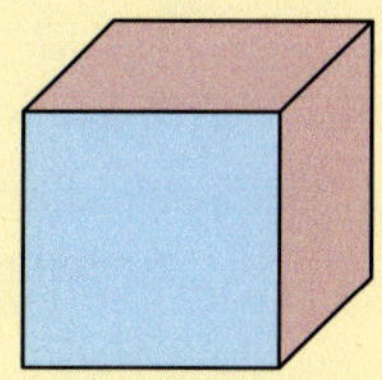

4. In einer 5. Klasse sind 24 Kinder. Stelle zu der Angabe eine Frage. Schreibe einen Antwortsatz.

a) Zwei Drittel der Kinder können schwimmen.

b) Acht Kinder dieser Klasse haben Sport als Lieblingsfach.

5. Die vier Figuren sind der Beginn einer Serie von Quadraten.

a) Wie sieht wohl die 5. Figur der Serie aus? Zeichne auf Karopapier.

b) Welcher Anteil des Quadrats ist in der 1. Figur, welcher in der 2., 3. und 4. Figur gefärbt?

c) Denke dir die 10. Figur. Ist darin mehr oder weniger als die Hälfte gefärbt?

d) In der wievielten Figur sind $\frac{9}{10}$ der Felder gefärbt?

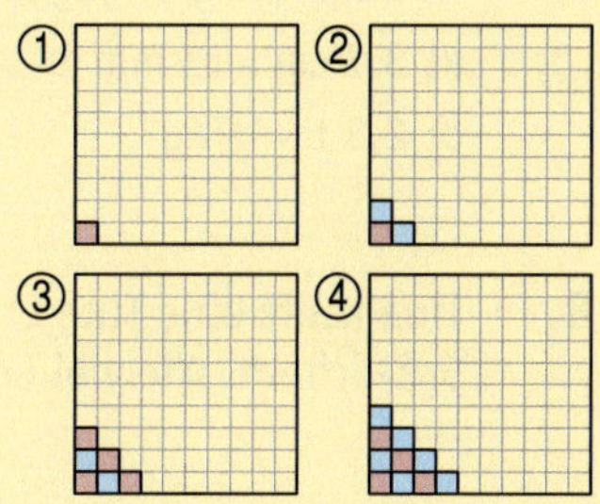

6. Wähle zwei Gefäße aus. Zusammen sollen sie mehr als 1 *l* fassen. Gib alle Möglichkeiten an.

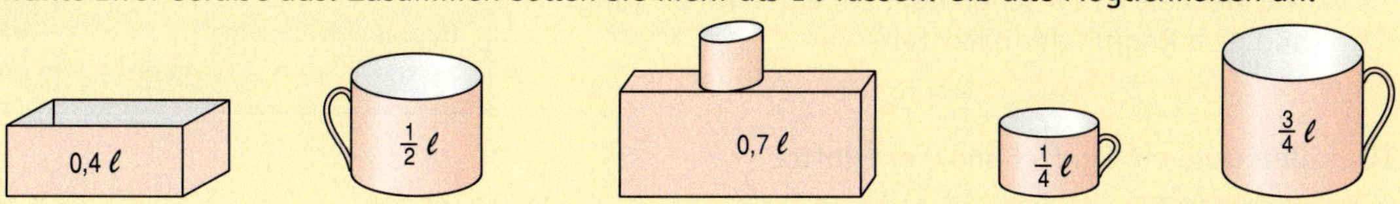

Bearbeite alle 10 Aufgaben.

1. Runde auf Hunderttausender und auf Millionen.

a) 105 798 642 b) drei Millionen zweiundfünzigtausend

2. Schreibe die nächsten drei Zahlen auf.

a) 11, 33, 55, ... b) 1, 2, 4, 8, 16, ...

c) 1, 4, 9, 16, 25, ... d) 3, 5, 6, 10, 9, 15, ...

3. Schreibe zuerst eine Überschlagsrechnung auf. Dann rechne genau.

a) 3 504 + 55 886 + 20 887 b) 1049 · 207

c) 388 886 – 64 782 – 306 550 d) 28 132 : 26

4. Wie heißt der Körper? Wie viele Flächen, Kanten und Ecken hat er?

a) 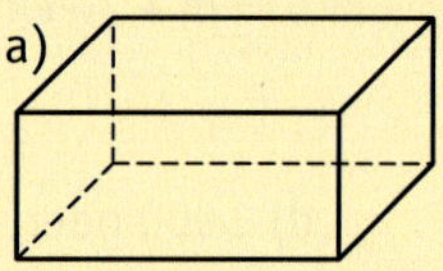
b) 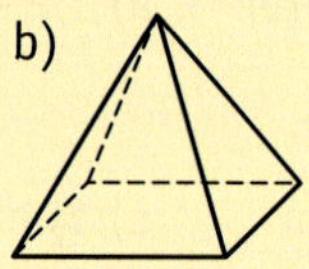
c) 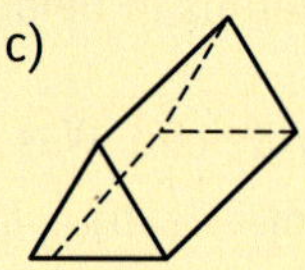
d) 

5. a) Zeichne das Viereck ab. Trage alle Symmetrieachsen ein.

b) Welche Seiten stehen senkrecht aufeinander, welche sind parallel zueinander?

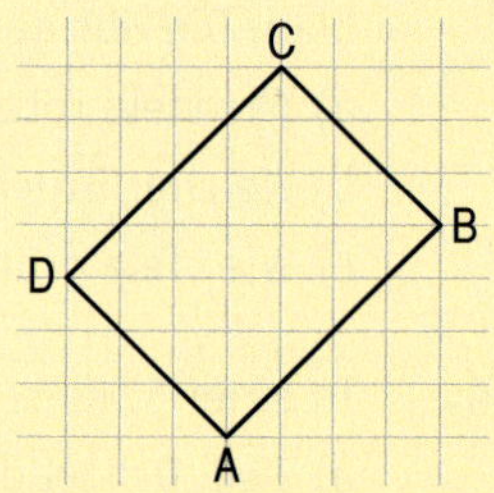

6. a) Zeichne ein Rechteck mit 5 cm und 2 cm Seitenlängen.

b) Bestimme Umfang und Flächeninhalt des Rechtecks (aus a).

7. Wandle in die angegebene Einheit um.

a) 3,7 cm = ■ mm b) 1 150 dm = ■ m

c) 2,3 t = ■ kg d) 775 g = ■ kg

8. Tina kauft eine Tüte Chips zu 1,28 € und eine Flasche Limo zu 0,78 €. Sie bezahlt mit einem 5-€-Schein. Wie viel Geld bekommt sie zurück?

9. Ein Kinofilm beginnt um 15.30 Uhr. Der Film dauert mit Werbung insgesamt 110 Minuten. Wie viel Zeit ist zwischen dem Ende der Vorstellung und dem Beginn der nächsten?

Das Wunder von Bern

Beginn jeweils um:

15.30 17.30 23.00 22.00 Uhr

10. Berechne ein Fünftel und vier Fünftel

a) von 10 €; b) von 1 m; c) von 45 cm; d) von 1 Million.

Wähle weitere 10 Aufgaben dieser oder der folgenden Seite aus.

1. a) 112 + (12 + 5) – 15 b) (52 – 41) – 3 + 37
c) 82 – 72 : 6 d) (37 – 22) · (32 – 24)

2. a) Bilde die Summe der Zahlen 112 504, 5 484 und 27 058.
b) Halbiere die Zahl 400 und subtrahiere vom Ergebnis die Zahl 125.

3. Zeichne Säulen für die Höhen der genannten Bauwerke. Runde zunächst die Höhen auf 10 m. Zeichne 1 cm für 100 m Höhe und vergiss die Beschriftung im Schaubild nicht.

Kölner Dom	159 m	Stuttgarter Fernsehturm	212 m
Empire State Building (New York)	380 m	Ulmer Münster	161 m
Eiffelturm (Paris)	321 m	Olympiaturm (München)	290 m

4. Wie heißt das Viereck? Hat es eine oder sogar mehrere Symmetrieachsen? Mache eine Skizze.

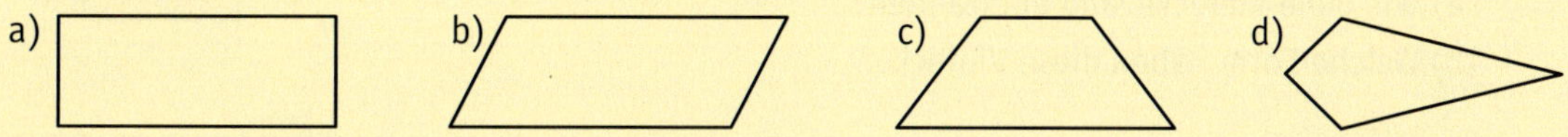

5. Übertrage in dein Heft. Ergänze die Teilfigur zu einer achsensymmetrischen Figur.

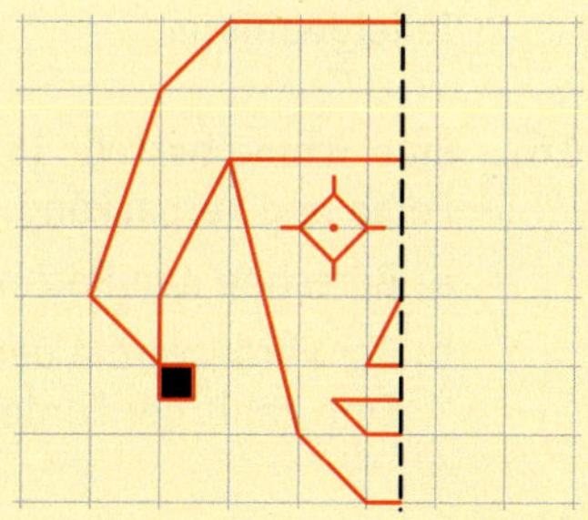

6. Auf Karopapier sind vier Kästchen zusammen 1 cm^2 groß.
a) Zeichne ein Rechteck mit einem Flächeninhalt von 12 cm^2. Wie lang ist sein Umfang? Gib zwei Möglichkeiten an.
b) Zeichne ein Quadrat mit einem Flächeninhalt von 25 cm^2. Wie lang ist sein Umfang?

7. Diese Zahlen haben etwas mit Quadratzahlen zu tun. Ergänze drei weitere Zahlen.
a) 2, 5, 10, 17, 26, ... b) 0, 3, 8, 15, 24, 35, ...

8. Welcher Körper hat diese Eigenschaft?
a) Der Körper hat nur rechteckige Flächen. Zeichne sein Netz.
b) Der Körper hat genau eine quadratische Fläche und sonst nur dreieckige Flächen. Wie viele Flächen hat der Körper? Skizziere sein Netz.

9. Das Würfelnetz ist auf der Grundfläche G festgeklebt. Die anderen Flächen werden zu einem Würfel aufgefaltet. Welche Fläche ist dann vorne, hinten, links, rechts und oben?

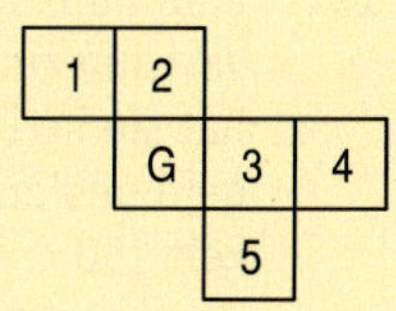

10. Arbeite mit einem Quadratgitter. Wähle als Einheit 1 cm (2 Kästchen).
a) Trage die Punkte ein: A(1|1) B(5|1) C(5|5) D(3|7) E(1|5)
b) Wähle jetzt als Spiegelachse die Gerade BC. Spiegele die Punkte A, B, C, D, E an BC. Wenn du nun Punkte passend durch Strecken verbindest, erhältst du 10 Dreiecke. Diese bilden das „Doppelhaus des Nikolaus".

11. Mira hat 60 Nüsse. Sie gibt Ahmed davon die Hälfte und Frederik ein Fünftel. Wie viele Nüsse hat Mira dann noch übrig für sich?

12. Von einem Würfel sind zwei Flächen blau gefärbt, eine orange und die restlichen nicht gefärbt. Beachte das Würfelbild.

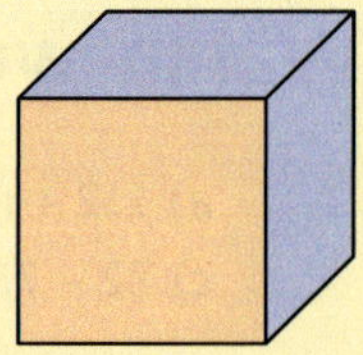

a) Zeichne ein Netz des Würfels. Färbe die Flächen.

b) Welcher Bruchteil der Würfeloberfläche ist blau, welcher orange und welcher nicht gefärbt?

13. a) Wie lang ist der Umfang der T-Figur?

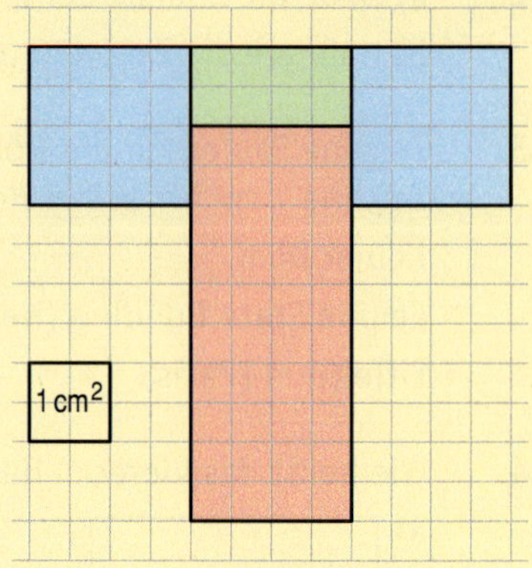

b) Welchen Flächeninhalt hat die T-Figur?

c) Wie groß ist der Flächeninhalt der blau gefärbten Teilfläche der T-Figur?

d) Welcher Bruchteil der Figur ist rot, welcher Bruchteil ist grün gefärbt?

14. Zeichne eine Gerade g. Zeichne mit dem Geodreieck drei zu g senkrechte Geraden und drei zu g parallele Geraden.

a) Wie viele Vierecke sind entstanden?

b) Welche Form haben diese Vierecke?

15. Multipliziere 326 mit 35 und dividiere 345 durch 15. Berechne dann die Summe der beiden Teilergebnisse.

16. Eine Schule bestellt 16 Fußbälle zu je 19,75 €. Zum Preis für die Bälle kommen noch 6,90 € für Porto und Verpackung.

a) Berechne den Rechnungsbetrag.

b) Der Förderverein der Schule übernimmt die Hälfte der Kosten für die neuen Fußbälle. Wie viel Euro zahlt der Förderverein?

17. Schreibe zu dem Rechenausdruck eine passende Text-Aufgabe oder Rechengeschichte.
Rechenausdruck: $12 + 5 \cdot 7$. So kann der Text beginnen: „Frau Müller kauft 5 …“. Schreibe auch eine Antwort auf.

18. Nordrhein-Westfalen hat eine Fläche von 34 070 km², das Saarland von 2 571 km². Wie viel mal passt die Fläche des Saarlands in die von Nordrhein-Westfalen ungefähr hinein?

19. Frau Flink arbeitet seit 25 Jahren in einem Textilgeschäft als Verkäuferin. Ihr monatliches Gehalt beträgt 1 250 €. Zusätzlich hat sie im letzten Jahr 375 € Urlaubsgeld, 900 € Weihnachtsgeld und zu ihrem Jubiläum für jedes Jahr Betriebszugehörigkeit 150 € erhalten. Berechne ihren Jahresverdienst für das vergangene Jahr.

20. Schreibe die wichtigen Informationen auf und löse die Aufgabe. Am 1. Adventssamstag findet in der Kantschule ein Weihnachtsbasar statt. Die Klasse 5c (12 Mädchen und 14 Jungen) hat zum Verkauf 6 kg Kekse gebacken. Dafür hat sie 3 Stunden gebraucht. Die Kekse werden in Tüten zu je 75 g verpackt. Eine Tüte soll 0,65 € kosten.

a) Wie viele Tüten Kekse kann die Klasse verkaufen?

b) Wie hoch ist die Einnahme, wenn alle Tüten verkauft werden?

Lösungen der TÜV-Seiten

Seite 23

1. eins; zehn; hundert; tausend; zehntausend; hunderttausend; eine Million; zehn Millionen; hundert Millionen; eine Milliarde; zehn Milliarden; hundert Milliarden; eine Billion.

2. a) zwölf
dreihundertfünfzehn
b) zwölftausenddreihundert
dreihundertvierundzwanzigtausend
c) neunhundertsiebentausend
eine Million zweihunderttausend

3. 12 Mrd. 78 Mio. 905 T 346 = 12 078 905 346
100 Mrd. 269 Mio. 1 T 407 = 100 269 001 407
3 B. 267 Mrd. 310 Mio. 38 T 760 = 3 267 310 038 760

4. a) 12 034 670; 305 780 129;
b) 1 357 000 890; 1 037 419 300 000

5. –

6. a) 19 997, 19 998, 19 999, 20 000, 20 001, 20 002, 20 003, 20 004
b) 3 990, 3 991, 3 992, 3 993, 3 994, 3 995, 3 996, 3 997, 3 998, 3 999
c) 335 794, 335 795, 335 796, 335 797, 335 798, 335 799, 335 800
d) 4 444 999, 4 445 000, 4 445 001, 4 445 002, 4 445 003, 4 445 004

7. a) A = 90 000 B = 170 000
C = 370 000 D = 410 000
b) 510 000 < E < 520 000

8. a) 608 < 615 b) 852 > 851
c) 1 000 = 10 · 100 d) 100 · 100 < 1 Mio.

9. a) 2 000; 13 000; 140 000
b) 500; 1 200; 50 000 c) 20; 350; 7 900

10.

Rhein	1 330 km	(13,3 cm)
Mosel	550 km	(5,5 cm)
Main	520 km	(5,2 cm)
Neckar	370 km	(3,7 cm)
Lahn	250 km	(2,5 cm)
Nagold	90 km	(0,9 cm)

11. a) Düsseldorf – Bremen: ≈ 280 km b) Stuttgart – Köln: ≈ 310 km

Seite 41

1. a) 30 + 70 = 100 b) 26 + 32 = 58 c) 48 + 26 = 74 **2.** a) 90 – 50 = 40 b) 75 – 24 = 51 c) 52 – 37 = 15

3. 37 + 25 = 62 **4.** 27 – 18 = 9 **5.** a) 31 b) 64 c) 52 d) 48

6. a) 76 $\xrightarrow{+24}$ **100** $\xrightarrow{+13}$ **113**
b) 58 $\xrightarrow{-18}$ **40** $\xrightarrow{-12}$ **28**

7. a) 45 b) 41 c) 72 d) 54

8. a) 1 b) 22
10 70

9. a) 8 + (3 + 7) = 18
(59 + 41) + 27 = 127
b) 23 + (16 + 4) = 43
(99 + 11) + 29 = 139

10. a) 79 – 9 + 17 = 87
138 – 38 + 53 = 153
b) 127 – 27 – 73 = 27
509 – 9 – 91 = 409

11. a) Überschlag: 400 + 500 = 900; genau: 823
b) Ü: 41 200 + 100 + 1 200 = 42 500; genau: 42 510
c) Ü: 500 – 200 = 300; genau: 274
d) Ü: 28 600 – 200 – 1 300 = 27100; genau: 26 999
e) Ü: 12 000 + 100 000 = 112 000; genau: 111 928
f) Ü: 35 000 – 1 000 – 17 000 = 17 000; genau: 16 265

12. a) 23 b) 89 **13.** Tobias muss insgesamt 47,36 € bezahlen; er hat dann 2,64 € übrig. **14.** a) 3 002 b) 12 637

Seite 55

1.

Körper	Anzahl der Flächen	Kanten	Ecken
Würfel	6	12	8
Quader	6	12	8
Prisma	5	9	6
Pyramide	5	8	5
Zylinder	3	2	0
Kegel	2	1	1
Kugel	1	0	0

2. a) Würfel, Quader, Prisma, Pyramide b) Pyramide

3. a) Würfelnetz b) kein Würfelnetz

4. a) senkrecht zu a: b und c; parallel zu a: d und e
b) senkrecht zu a: b und c; parallel zu a: d und e

5. a) waagerecht: b, x b) lotrecht: y, w

6./7.

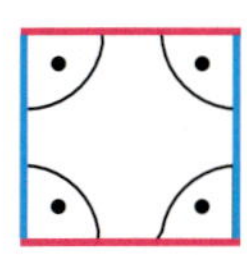

8. Zwei quadratische Flächen (4 cm x 4 cm)

Seite 85

1. a) 45 b) 17 c) 60 d) 7 **2.** a) **4** · 9 = 36 b) **35** : 7 = 5 c) 8 · **5** = 40 d) 48 : **4** = 12 **3.** 48 : 48 = 1

4. a) 1 b) 13 c) 0 d) 0
0 0 10 geht nicht

5. a) 1700 b) 47 c) 1 200
650 250 470
21 200 38 82

6. a) 40 · **100** = 4 000   b) 3 000 : **10** = 300
200 · **10** = 2 000   50 000 : **100** = 500

7. a) 96 b) 3
81 140

8. a) 44 b) 19
33 56

9. a) 2 b) 16
25 32

10. a) (25 · 4) · 39 = 3 900   b) (50 · 2) · 88 = 8 800
c) (40 · 5) · 118 = 23 600   d) (4 · 25) · 67 = 6 700

11. a) 700 b) 873 c) 210
d) 368 e) 300 f) 600

12. a) 2 115 b) 21 120 c) 5 775
5 712 14 220 14 896

13. 12 · 145 € = 1 740 €

14. a) 121 b) 53 c) 318
594 63 352

15. 490 € : 14 = 35 € pro Person

Seite 109

1. a) $\overline{CD} < \overline{AB} < \overline{BC} < \overline{AC} = \overline{BD} < \overline{AD}$ b) –   c) 6 Geraden

2. a)/b) –   c) D hat 6,1 cm Abstand.

3. a) –   b) 8,6 cm   **4.** –   **5.** –   **6.** –

7. a) Rechteck   b) Parallelogramm   **8.** –

Seite 135

1. a) 73 mm   b) 272 cm   c) 4 820 m

2. a) 6,4 cm b) 17,5 dm c) 8,7 km
12,3 cm 23,8 dm 1,14 km

3. a) 42 mm b) 458 cm c) 3 700 m
87 mm 107 dm 4 250 m

4. a) Es fehlen noch 3,70 m.   b) 9,20 m   **5.** 44,40 km   **6.** 6,25 km   **7.** a) 4 250 g   b) 2 050 g   c) 3 400 kg

8. a) 3,72 kg   b) 5,18 kg   c) 12,7 t   **9.** a) 4 630 g   b) 1 500 g   c) 5 800 kg   **10.** a) 20,2 kg   b) Der Inhalt wiegt 15,8 kg.

11. a) 43,2 kg   b) 625 g pro Person

12. a) 60 Monate b) 102 h c) 120 min d) 195 min
e) 240 s f) 165 s g) 12 h h) 8 min

13.

	a)	b)	c)	d)
Anfang	8.15 Uhr	12.30 Uhr	9.45 Uhr	**13.45 Uhr**
Dauer	**2 h 15 min**	**4 h 45 min**	2 h 10 min	4 h 30 min
Ende	10.30 Uhr	17.15 Uhr	**11.55 Uhr**	18.15 Uhr

14. a) Sie ist 6 m lang.
b) Sie ist 3 mm lang.

Seite 153

1. –   **2.** a) 4 cm^2 b) 2 cm^2 c) 2 cm^2

3. a) 100 cm^2 b) 3 cm^2 c) 5 600 cm^2
2 100 cm^2 25 cm^2 2 cm^2
750 cm^2 0,5 cm^2 2 550 cm^2

4. a) 100 mm^2 b) 10 dm = 100 cm = 1 m

5. a) 9 ha = 900 a   b) 450 km^2 = 45 000 ha   c) 2 900 a = 29 ha   d) 56 700 m^2 = 567 a
37 m^2 = 3 700 dm^2 625 a = 62 500 m^2 800 ha = 8 km^2 350 dm^2 = 3,5 m^2

6. a) 180 cm^2 b) 1 568 cm^2 **7.** a) 6 cm   b) 27 cm   **8.** 108 cm^2 **9.** 600 m^2 = 6 a

10. Für beide Rechtecke ist u = 22 cm.   **11.** a) Breite: 7 cm   b) Länge: 34,5 cm

Seite 170

1. a) $\frac{1}{4}$ b) $\frac{1}{3}$ c) $\frac{1}{7}$ **2.** a) 8 €   b) 6 Tage   c) 20 kg   d) 30 Minuten   **3.** a) $\frac{3}{8}$ b) $\frac{5}{6}$ c) $\frac{3}{5}$

4. a) 12 €   b) 16 Flaschen   c) 16 kg   d) 20 Kinder   **5.** a) 15 *l*   b) 42 min   **6.** a) $1\frac{2}{5}$ b) $2\frac{1}{4}$ c) $1\frac{1}{7}$ d) $2\frac{1}{5}$ e) $1\frac{5}{8}$

7. a) $\frac{5}{3}$ b) $\frac{9}{8}$ c) $\frac{13}{10}$ d) $\frac{12}{5}$ e) $\frac{20}{7}$ f) $\frac{9}{4}$ g) $\frac{19}{2}$ h) $\frac{18}{5}$ i) $\frac{14}{3}$ j) $\frac{14}{9}$ **8.** a) $\frac{5}{7}$ b) $\frac{7}{10}$ c) $\frac{7}{9}$ d) $\frac{8}{8} = 1$

9. a) $\frac{10}{6} = 1\frac{4}{6}$ $(= 1\frac{2}{3})$ b) $\frac{7}{5} = 1\frac{2}{5}$ c) $\frac{12}{9} = 1\frac{3}{9}$ $(= 1\frac{1}{3})$ d) $\frac{10}{7} = 1\frac{3}{7}$ **10.** a) $\frac{6}{10}$ $(= \frac{3}{5})$ b) $\frac{4}{8}$ $(= \frac{1}{2})$ c) $\frac{4}{6}$ $(= \frac{2}{3})$ d) $\frac{5}{9}$

11. a) $\frac{11}{8} = 1\frac{3}{8}$ b) $\frac{4}{15}$ c) $\frac{10}{10} = 1$ d) $\frac{3}{6}$ $(= \frac{1}{2})$ e) $\frac{10}{7} = 1\frac{3}{7}$ f) $\frac{2}{12}$ $(= \frac{1}{6})$ g) $\frac{9}{8} = 1\frac{1}{8}$ h) $\frac{4}{7}$

12. a) 0,3   b) 0,7   c) 0,05   d) 0,09   e) 1,1   f) 1,7   g) 0,31   h) 1,65

13. a) 0,9   b) 0,9   c) 0,86   d) 1,51   e) 2,4   f) 5,94   g) 0,4   h) 0,22   i) 1,08   j) 0,3   k) 2,38   l) 1,33

Lösungen der Diagnosetests

Seite 24

Grundaufgaben

1. a) ZT b) 100 Mio **2.** a) 220 500 b) 7 015 001

3. 2 220; 2 640; 2 740; 2 870 **4.** a) 76 563 200 b) 76 560 000

5. a) 24, 23, ... Regel: + 5, – 1, + 5, – 1, ... b) 60, 90, ... Regel: – 15, + 30, – 15, + 30, ...

Wahlaufgaben

1. a) 105 010 b) 52 042 006 **2.** a) fünfzehntausenddreihundertvierundzwanzig
b) zwei Millionen fünfhunderteintausendeinundsiebzig

3. 843 709 260

4. 4 560, 5 046, 5 406, 5 460, 5 604, 6 540 **5.** a) 30 950, 31 049 b) 270 450, 270 549

6. Dieter: 6 Stimmen; Uta 8 Stimmen; Kerstin: 5 Stimmen

7.

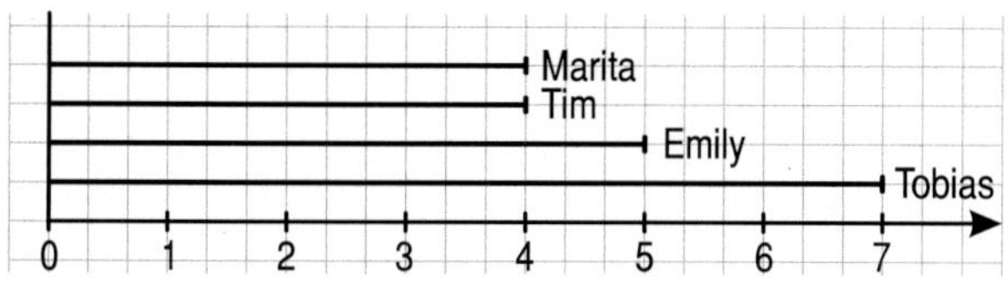

8. a) 14; 1 865 b) MCMLIX; MMIX **9.** a) 1 111 b) 888 888

10. Runden: 2 000 t Kunststoffe, 1 000 t Metalle, 21 000 t Papier und Pappe, 7 000 t Glas
Ordnen: 21 000, 7 000, 2 000, 1 000

11. a) 10011001 b) 93

Seite 42

Grundaufgaben

1. a) 157 b) 576 **2.** a) 27 b) 51 **3.** 400

4. a) 10 925 b) 6 832 **5.** a) 2 696 b) 2 417

Wahlaufgaben

1. Rechnung: 9 780 *l* – 3 720 *l* – 5 812 *l*; Ergebnis: 248 *l*; Antwortsatz: Der Tankwagen fährt mit 248 *l* Diesel zurück.

2. Rechnung: 124 + (124 – 15); Ergebnis: 233 Autos; Antwortsatz: Es parken insgesamt 233 Autos.

3. Rechnung: 18 200 € + 300 € – 5 800 €; Ergebnis: 12 700 €; Antwortsatz: Frau Berg muss noch 12 700 € bezahlen.

4. a) richtig b) falsch (richtig ist 10 167)

5. a) 30,75 €; Die Geldscheine sind zusammen 30 €, das sind 0,75 € = 75 Cent zu wenig.
b) 438,40 €; Die Geldscheine sind zusammen 450 €, das sind 11,60 € zu viel.

6. a) 1 565 km – 1 479 km = 86 km Sie ist 86 km geradelt.
b) 1 641 km – 1 357 km = 284 km Die Radtour war 284 km lang.

7. Rechnung: 1 690 € – 420 € – 640 € – 170 € – 140 € = 320 €; Frau Rissler bleiben im Monat noch 320 € übrig. Da $320 < 425$ ist, reicht das nicht für ein neues Fernsehgerät. Dafür müsste Frau Rissler zwei Monate lang sparen.

Seite 56

Grundaufgaben

1. a) Quader b) Kugel c) Kegel d) Zylinder **2.** a) 5 Flächen, 9 Kanten b) 5 Flächen, 5 Ecken

3. a) nein b) ja c) ja d) ja **4.** $a \perp b$; $a \perp c$; $a \parallel d$; $a \parallel e$

5. Lasse deine Zeichnungen von der Lehrerin oder dem Lehrer kontrollieren.

Wahlaufgaben

1. a) Quader, Würfel b) Prisma, Pyramide

2. a) Zylinder b) Kugel

3. 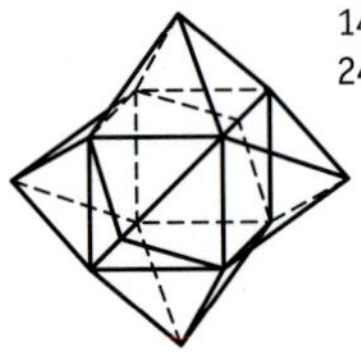

14 Ecken, 36 Kanten, 24 Flächen

4. 1 links, 2 hinten, 3 rechts, 4 vorne, 5 oben

5. Rechnung: 4 · 4 cm + 4 · 6 cm + 4 · 8 cm
Ergebnis: 72 cm
Der Draht muss mindestens 72 cm lang sein.

6. a und **h**; c und **d**; e und **b**; n und **k**.

7. Mehrere Möglichkeiten. (Die Zeichnung muss immer von der Lehrerin oder dem Lehrer kontrolliert werden.)

Seite 86

Grundaufgaben

1. a) 105 b) 12

2. a) **100** · 8 = 800 b) **4 000** : 4 = 1 000

3. a) 2 912 b) 56 364

4. a) 37 b) 405

5. a) 120 · 14 € = 1 680 € b) 3 150 € : 45 = 70 €

Wahlaufgaben

1. a) (7 · 5) · 2 = 70
b) (40 + 20) : 3 = 60 : 3 = 20

2. a) (4 · 25) · 37 = 100 · 37 = 3 700
b) (3 + 7) · 27 = 10 · 27 = 270

3. a) Die Eltern zusammen sind 40 + 42 = 82 Jahre alt. Beide Eltern sind gleich alt, also 82 : 2 = 41 Jahre. Der Vater ist 41 Jahre alt.
b) Suse hat eine Schwester (und zwei Brüder), zusammen vier Kinder.
c) Die Brüder sind beide 10 Jahre alt, zusammen 20 Jahre. Suse und ihre Schwester sind zusammen 40 – 20 = 20 Jahre.
Rechnung: ■ +(■ + 6) = 20 ■ = 7 Suse ist 7 Jahre alt, ihre Schwester ist 13 Jahre alt.

4. 684 : 12 = (660 + 24) : 12 = 55 + 2 = 57

5. 135 € : 3 + 7 € = 45 € + 7 € = 52 €; Jeder der Freunde zahlt 52 €.

6. 65 € · 18 · 3 = 3 510 € Der Aufenthalt kostet 3 510 €.

7. Höchstens 999 · 99 = 98 901

8. 17 · 5 = 85; 24 · 8 = 192; 85 + 192 = 277

9. 95 : 5 = 19; 38 · 4 = 152; 152 – 19 = 133

10. Rechnung:(19 € + 14 €) : 3 = 33 € : 3, Ergebnis: 11 €; Jedes Kind zahlt 11 €.

11. 435 · 4 = 170 falsch, Ü: 400 · 4 = 1 600 518 : 7 = 74 richtig, Ü: 490 : 7 = 70
284 · 5 = 1 420 richtig, Ü: 300 · 5 = 1 500 2 016 : 8 = 22 falsch, Ü: 2 000 : 10 = 200

12. a) 1, 4, 9, 16, **25, 36, 49**
b) 2, 8, 18, 32, 50, **72, 98, 128**

Seite 110

Grundaufgaben

1. a) $b \perp e$, $b \perp f$, $g \perp e$, $g \perp f$, $h \perp f$
b) $a \parallel c$, $b \parallel g$, $b \parallel h$, $g \parallel h$, $d \parallel i$, $e \parallel f$

2. – vom Lehrer/Lehrerin kontrollieren lassen!

3. 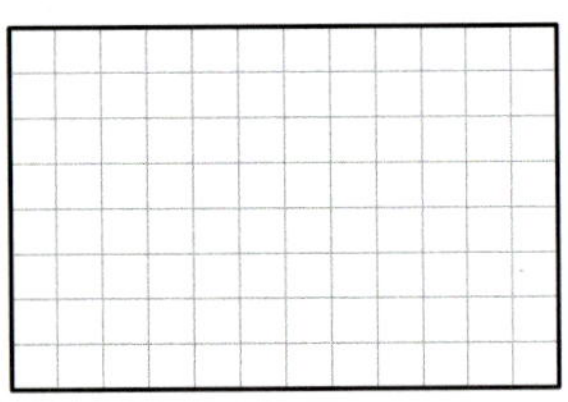

4. a) keine Gerade, eine Strecke $\overline{AB}$, Strahlen $\overline{AB}$ und $\overline{B...}$
b) eine Gerade durch C und D, eine Strecke $\overline{CD}$, Strahlen $\overline{CD}$, $\overline{DC}$, $\overline{D...}$, $\overline{...C}$

5. a) 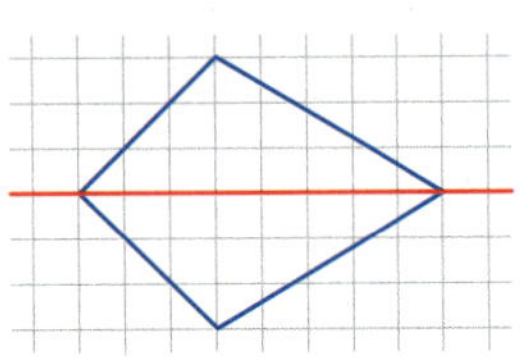

b) 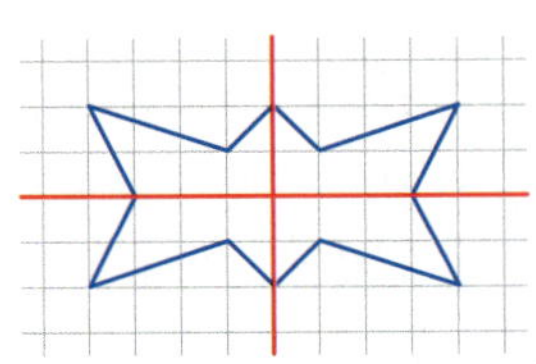

Wahlaufgaben

1. a)

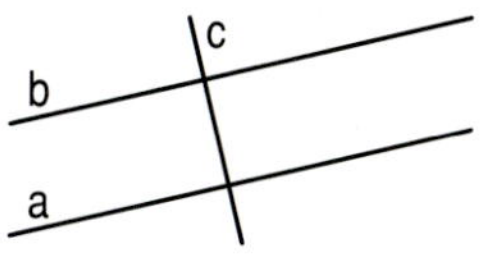

$a \parallel b$, $a \perp c$

b)

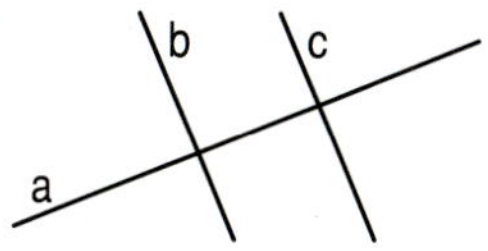

$a \perp b$, $b \parallel c$

2.

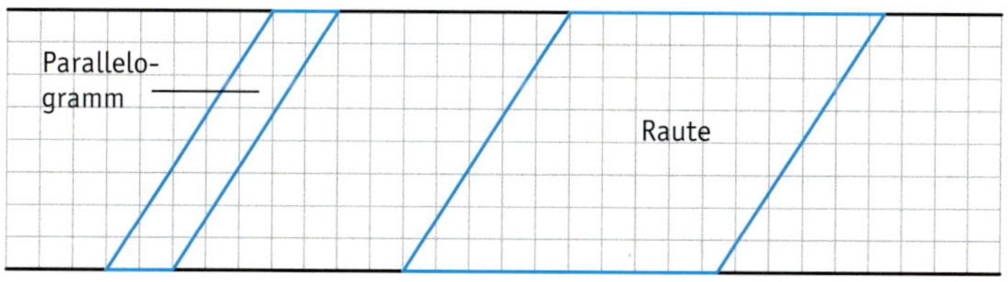

3.

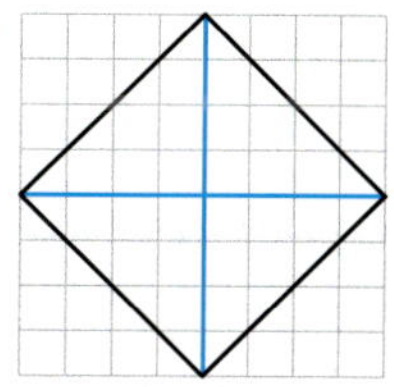

4. a)

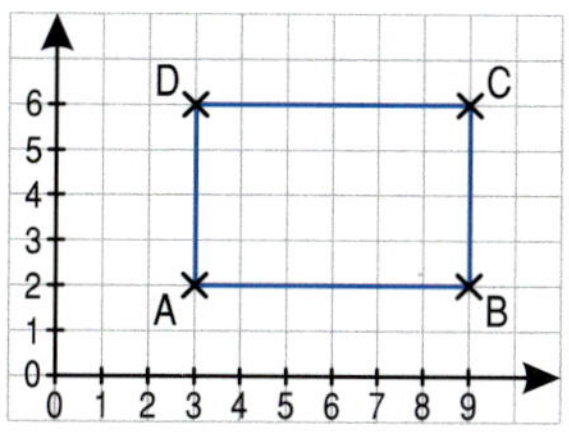

D (3 | 6)

b)

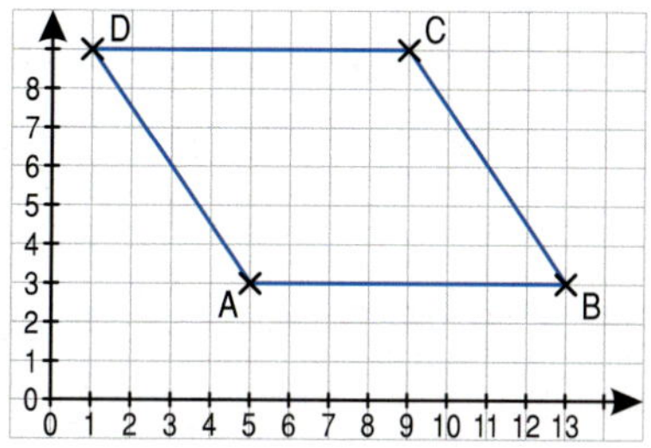

C(9 | 9)

5. Sebastian hat Recht. Er zeichnet ein Quadrat. Jedes Quadrat ist auch Rechteck, Parallelogramm und Raute.

6.

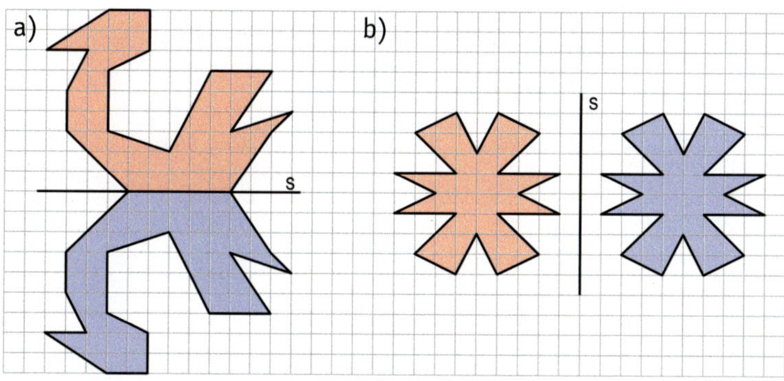

Seite 136

Grundaufgaben

1. 5,12 € **2.** 3,7 cm b) 1,130 km **3.** a) 7 350 g b) 2 050 kg

4. a) 240 min b) 76 h

5. a) 49,5 kg – 41 kg = 8,5 kg b) 310,0 km – 234,5 km = 75,5 km

Wahlaufgaben

1. a) 6 · 1,78 € = 10,68 €
b) Man spart 1,14 €. (10,68 € – 9,54 € = 1,14 €)

2. a) 19,3 kg b) 2,056 t

3. Pkw mit Fahrrädern ist 1,48 m + 0,88 m = 2,36 m hoch. Man darf nicht in das Parkhaus fahren, denn 2,36 m > 2,10 m.

4. a) Timo verbringt täglich 5 h 25 min in der Schule.
b) 5 · (5 h 25 min) = 25 h 125 min = 27 h 5 min; Pro Woche sind es 27 h 5 min.

5. 72 km

6. a) $15 \cdot 9{,}4$ km = 141 km; Die Gesamtstrecke ist 141 km lang.
   b) $141 : 35 \approx 140 : 35 = 4$. Peter würde ungefähr 4 Stunden brauchen.

7. Peter ist an 190 Tagen zur Schule geradelt, an jedem Tag zweimal 1,3 km (hin und zurück).
   Insgesamt ist er $190 \cdot 2 \cdot 1{,}3$ km = 494 km geradelt.

Seite 154

Grundaufgaben

1. Englischbuch 340 cm², Sportplatz 1 ha, Badetuch 2 m², Briefmarke 6 cm², Bauplatz 6 a.

2. a) $6\text{ cm} \cdot 4\text{ cm} = 24\text{ cm}^2$ b) 6 cm + 4 cm + 6 cm + 4 cm = 20 cm

3. a) 7 cm² b) 14 cm²

4. a) 20 cm² = **2 000 mm²** 2,5 dm² = **25 000 mm²** b) 1 m² = **10 000 cm²** 0,5 m² = **5 000 cm²**

5. a) 300 m² = **3 a** 4 900 ha = **49 km²** b) 25 000 ha = **250 km²** 90 a = **0,9 ha**

Wahlaufgaben

1. –, Seitenlängen z. B. 1 cm und 18 cm oder 2 cm und 9 cm oder 3 cm und 6 cm oder 4 cm und 4,5 cm

2. A, D und F je 20 Kästchen B und E je 19 Kästchen (C hat $21\frac{1}{2}$ Kästchen)

3. (Rechteck mit Seiten 12 cm und 8 cm zeichnen) Mindestfläche $120\text{ cm} \cdot 80\text{ cm} = 9\,600\text{ cm}^2 = 96\text{ dm}^2 = 0{,}96\text{ m}^2$

4. Umfang: 120 cm + 80 cm + 120 cm + 80 cm = 400 cm = 4 m
   Man braucht 4 m Gitterdraht, 50 cm breit (= 2 m²).
   Für den Deckel braucht man $120\text{ cm} \cdot 80\text{ cm} = 9\,600\text{ cm}^2 = 0{,}96\text{ m}^2$ Sperrholz.

5. A = 64 cm²

6. A = 60 cm²

7. Er kann 40 Grundstücke verkaufen.

8. Man braucht 20 Korkplatten.

Seite 171

Grundaufgaben

1. a) $\frac{1}{6} < \frac{1}{4} < \frac{1}{3} < \frac{1}{2}$ b) $\frac{1}{9} < \frac{1}{8} < \frac{1}{6} < \frac{1}{5}$

2. a) 9 Nüsse; 27 Nüsse b) 12 €; 36 € c) 30 kg; 90 kg d) 70 m; 210 m

3. a) 9 kg b) 20 cm c) 60 € d) 2,40 €

4. a) 21 € b) 40 *l* c) 20 m d) 20 kg

5. a) $\frac{5}{7}$ b) $\frac{3}{8}$ c) $1\frac{3}{5}$ d) $1\frac{5}{10}$ (= $1\frac{1}{2}$)
   $\frac{4}{7}$ $\frac{8}{8} = 1$ $\frac{3}{5}$ $\frac{3}{100}$

Wahlaufgaben

1. a) 1900 g = 1,9 kg b) 80 cm = 0,8 m

2. a) ($\frac{5}{10}$ m =) 50 cm > 25 cm b) ($\frac{7}{10}$ cm =) 7 mm < 10 mm c) ($1\frac{1}{2}$ h =) 90 min < 100 min d) ($\frac{1}{10}$ Mio. =) 100 000 > 1 000

3. a) Der Würfel hat 3 rote Seitenflächen.
   b) $\frac{1}{6}$ der Würfeloberfläche ist blau.
   c) Der Würfel hat 2 grüne Seitenflächen. Dies ist $\frac{2}{6}$ der Würfeloberfläche.

4. a) Wie viele Kinder können (nicht) schwimmen? 16 (8) Kinder können (nicht) schwimmen.
   b) Wie groß ist der Anteil der Kinder, die Sport als Lieblingsfach haben? Dieser Anteil ist $\frac{1}{3}$.

5. a) 5 zusätzliche rötlich gefärbte Quadrate.
   b) 1. Figur: $\frac{1}{100}$ gefärbt; 2. Figur: $\frac{3}{100}$ gefärbt; 3. Figur: $\frac{6}{100}$ gefärbt; 4. Figur: $\frac{10}{100}$ gefärbt
   c) In der 10. Figur ist mehr als die Hälfte gefärbt; alle Felder bis einschließlich der Diagonalen (von oben links nach unten rechts).
   $\left(\frac{10}{100} + \frac{5}{100} + \frac{6}{100} + \frac{7}{100} + \frac{8}{100} + \frac{9}{100} + \frac{10}{100} = \frac{55}{100}\right)$
   d) In der 15. Figur ist $\frac{9}{10}$ gefärbt. $\left(\frac{55}{100} + \frac{9}{100} + \frac{8}{100} + \frac{7}{100} + \frac{6}{100} + \frac{5}{100} = \frac{90}{100} = \frac{9}{10}\right)$

6. $0{,}4\,l + \frac{3}{4}\,l = 1{,}15\,l$; $0{,}7\,l + \frac{3}{4}\,l = 1{,}45\,l$; $0{,}4\,l + 0{,}7\,l = 1{,}1\,l$
   $0{,}7\,l + \frac{1}{2}\,l = 1{,}2\,l$; $\frac{1}{2}\,l + \frac{3}{4}\,l = 1{,}25\,l$

Lösungen der Diagnosearbeit

Seite 172

Grundaufgaben

1. a) HT: 105 800 000; Mio.: 106 000 000 b) HT: 3 100 000; Mio.: 3 000 000

2. a) 11, 33, 55, **77**, **99**, **121** b) 1, 2, 4, 8 16, **32**, **64**, **128**
c) 1, 4, 9, 16, 25, **36**, **49**, **64** d) 3, 5, 6, 10, 9, 15, **12**, **20**, **15**

3. a) Überschlag: 4 000 + 56 000 + 20 000 = 80 000; genau: 80 277
b) Überschlag: 1 000 · 200 = 200 000; genau: 217 143
c) Überschlag: 390 000 – 60 000 – 310 000 = 20 000; genau: 17 554
d) Überschlag: 30 000 : 30 = 1 000; genau: 1 082

4.

	Name	Flächen	Kanten	Ecken
a)	Quader	6	12	8
b)	Pyramide	5	8	5
c)	Dreiecksprisma	5	9	6
d)	Zylinder	3	2	0

5.

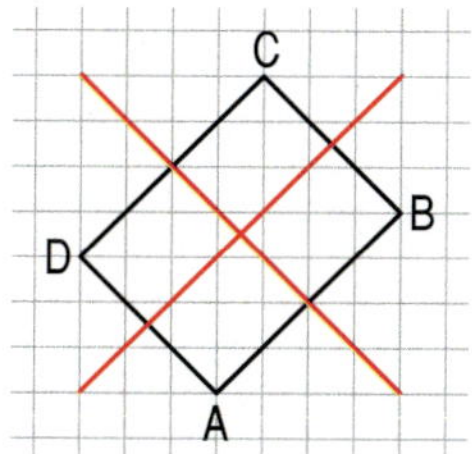

b) $\overline{AB} \perp \overline{AD}$ $\overline{AB} \parallel \overline{CD}$
$\overline{AB} \perp \overline{BC}$ $\overline{AD} \parallel \overline{BC}$
$\overline{BC} \perp \overline{CD}$
$\overline{CD} \perp \overline{AD}$

6. a) Zeichnung von Lehrerin/Lehrer kontrollieren lassen.
b) 2 · (2 + 5) = 14; u = 14 cm; 2 · 5 = 10; A = 10 cm²

7. a) 37 mm b) 115 m c) 2 300 kg d) 0,775 kg

8. 5 – 1,28 – 0,78 = 2,94; Tina bekommt 2,94 € zurück.

9. 2 h = 120 min; 120 min – 110 min = 10 min
Zwischen dem Ende der ersten und dem Beginn der zweiten Vorstellung liegen 10 min.

10. a) 2 €; 8 € b) 20 cm; 80 cm c) 9 cm; 36 cm d) 200 000; 800 000

Seite 173

Wahlaufgaben

1. a) 114 b) 45 c) 70 d) 120

2. a) 112 504 + 5 484 + 27 058 = 145 046
b) 400 : 2 – 125 = 75

3.

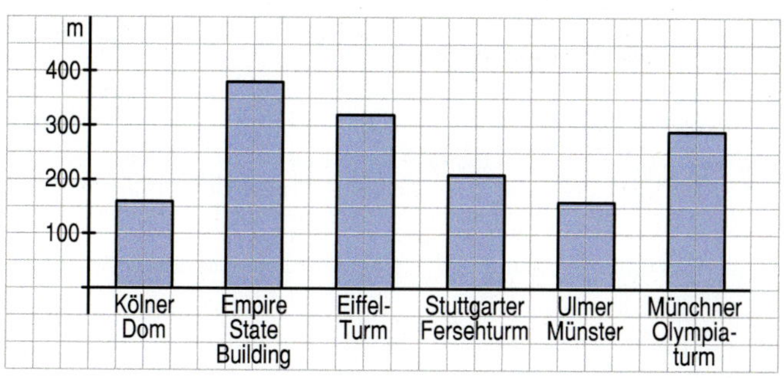

	gerundete Höhen:	Säulenlänge:
Kölner Dom	160 m	1,6 cm
Empire State Buildung	380 m	3,8 cm
Eiffelturm	320 m	3,2 cm
Stuttgarter Fernsehturm	210 m	2,1 cm
Ulmer Münster	160 m	1,6 cm
Münchner Olympiaturm	290 m	2,9 cm

4.

	a)	b)	c)	d)
Figur	Rechteck	Parallelo-gramm	Trapez	Drachen
Symmetrieachsen	2	–	1	1

5.

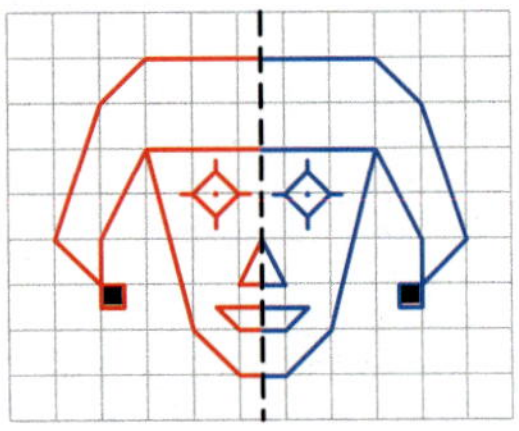

6. a) z.B. a = 2 cm; b = 6 cm, u = 16 cm; a = 1 cm, b = 12 cm, u = 26 cm; a = 3 cm, b = 4 cm, u = 14 cm.
b) Der Umfang des Quadrates ist 20 cm.

7. a) 2, 5, 10, 17, 26, **37**, **50**, **65** (6 · 6 + 1; 7 · 7 + 1; 8 · 8 + 1)
b) 0, 3, 8, 15, 24, 35, **48**, **63**, **80** (7 · 7 – 1; 8 · 8 – 1; 9 · 9 – 1)

8. a) Quader oder Würfel
(Zeichnung von Lehrerin/Lehrer kontrollieren lassen.)
b) Pyramide (mit quadratischer Grundfläche), 5 Flächen

9. vorn: 5; hinten: 2; links: 1; rechts: 3; oben: 4

10.

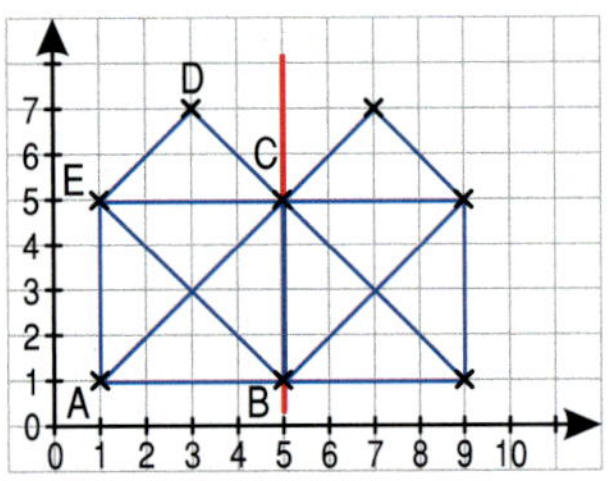

11. 60 – 30 – 12 = 18. Mira behält 18 Nüsse.

12. a) – b) $\frac{2}{6}$ sind blau, $\frac{1}{6}$ sind orange und $\frac{3}{6}$ nicht gefärbt.

13. a) Der Umfang beträgt 24 cm.
b) Der Flächeninhalt beträgt 20 cm^2.
c) Der Flächeninhalt beträgt 8 cm^2.
d) $\frac{10}{20}$ sind rot, $\frac{2}{20}$ grün gefärbt.

14. Es sind 6 Rechtecke, die sich nicht überschneiden, entstanden.

15. 326 · 35 = 11 410; 345 : 15 = 23; 11 410 + 23 = 11 433

16. a) 16 · 19,75 = 316; 316 + 6,90 = 322,90. Der Rechnungsbetrag ist 322,90 €.
b) 322,90 : 2 = 161,45. Der Förderverein übernimmt 161,45 €.

17. z.B.: Frau Müller kauft 5 Paar Socken und ein Paar Handschuhe. Wie viel bezahlt sie? Sie zahlt 47 €.

18. ungefähr 13-mal Eine Überschlagsrechnung kann auch zum Ergebnis „14-mal" führen.

19. 20 025 €

20. 6 kg Kekse insgesamt; pro Tüte: 75 g Kekse; Preis einer Tüte: 0,65 €
a) Die Klasse kann 80 Tüten verkaufen.
b) Die Einnahmen betragen 52 €.

Maßeinheiten

Länge

Kilometer		Meter		Dezimeter		Zentimeter		Millimeter
1 km	=	1000 m						
		1 m	=	10 dm	=	100 cm	=	1000 mm
				1 dm	=	10 cm	=	100 mm
						1 cm	=	10 mm

Flächeninhalt

Quadratkilometer		Hektar		Ar		Quadratmeter
1 km²	=	100 ha	=	10 000 a		
		1 ha	=	100 a	=	10 000 m²
				1 a	=	100 m²

Quadratmeter		Quadratdezimeter		Quadratzentimeter		Quadratmillimeter
1 m²	=	100 dm²	=	10 000 cm²		
		1 dm²	=	100 cm²	=	10 000 mm²
				1 cm²	=	100 mm²

Masse

Tonne		Kilogramm		Gramm
1 t	=	1000 kg		
		1 kg	=	1000 g

Geld

1 € = 100 Cent

Zeit

Tag		Stunde		Minute		Sekunde
1 d	=	24 h				
		1 h	=	60 min		
				1 min	=	60 s

Jahr		Monat		Tag
1 Jahr	=	12 Monate		
1 Jahr			=	365 Tage
1 Schaltjahr			=	366 Tage

1 Woche = 7 Tage

Stichwortverzeichnis

Abstand 93, 109
Achsenspiegelung 104
achsensymmetrisch 105
Adam Ries(e) 9
Addition 26, 28, 41
– schriftliche 34, 41
– von Brüchen 165, 170
Assoziativgesetz 33, 41, 69

Bruchstrich 158
Bruchteile 158
– berechnen 160, 162, 170

Dauer 127, 135
Dezimalbrüche 168, 170
Dezimalsystem 11
Diagonale 97, 109
Diagramm 8, 16, 23
Differenz 26, 41
Distributivgesetz 69
Division 58, 85
– schriftliche 76, 77, 85
– mit Rest 79

Ecke 48
Eckpunkt 48
Einheit 114, 122, 135

Flächen 48, 138
Flächenmaße 145, 146
– große 148, 153
– kleine 145, 153
Flächeninhalt
– Quadrat 141, 153
– Rechteck 141, 153

Geld 40, 112
gemischte Zahl 164, 170
Gerade 88, 109

halbschriftliches Multiplizieren 66
Hochachse 102, 109

Kanten 48
Kantenmodell 50
Kegel 48, 55
Klammern 32, 33, 41, 67
Kombinieren 63
Kommaschreibweise 116, 124, 135
Kommutativgesetz 33, 41, 69
Kugel 48, 55

Längen 114, 115, 135
Längenmaße 114, 115, 117, 135
lotrecht 51, 55

Massen 122, 125, 135
Maßquadrat 140, 145, 148
Maßstab 120, 135
Maßzahl 114, 122
Messen 114
Minusoperator 30, 31, 41
Mittellinie 97
Multiplikation 58, 85
– halbschriftliche 66
– schriftliche 72, 74, 85

Natürliche Zahlen 9, 23
Nenner 158, 160
Netz 44, 45, 46, 55

Operator 30, 41, 64, 160
Operatorschreibweise 64

parallel 49, 55, 92, 109
Parallelogramm 98, 109
Parkettieren 139, 140
Plusoperator 30, 31, 41
Prisma 48, 55
Produkt 58, 85
Pyramide 48, 55

Quader 44, 46, 48, 55
Quadernetz 44, 46
Quadrat 52, 55, 96, 109, 141
Quadratgitter 102
Quadratmeter 146, 153
Quadratzahl 61
Quadratzentimeter 140, 153
Quotient 58, 85

Raute 98, 109
Rechenregeln 32, 33, 67, 69, 85
Rechteck 52, 55, 96, 109, 141, 142
rechter Winkel 52, 91
Rechtsachse 102, 109
Römische Zahlzeichen 22
Runden 14, 15, 23, 35

Säulenbild 16
Schätzen 19, 114
Schaubild 8, 16, 23
Schriftliches Addieren 34, 41
Schriftliches Dividieren 76, 77, 79, 85
Schriftliches Multiplizieren 72, 74, 85
Schriftliches Subtrahieren 36, 41
senkrecht 49, 55, 91, 109
Spiegelachse 104, 109
Spiegeln 104
Stammbruch 156, 170
Stellenwerte 11
Stellenwerttafel 11, 17, 23
Strahl 89
Strecke 89, 109
Streifenbild 16
Strichliste 8
Stufenzahlen 23
Subtraktion 26, 28, 41
– schriftliche 36, 41
– von Brüchen 165, 170
– mehrfache 41
Summand 26
Summe 26, 41
Symmetrieachse 105, 109

Tabelle 8, 71, 82, 83, 133

Überschlagsrechnung 35, 36, 41, 73, 76, 85
Umfang Quadrat 142, 153
Umfang Rechteck 142, 153
Umkehroperation 64, 85
Umkehroperator 31, 41, 64

Vierecke 96, 98
vorteilhaftes Rechnen 33, 68, 85

waagerecht 51, 55
Winkel
– rechter 52, 91
Würfel 44, 45, 48, 55
Würfelnetz 44, 45, 46, 55

Zahlenstrahl 9, 10, 15, 23, 28
Zähler 158, 160
Zehnersystem 11, 17, 23
Zeit 126, 127, 128, 135
Zweier-System 21
Zylinder 48, 55